普通高等学校计算机基础教育“十二五”规划教材·精品系列

C语言程序设计基础与实验指导

主　编　顾玲芳

副主编　杨　娜

中国铁道出版社
CHINA RAILWAY PUBLISHING HOUSE

内容简介

本书以程序设计为主线，以全国计算机等级考试二级C语言考查点为线索，以编程应用为驱动，详细讲述了顺序结构、选择结构、循环结构的三种程序设计方法，以及数组、函数、指针、结构体、文件等概念和应用。本书注重程序设计能力的培养，安排了读者熟悉的学生成绩管理系统实验案例，使读者在学习理论知识的同时，明确应该掌握的实践要求，真正掌握程序设计的基本方法，并做到触类旁通、一通百通。

本书针对初学者的特点精心策划，定位准确，概念清晰，体系合理，例题丰富，深入浅出，是学习C语言的理想教材。本书适合作为普通高等学校学生的教学用书，也可以作为全国计算机等级考试二级C语言的参考用书和对C语言程序设计感兴趣者的自学用书。

图书在版编目（CIP）数据

C语言程序设计基础与实验指导 / 顾玲芳主编. —北京：中国铁道出版社，2015.2（2018.3 重印）
普通高等学校计算机基础教育“十二五”规划教材. 精品系列
ISBN 978-7-113-19625-7

Ⅰ. ①C… Ⅱ. ①顾… Ⅲ. ①C语言—程序设计—高等学校—教材 Ⅳ. ①TP312

中国版本图书馆CIP数据核字(2015)第018874号

书　　名：C语言程序设计基础与实验指导
作　　者：顾玲芳　主编

策　　划：魏　娜　　　　读者热线：(010) 63550836
责任编辑：周海燕　徐盼欣
封面设计：刘　颖
封面制作：白　雪
责任校对：汤淑梅
责任印制：李　佳

出版发行：中国铁道出版社（100054，北京市西城区右安门西街8号）
网　　址：http://www.tdpress.com/51eds/
印　　刷：虎彩印艺股份有限公司
版　　次：2015年2月第1版　　2018年3月第2次印刷
开　　本：787 mm×1 092 mm　1/16　印张：16　字数：394千
书　　号：ISBN 978-7-113-19625-7
定　　价：36.00元

前 言

FOREWORD

程序设计是计算机科学教育的第一门专业性课程，它的主要目标首先是理解和掌握一门程序设计语言，其次是读懂别人已经编好的程序，从中体会和启发自己的逻辑思维能力，进而自行编制程序解决实际问题，为在计算机领域中深入学习打下扎实的基础。C语言是使用最广的程序设计语言之一，包含了程序设计需要的主要机制，它的实用性、灵活性及可持续性都是人们公认的。因此，C语言一直是计算机专业程序设计课程的首选语言。

本书分三篇。第1篇为基础知识，按顺序先后安排了10章内容，各章强调解决问题的方法、规律，强调知识点与二级考查点相匹配，重点讲解C语言中重要的具有一般性的语法知识。每个知识点先给出知识点的概念，注重规范，再通过经典的实例将语法知识点化整为零。第2篇为实验指导，在介绍实验一般步骤及实验环境之后，安排了学生成绩管理系统实验案例。先介绍了这个管理系统，然后按第1篇各章先后次序，将大实验拆分成与第1篇各章教学内容相匹配的9个实验，每个实验中包含2～3个实验题。实验题题题相扣，只有完成了前一个实验题，才能展开下一个实验题，直到完成最后一个实验题，即完成整个实验案例。第3篇为习题，包括综合练习题和模拟试题及其参考答案，收集了大量涵盖C语言主要知识点的练习题，是与全国计算机等级考试二级C语言接近的考题，力求重点突出、难点突破。题型包括考试常见的题型，如选择题、填空题、判断题、分析程序写运行结果题等，为学生学习提供指导，帮助读者验证自己对C语言的掌握程度，发现自身的长处和不足。

本书由顾玲芳任主编，编写了第1篇中的第1～3、7、8章和第2篇及附录；由杨娜任副主编，编写了第1篇中的第4～6、9、10章和第3篇。本书涉及的内容有一定的深度和广度，既能满足编程初学者的需要，也能适应能力较强读者深入探讨的愿望，亦可作为全国计算机等级考试二级C语言的参考用书。

本书编者都是应用型本科院校计算机教育一线的教师，他们最了解学生的特点和需求，也最能有针对性进行教学内容、教学方法和教学手段方面的改革。虽然本书凝聚了编者的思考和经验，但由于水平有限，书中难免存在不足及疏漏之处，敬请专家、读者和同行不吝指正。

编 者

2014年12月

目录

CONTENTS

第1篇 基础知识

第 2 篇　实 验 指 导

第3篇　习题及参考答案

附　　录

第1篇　基础知识

第1章　C语言概述与程序设计基础

【本章学习重点】

（1）了解C语言的发展。

（2）理解C语言的特点。

（3）了解一个C源程序的组成。

（4）了解什么是算法，理解算法的常用表示方法。

1.1　C语言发展简史

C语言是在20世纪70年代初问世的。1978年，美国电话电报公司（AT&T）贝尔实验室正式发表了C语言。同时，由B.W.Kernighan 和D.M.Ritchit合著了著名的“The C Programming Language”一书。通常简称为K&R，也有人称之为K&R标准，从而使C语言成为目前世界上使用最广泛的高级程序设计语言之一。但是，在K&R中并没有定义一个完整的标准C语言。随着微型计算机的日益普及，出现了许多C语言版本。由于没有统一的标准，这些C语言之间出现了一些不一致的地方。为了改变这种情况，美国国家标准学会（American National Standards Institute）在此基础上制定了一个C 语言标准，于1983年发表。通常称之为ANSI C，成为现行的C语言标准。

目前最流行的C语言版本有Microsoft C、Turbo C 与AT&TC。这些C语言版本不仅实现了ANSI C标准，而且在此基础上各自作了一些扩充，使之更加方便、完美。

1.2　C语言的特点

C语言发展迅速，是最受欢迎的语言之一，主要因为它具有强大的功能。许多著名的系统软件，如PC-DOS、DBASE IV都是由C语言编写的。C语言加上一些汇编语言子程序，更能显示C语言的优势。归纳起来，C语言具有下列特点：

1. C语言是中级语言

C语言把高级语言的基本结构和语句与低级语言的实用性结合了起来。C语言可以像汇编语言一样对位、字节和地址进行操作，而这三者是计算机最基本的工作单元。

2. C语言是结构式语言

结构式语言的显著特点是代码及数据的分隔化，即程序的各个部分除了必要的信息交流外彼此独立。这种结构化方式可使程序层次清晰，便于使用、维护及调试。C语言是以函数形式提供给用户的，这些函数可方便地调用，并具有多种循环、条件语句控制程序流向，从而使程序完全结构化。

3. C语言简洁紧凑

C语言使用方便、灵活。ANSI C一共只有32个关键字，9种控制结构，生成目标代码质量高，程序执行效率高。语法限制不太严格，程序设计自由度大，可移植性好。

4. C语言功能齐全

C语言具有各种各样的数据类型，并引入了指针概念，可使程序效率更高。另外，C语言也具有强大的图形功能，支持多种显示器和驱动器。而且计算功能、逻辑判断功能也比较强大，可以实现决策目的。

5. C语言适用范围大

C语言还有一个突出的优点就是适合于多种操作系统，如DOS、UNIX，也适用于多种机型。

1.3 简单C语言程序举例

为了说明C语言源程序结构的特点，先看以下几个程序。这几个程序由简到难，表现了C语言源程序在组成结构上的特点。虽然有关内容还未介绍，但可从这些例子中了解到组成一个C源程序的基本部分和书写格式。

【例1-1】在屏幕上显示一行信息："您好，欢迎来到C语言的世界!"。

```
#include <stdio.h>
int  main()
{
   printf("您好，欢迎来到C语言的世界! \n");
   return 0;
}
```

（1）main是主函数的函数名，由4个小写字母组成。每一个C源程序都必须有且仅有一个主函数（main()函数）。程序从main()函数开始执行，main()函数称为程序的入口。

（2）main前的int是整数类型说明符，int main()表示主函数的类型是整型，主函数执行后会产生一个整数。

（3）程序第5行的return 0;的作用就是如果程序正常运行，在结束前将整数0作为函数值；如果执行出现异常，程序就会中断，不执行return 0;，此时函数值是个非零的整数。

（4）函数调用语句，printf()函数的功能是把要输出的内容送到显示器显示。printf()函数是一个由系统定义的标准函数，是在头文件stdio.h中声明的，所以需要用#include命令把它包含进来，如#include <stdio.h>。

【例1-2】求圆的周长与面积。

```
#include <stdio.h>
int main()
{
   int r;
   double c,s;
   printf("input number:");
   scanf("%d",&r);
   c=2*3.14*r;
   s=3.14*r*r;
   printf("r=%d,c=%f,s=%lf\n",r,c,s);
```

```
    return 0;
}
```

（1）#include 称为文件包含命令，扩展名为.h 的文件称为头文件。

（2）定义一个整型变量和两个实型变量，以被后面程序使用。

（3）显示输入提示信息。

（4）从键盘获得一个整数 r。

（5）求以 r 为半径的圆周长与圆面积，分别赋给变量 c 与 s。

（6）显示程序运算结果。

（7）main()函数结束。

程序的功能是从键盘输入一个数 r，求以 r 为半径的圆周长与圆面积，然后输出结果。

在 main()函数之前的这一行语句称为预处理命令（详见后面）。预处理命令还有其他几种。这里的 include 称为文件包含命令，其意义是把尖括号<>或引号""内指定的文件包含到本程序中，成为本程序的一部分。被包含的文件通常是由系统提供的，其扩展名为.h，因此也称为头文件或首部文件。C 语言的头文件中包括了各个标准库函数的函数原型。因此，凡是在程序中调用一个库函数时，都必须包含该函数原型所在的头文件。在本例中，使用了两个库函数：输入函数 scanf()和输出函数 printf()。scanf()和 printf()是标准输入/输出函数，其头文件为 stdio.h，所以在主函数前用 include 命令包含了 stdio.h 文件。

需要说明的是，C 语言规定对 scanf()和 printf()这两个函数可以省去对其头文件的包含命令。所以，在本例中可以删去第 1 行的包含命令#include <stdio.h>。同样，在例 1-1 中使用了 printf()函数，也可省略头文件包含命令。

一般情况下，主函数体分为两部分：一部分为说明部分，或称为声明部分；另一部分为执行部分。每一个说明，每一条语句都必须以分号结尾。但预处理命令、函数头和花括号“}”之后不能加分号。说明是指变量的类型说明。例 1-1 中未使用任何变量，因此无说明部分。C 语言规定，源程序中所有用到的变量都必须先说明，后使用，否则将会出错。说明部分是 C 源程序结构中很重要的组成部分。例 1-2 中使用了三个变量 r、c 和 s，用来表示半径、周长和面积。半径的类型可以由用户来定，本例中以整型为例，而因为圆周率是个实型数，故 c 与 s 这两个变量用类型说明符 double 来说明。说明部分后的 5 行语句为执行部分或称为执行语句部分，用以完成程序的功能。执行部分的第 1 行是输出语句，调用 printf()函数在显示器上输出输入提示字符串，请操作人员输入半径 r 的值。第 2 行为输入语句，调用 scanf()函数，接受键盘上输入的数并存入变量 r 中。第 3、4 行是计算圆周长与圆面积分别赋给 c 与 s。第 5 行是用 printf()函数输出变量 r、c、s 的值。

1.4　程序设计基础

一个程序应包括：

（1）对数据的描述。在程序中要指定数据的类型和数据的组织形式，即数据结构（data structure）。

（2）对操作的描述，即操作步骤，也就是算法（algorithm）。

Nikiklaus Wirth 提出的公式：

程序=算法+数据结构

中国计算机普及和高校计算机基础教育的开拓者谭浩强教授认为：

程序=算法+数据结构+程序设计方法+语言工具和环境

这4个方面是一个程序设计人员所应具备的知识。本书的目的是使学生知道怎样编写一个C程序，进行编写程序的初步训练，因此，只介绍算法的初步知识。

1.4.1 算法概述

算法是指解题方案准确而完整的描述。算法是一个十分古老的研究课题，人们对于算法的研究已经有数千年的历史。计算机的出现，为这个课题注入了新的青春活力，人们可以将算法编写成程序交给计算机执行，使许多原来认为不可能完成的算法变得实际可行。值得注意的是，算法不同于程序，也不等于计算方法，程序的编制不可能优于算法的设计。

一个算法应该具有以下5个重要的特征：

（1）有穷性：一个算法必须保证执行有限步之后结束。

（2）确切性：算法的每一步骤必须有确切的定义。

（3）输入：一个算法有零个或多个输入，以刻画运算对象的初始情况。

（4）输出：一个算法有一个或多个输出，以反映对输入数据加工后的结果。没有输出的算法是毫无意义的。

（5）可行性：算法原则上能够精确地运行，通过有限次运算后即可完成。

算法由两种基本要素构成：一是对数据对象的运算和操作，二是算法的控制结构。一般的计算机系统中都包括算术运算、逻辑运算和关系运算；算法的控制结构包括顺序结构、选择结构和循环结构。算法设计的基本方法有列举法、归纳法、递推法、递归法、回溯法等。不同的方法间存在着联系，在实际应用中，不同方法通常会交叉使用。

通常评价一个算法，主要从算法的工作量及占用的内存空间这两个方面来度量，即时间复杂度和空间复杂度。对于程序设计人员，必须会设计算法，并根据算法写出程序。

1.4.2 算法的常用表示方法

算法可以用各种描述方法来进行表示，最常用的是伪代码和流程图。伪代码使用介于自然语言和计算机语言之间的文字和符号来描述算法。下面简单介绍流程图的相关知识。

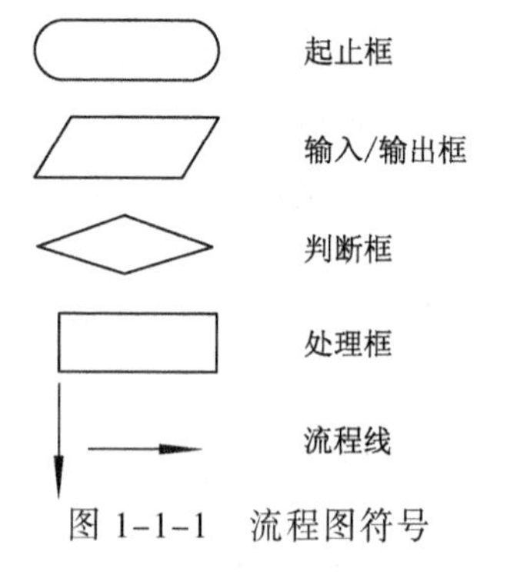

图 1-1-1 流程图符号

流程图表示算法的好处是：用图形表示流程，直观形象，各种操作一目了然，而且不会产生歧义。正因为如此，流程图成为描述算法的标准工具。图 1-1-1 给出了流程图的5种组成元素。

（1）起止框：表示算法的开始和结束。

（2）输入/输出框：用来表示算法的输入/输出操作。

（3）判断框：用来根据给定的条件决定执行几条路径中的哪一条路径。

（4）处理框：主要用来表示“赋值”“加减乘除”等操作。

（5）流程线：用来表示程序流程的方向。

1973年，美国学者提出了一种新型流程图：N-S图。

C语言是一种结构化程序设计语言。程序主要由以下三种基本控制结构组成。

1. 顺序结构

顺序结构是程序最基本的控制结构。本篇第 2 章的赋值语句及第 3 章的输入/输出语句都可构成顺序结构。当执行由这些语句构成的程序时，将按这些语句在程序中的先后顺序逐条执行，没有分支，没有转移。顺序结构可用图 1-1-2 所示的流程图表示。

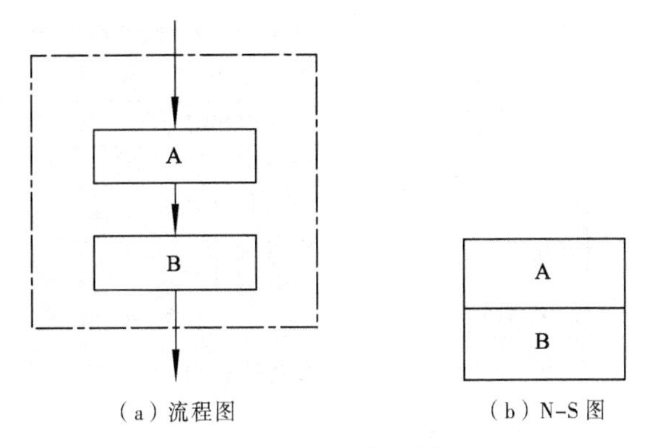

（a）流程图　　（b）N-S 图

图 1-1-2　顺序结构

2. 选择结构

本篇第 4 章中将介绍的 if 语句、switch 语句都可构成选择结构。当执行由这些语句构成的程序时，将根据不同的条件去执行不同的分支中的语句。选择结构可用图 1-1-3 所示的流程图表示。

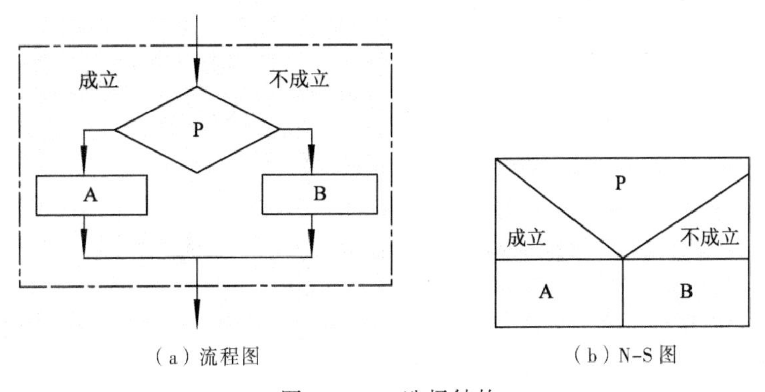

（a）流程图　　（b）N-S 图

图 1-1-3　选择结构

3. 循环结构

本篇第 5 章中将介绍不同形式的循环结构。它们将根据各自的条件，使同一语句重复执行多次或一次也不执行。循环结构的流程图可用图 1-1-4 和图 1-1-5 所示的流程图表示。图 1-1-4 是当型循环，该循环的特点是：当指定的条件满足（成立）时，就执行循环体，否则就不执行。图 1-1-5 是直到型循环，该循环的特点是：执行循环体直到指定的条件满足（成立），就不再执行循环体。

由三种基本控制结构组成的算法结构可以解决任何复杂的问题。由三种基本控制结构构成的程序称为结构化程序。

结构化程序的特点是：

（1）只有一个入口。

（2）只有一个出口。

（3）结构内的每一部分都有机会被执行到。

（4）结构内不存在“死循环”。

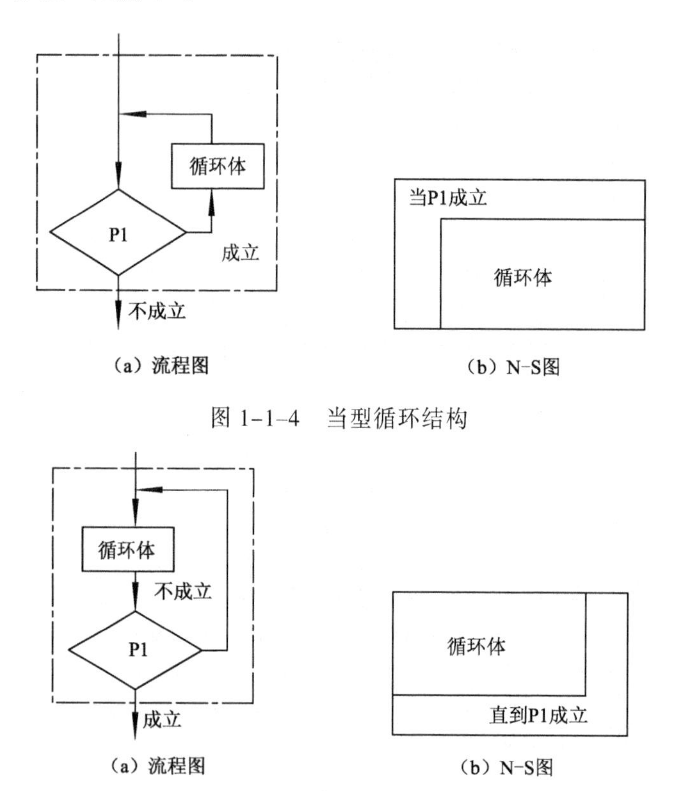

图 1-1-4　当型循环结构

图 1-1-5　直到型循环结构

1.5　Visual C++ 6.0 集成开发环境

Visual C++ 6.0（简称 VC++ 6.0）是微软公司推出的目前使用极为广泛的基于 Windows 平台的可视化集成开发环境，它和 Visual Basic、Visual FoxPro、Visual J++等其他软件构成了 Visual Studio 程序设计软件包。Visual Studio 是一个通用的应用程序集成开发环境，包含文本编辑器、资源编辑器、工程编译工具、增量连接器、源代码浏览器、集成调试工具，以及一套联机文档。使用 Visual Studio，可以完成创建、调试、修改应用程序等各种操作。

VC++ 6.0 提供面向对象技术的支持，它能够帮助使用 MFC 库的用户自动生成一个具有图形界面的应用程序框架。用户只需在该框架的适当部分添加、扩充代码就可以得到一个满意的应用程序。

（1）VC++ 6.0 除了包含文本编辑器、C/C++混合编译器、连接器和调试器外，还提供了功能强大的资源编辑器和图形编辑器，利用“所见即所得”的方式完成程序界面的设计，从而可以大大减轻程序设计的劳动强度，提高程序设计的效率。

（2）VC++ 6.0 的功能强大，用途广泛，不仅可以编写普通的应用程序，还能很好地进行系统软件设计及通信软件的开发。

VC++ 6.0 的安装相对简单，只要运行 Visual Studio 软件中的 setup.exe 程序，选择安装 Visual

C++ 6.0，然后按照安装程序的指导完成安装过程。安装完成后，在“开始”菜单的“程序”菜单中有 Microsoft Visual Studio 6.0 图标，选择其中的 Microsoft Visual C++ 6.0 即可运行（也可在 Windows 桌面上建立一个快捷方式，以后双击即可运行）。

利用 VC++ 6.0 提供的一种控制台操作方式，可以建立 C 语言应用程序。本书涉及所有例题程序都在 VC++ 6.0 中验证通过。

小　结

本章主要讲述 C 语言的基础知识、程序设计的概念及算法。主要掌握以下几点:

（1）程序的构成、main()函数。

（2）算法的概念。

（3）流程图。

习　题

1. 为什么要学习 C 语言？它与其他高级语言相比，有什么特点？
2. 概述 C 语言程序的构成。
3. 什么是算法？算法有什么特点？
4. 概述算法的常用表示方法。
5. 编程实现一个 C 程序，输出以下信息。以此熟悉上机方法与步骤。

```
################################
        Welcome!
################################
```

第 2 章 数据类型、运算符与表达式

【本章学习重点】

（1）掌握标识符的命名。

（2）理解常量与变量。

（3）了解数据类型，掌握整型、浮点型和字符型这三种基本数据类型。

（4）掌握各种运算符及表达式的运算。

（5）理解数据类型的转换。

2.1 C 语言的基本符号

本节将介绍 C 语言中的基本符号，包括标识符及其命名规则、数据类型、各种常量及变量。这些都是学习 C 语言的基础。

2.1.1 标识符

简单地说，标识符就是一个名字，用来标识常量的名称、变量的名称、函数的名称及文件的名称等。标识符由大小写字母、数字（0~9）和下画线（_）组成，且第一个字符只能是字母或下画线。

例如，_stu、teacher、Sp、area、student2、Student_name、li_ling 是合法的标识符，而 123、#33、3D64、M.D.John 不是合法的标识符。

C 语言是一种大小写敏感的语言，所以 abc、aBc、abC 是三个不同的标识符。

既然是代表名字，那么这个名字能表达含义则是最好不过了。所以，标识符的取名通常是“见名知义”，如 month、score、name、sum 等。

在 C 语言中，标识符分为以下三类。

1．关键字

所谓关键字，是指被 C 语言保留的不能用作其他用途的标识符，关键字在程序中都代表固定的含义。例如，关键字不能作为变量名、函数名。也就是说，关键字不能作为用户定义的标识符来使用。由 ANSI 标准定义的关键字有 32 个，参看附录 B。

2．预定义标识符

预定义标识符在 C 语言中也有特定的含义，如库函数名（如 printf、scanf、sin 等）和编译预处理命令名（如#define、#include、#ifdef 等）。注意，预定义标识符可以作为“用户标识符”使用，此时，系统中的这些标识符将失去系统规定的原意。为了避免误解，建议读者不要将此类标识符另作他用。

3. 用户标识符

用户根据自己的需要定义的标识符称为用户标识符。用户标识符用来给变量、函数、数组或指针等命名。命名时，标识符的选择由用户自定义，但不能与关键字相同，且应尽量避免与预定义标识符相同。

2.1.2　数据类型

简单地说，数据类型就是程序给其使用的数据指定某种数据组织形式。数据类型是按被说明数据的性质、表示形式、占据存储空间的多少、构造特点来划分的。在C语言中，数据类型可以分为基本数据类型、构造数据类型、指针类型和空类型4个大类，基本数据类型和构造数据类型又细分出多个小类，如图1-2-1所示。

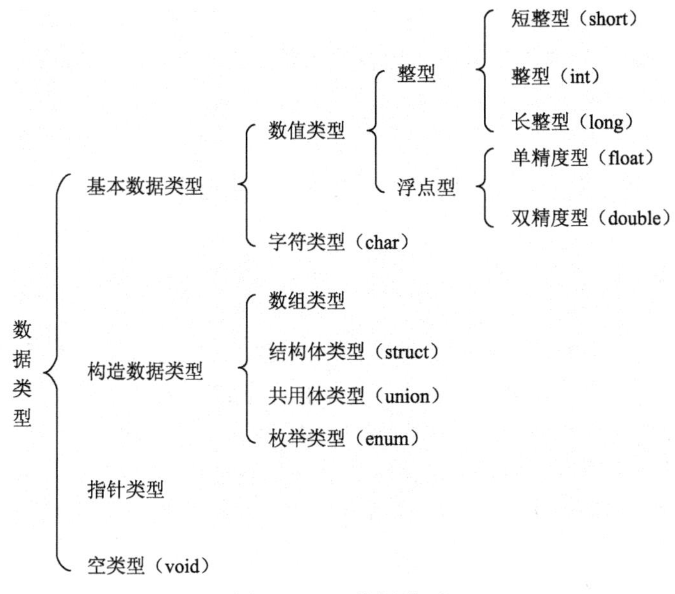

图1-2-1　数据类型

1. 基本数据类型

基本数据类型最主要的特点是，其值不可以再分解为其他类型。基本数据类型是最常用的数据类型，主要包括整型、浮点型和字符型。

2. 构造数据类型

构造数据类型是根据已定义的一个或多个数据类型用构造的方法来定义的。也就是说，一个构造类型的值可以分解成若干“成员”或“元素”。每个“成员”都是一个基本数据类型或一个构造类型。在C语言中，构造类型有以下几种：

（1）数组类型；

（2）结构体类型；

（3）共用体（联合）类型；

（4）枚举类型。

3. 指针类型

指针是一种特殊的，同时又是具有重要作用的数据类型。其值用来表示某个变量在内存储器中的地址。虽然指针变量的取值类似于整型变量，但这是两个类型完全不同的量，因此不能混为一谈。

4. 空类型

在调用函数值时，通常应向调用者返回一个函数值。这个返回的函数值是具有一定的数据类型的，应在函数定义及函数说明中加以说明。但是，也有一类函数，调用后并不需要向调用者返回函数值，这种函数可以定义为“空类型”。其类型说明符为 void。在后面函数中还要详细介绍。

在本章中，先介绍基本数据类型中的整型、浮点型和字符型。其余类型在本篇以后各章陆续介绍。

2.1.3 常量

在程序执行过程中，其值不发生改变的量称为常量。常量可以分为两类，即直接常量与符号常量。

1. 直接常量

直接常量又分为整型常量、实型常量、字符常量和字符串常量。

（1）整型常量

整型常量就是整数，即有十进制、八进制（以 0 开头）和十六进制（0x 开头）三种类型的整数。

例如，23、79、023、0457、0xA8、0xFFFF 都是整型常量，其中 23 与 79 是十进制整数，023 与 0457 是八进制整数，0xA8 与 0xFFFF 则是十六进制整数。

① 基本型：类型说明符为 int，在内存中占 4 字节。

② 短整型：类型说明符为 short int 或 short，在内存中占 2 字节。

③ 长整型：类型说明符为 long int 或 long，在内存中占 4 字节，用后缀“L”或“l”来表示。

④ 无符号型：类型说明符为 unsigned，后缀为“U”或“u”。

前三种都是有符号型的整数，无符号型又可与前三种类型匹配而构成。无符号基本型的类型说明符为 unsigned int 或 unsigned。无符号短整型的类型说明符为 unsigned short。无符号长整型的类型说明符为 unsigned long。

各种无符号类型量所占的内存空间字节数与相应的有符号类型量相同。但由于省去了符号位，故不能表示负数。表 1-2-1 给出了 VC++ 6.0 中各种整型常量在内存中所占用的字节数及数的表示范围。

表 1-2-1 各整型常量内存字节数及数的表示范围

类型说明符	数的范围	字节数
int	-2 147 483 648~2 147 483 647，即 -2^{31}~（$2^{31}-1$）	4
unsigned int	0~4 294 967 295，即 0~（$2^{32}-1$）	4
short int	-32 768~32 767，即 -2^{15}~（$2^{15}-1$）	2
unsigned short int	0~65 535，即 0~（$2^{16}-1$）	2
long int	-2 147 483 648~2 147 483 647，即 -2^{31}~（$2^{31}-1$）	4
unsigned long	0~4 294 967 295，即 0~（$2^{32}-1$）	4

（2）实型常量

实型又称浮点型。实型常量又称实数或者浮点数，即实型常量是带小数点位的数值。在 C 语言中，实数只采用十进制，包括小数形式和指数形式两种。在内存中的存放形式都是采用指数形式的表示方法。

例如，4.3、–12.5、3.14E6、4.28e–3 就是实型常量。前两者是小数形式，后两者是指数形式。可以看到指数形式是由小数形式加阶码标志“e”或“E”以及阶码（只能为整数，可以带符号）组成。而 3.14E6 可以写成 0.314E7、0.0314E8、31.4E5、314E3 等等价形式，小数点位置可以是浮动的，浮动的同时指数（阶码）的值也随之改变，以保证它的值不会改变。由于小数点位置可以浮动，所以实数的指数形式称为浮点数。若浮点数的小数部分中，小数点左边有且仅有一位非零的数字，则称为“规范化的指数形式”，即 3.14E6 属于规范化的指数形式，0.314E7 等则不属于规范化的指数形式。

浮点数数据分为两类：单精度型和双精度型。其类型说明符分别为 float 和 double。一般的 C 编译系统为单精度型数据分配 4 个字节，为双精度型数据分配 8 个字节。占 4 个字节的单精度型数据的数值范围为 3.4E–38 ~ 3.4E+38，提供 7 位有效数字。占 8 个字节的双精度型数据的数值范围为 1.7E–308 ~ 1.7E+308，可提供 16 位有效数字。标准 C 允许浮点数使用后缀。后缀为“f”或“F”即表示单精度浮点数，后缀为“lf”或“LF”即表示双精度浮点数。

（3）字符常量

字符常量是括在一对单引号内的一个字符。例如，'a'、'2'和'+'就是字符型常量。

在 C 语言中，字符常量有以下特点：

① 字符常量只能用单引号括起来，不能用双引号或其他括号。

② 字符常量只能是单个字符，不能是字符串。

③ 字符可以是字符集中任意字符。但数字被定义为字符型之后就不能参与数值运算。如'5'和 5 是不同的。'5'是字符常量，不能参与运算。

在 C 语言中还存在一种特殊的字符常量——转义字符。转义字符以反斜线“\”开头，后跟一个或几个字符。转义字符具有特定的含义，不同于字符原有的意义，故称“转义”字符。例如，在前面各例题 printf()函数的格式串中用到的'\n'就是一个转义字符，其意义是“回车换行”。转义字符主要用来表示那些用一般字符不便于表示的控制代码。常用的转义字符如表 1-2-2 所示。

表 1-2-2　常用的转义字符及其含义

转义字符	含　义	ASCII 码
\n	回车换行	10
\t	横向跳到下一制表位置	9
\b	退格	8
\r	回车	13
\f	走纸换页	12
\\	反斜线符"\"	92
\'	单引号符	39
\"	双引号符	34
\a	鸣铃	7
\ddd	1 ~ 3 位八进制数所代表的字符	
\xhh	1 ~ 2 位十六进制数所代表的字符	

每个字符变量无论是普通字符还是转义字符，都被分配一个字节的内存空间，因此只能存放一个字符，且存放的是此字符对应的 ASCII 码。

（4）字符串常量

字符串常量是由一对双引号括起的字符序列。例如，"CHINA"、"C program"、"$12.5"等都是合法的字符串常量。

字符串常量和字符常量是不同的量。它们之间主要有以下区别：

① 字符常量由单引号括起来，字符串常量由双引号括起来。

② 字符常量只能是单个字符，字符串常量则可以含零个、一个或多个字符。

③ 字符常量占 1 字节的内存空间。字符串常量占的内存字节数等于字符串中字符数加 1。增加的 1 字节中存放字符"\0"（ASCII 码值为 0）。这是字符串结束的标志。

例如，字符串"C program"在内存中所占的字节图示如图 1-2-2（a）所示。字符常量'a'和字符串常量"a"虽然都只有一个字符，但在内存中的情况是不同的。'a'在内存中占 1 字节，如图 1-2-2（b）所示；"a"在内存中占 2 字节，如图 1-2-2（c）所示。

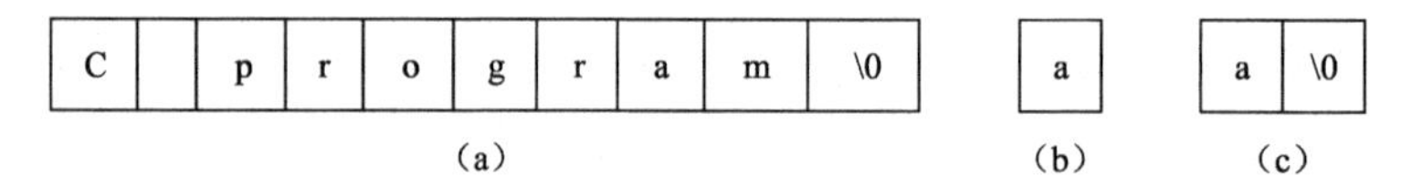

图 1-2-2　字符在内存中的存储图示

2. 符号常量

符号常量是指以标识符形式出现的常量。符号常量在使用之前必须先定义，其定义的一般形式为：

```
#define  标识符常量
```

其中，#define 是一条预处理命令（本篇第 7 章将详细介绍预处理的内容），称为宏定义命令，其功能是把该标识符定义为其后的常量值。一经定义，以后在程序中所有出现该常量值的地方均以该标识符代之，此标识符也被称为宏名。在编译预处理时，对程序中所有出现的“宏名”，都用定义中的常量值去替换，这称为“宏替换”或“宏展开”。在程序中，不能对符号常量重新赋值。

【例 2-1】用符号常量来改写例 1-2。

```
#include <stdio.h>
#define  PI  3.14159
int  main()
{
    int r;
    float c,s;
    printf("input number:");
    scanf("%d",&r);
    c=2*PI*r;
    s=PI*r*r;
    printf("r=%d,c=%f,s=%f\n",r,c,s);
    return 0;
}
```

在使用符号常量时，一般应做到“见名知义”。为使程序更具可读性，习惯上符号常量的标识符都用大写字母，以区别于后面所要讲解的变量的名字。而使用符号常量最大的一个好处就是能做到“一改全改”，对于书写比较大的程序是非常有利的。

2.1.4　变量

在程序运行过程中，其值可以改变的量称为变量。一个变量具有两个要素，即变量名和变量值。每一个变量都有一个名字，称为变量名，它的命名规则遵循标识符命名规则；每一个变量在内存中都占据一定的存储单元，在程序运行过程中，变量值存储在该内存单元中。在程序中，通过变量名来访问变量的值。

变量定义必须放在变量使用之前，一般放在函数体的开头部分。

变量定义语句形式如下：

```
数据类型 <变量名列表>;
```

其中，变量名列表是一个或多个标识符名，也就是可以同时定义同一种数据类型的多个变量。每个标识符名之间用“,”分隔，最后以分号结尾。

例如：

```
int  num;
int  age;
```

或

```
int  num,age;
```

在如上定义中，定义了两个整型变量 num 和 age，即在内存中分配了各 4 字节的存储单元给变量 num 与 age。习惯上，为了增加程序的可读性，变量名也应该做到“见名知义”。例如，num（个数）、age（年龄）、average（平均值）。

此时，若强行输出 num 与 age 的值，会得到两个如-858993460 这样的值，这代表 num 与 age 都没有赋初值。给变量赋初值，称为变量的初始化。

例如：

```
num=10;
age=20;
```

在 C 语言中，允许在定义变量的同时给变量赋初值。变量初始化的一般格式如下：

```
数据类型 变量名[=初值][, 变量名 2[=初值 2]…]
```

例如：

```
double  average,math=82.5,chinese;
```

定义了三个双精度实型变量，其中，math 初始化为 82.5，对 average 与 chinese 未做初始化工作。

和常量一样，变量也有整型变量、实型变量和字符型变量，但没有字符串变量。在定义变量的同时要说明其类型，系统在编译时就能根据其类型为其分配相应的存储单元。

在 C 语言程序中每一个数据都必须有一个确定的数据类型，没有无类型的数据，也不可能有一个数据同时具有多种数据类型。

2.2　运算符和表达式

C 语言的运算符种类繁多，按运算对象（操作数）的个数分为单目运算符、双目运算符和三目运算符。按运算类型分为赋值运算符、算术运算符、关系运算符、逻辑运算符、逗号运算符、条件运算符等。

（1）赋值运算符：用于赋值运算，分为简单赋值（=）、复合算术赋值（+=、-=、*=、/=、%=）和复合位运算赋值（&=、|=、^=、>>=、<<=）三类共 11 种。

（2）算术运算符：用于各类数值运算。包括加（+）、减（-）、乘（*）、除（/）、求余（或称模运算，%）、自增（++）、自减（--）共7种。

（3）关系运算符：用于比较运算。包括大于（>）、小于（<）、等于（==）、大于等于（>=）、小于等于（<=）和不等于（!=）6种。

（4）逻辑运算符：用于逻辑运算。包括与（&&）、或（||）、非（!）3种。

（5）位操作运算符：参与运算的量，按二进制位进行运算。包括位与（&）、位或（|）、位非（~）、位异或（^）、左移（<<）、右移（>>）6种。

（6）条件运算符：这是一个三目运算符，用于条件求值（?:）。

（7）逗号运算符：用于把若干表达式组合成一个表达式（,）。

（8）指针运算符：用于取内容（*）和取地址（&）两种。

（9）求字节数运算符：用于计算数据类型所占的字节数（sizeof）。

（10）特殊运算符：有括号()、下标[]、成员（->、.）等几种。

C语言的运算范围很广，把除了控制语句和输入/输出以外的所有的基本操作都作为运算处理。C语言的运算符又称操作符，把操作数用运算符连接起来，就构成C语言的表达式。在C语言中，操作数可以是常量、变量和函数，由不同的运算符可以构成不同的表达式。

2.2.1 赋值运算符和赋值表达式

1. 简单赋值运算符

C语言中的简单赋值运算符记为“=”。由“=”连接的式子称为赋值表达式，其功能是把其右侧表达式的值赋给左侧的变量，即将表达式的值写入变量所占用的内存单元中。其一般形式为：

变量=表达式

例如：

```
int x,y;
x=a+b;
y=sin(arc1)+cos(arc2);
```

赋值运算符具有右结合性。因此a=b=c=5;，可理解为a=(b=(c=5));。

凡是表达式可以出现的地方均可出现赋值表达式。如int x,y,z;x=(y=5)+(z=7);是合法的。分析一下原因：因圆括号的优先级最高，故先把5赋给变量y，而第一个圆括号内表达式的值即为5；再把7赋给z，第二个圆括号内表达式的值为7。因此，两个圆括号括起来的表达式的和为12，然后把12赋给变量x。故x应等于12。

2. 赋值中的类型转换

如果赋值运算符两边的数据类型不相同，系统将自动进行类型转换，即把赋值号右边的类型换成左边的类型。具体规定如下：

（1）实型赋予整型，原则是舍去小数部分，只保留整数部分。

（2）整型赋予实型，数值不变，但将以浮点形式存放，即增加小数部分（小数部分的值为0）。

【例2-2】实型与整型相互赋值中的类型转换实例。

```
#include <stdio.h>
int main()
{
    int i1,i2=5;                    //定义两个整型变量i1,i2,且i2赋初值为5
    double d1=3.66,d2;              //定义两个实型变量d1,d2,且d1赋初值为3.66
    i1=d1;                          //将实型变量d1的值赋给整型变量i1
```

```
    d2=i2;                          //将整型变量 i2 的值赋给实型变量 d2
    printf("i1=%d,d2=%lf \n",i1,d2);  //输出整型变量 i1 与实型变量 d2 的值
    return 0;
}
```

程序运行结果为：

```
i1=3,d2=5.000000
```

本题运行结果说明，i1 为整型，赋予实型变量 d1 的值 3.66 后只取整数 3。d2 为实型，赋予整型量 i2 的值 5 后增加了小数部分。函数体中第 3 行的语句在编译时会出现一个警告错误，信息显示丢失精度，实际就是指丢弃小数部分同时丢失了精度，因此不影响运行结果。

（3）字符型赋予整型，由于字符型为 1 字节，而整型为 4 字节，故将字符的 ASCII 码值放到整型变量的低 8 位中，高 24 位为 0。

（4）整型赋予字符型，只把低 8 位赋予字符变量。

【例 2-3】字符型与整型相互赋值中的类型转换实例。

```
#include <stdio.h>
int  main()
{
    int i1,i2=1089;                 //定义两个整型变量 i1,i2,且 i2 赋初值为 1089
    char c1='A',c2;                 //定义两个字符型变量 c1,c2,且 c1 赋初值为'A'
    i1=c1;                          //将字符型变量 c1 的值赋给整型变量 i1
    c2=i2;                          //将整型变量 i2 的值赋给字符型变量 c2
    printf("i1=%d,c2=%c \n",i1,c2);  //输出整型变量 i1 与字符型变量 c2 的值
    return 0;
}
```

程序运行结果为：

```
i1=65,c2=A
```

本例中函数体第 3 条语句是将字符型变量 c1 的值赋给整型变量 i1，即将字符'A'对应的 ASCII 码值 65 存入 i1 的低 8 位中，高 24 位为 0，因此输出的 i1 的值即为 65。第 4 条语句是将整型变量 i2 的值赋给字符型变量 c2，就是将十进制数 1089 对应的 32 位二进制数的低 8 位（即十进制数 65，ASCII 码对应于字符'A'）赋给 c2。

（5）单、双精度浮点型之间的赋值。

C 语言中的浮点数总是用双精度表示的，如果将 float 类型的变量赋予 double 类型的变量，只是在 float 型数据尾部加 0 以延长为 double 类型数据。如果将 double 型转换为 float 型时，通过截断尾数（保留六位小数）来实现，截断前要进行四舍五入的操作。

编译系统为每一个单精度变量分配 4 字节，其数值范围为-3.4E-38~3.4E+38，只能保证 7 位有效数字。为了扩大能表示的数值范围，用 8 个字节存储一个双精度型变量，可以得到 15 位有效数字，范围为-1.7E-308~1.7E+308。因此，双精度型变量比单精度型变量表示的数的范围更大，能表示更大的数，小数位数更多，表示的小数更精确。

【例 2-4】单、双精度型相互赋值中的类型转换实例。

```
#include <stdio.h>
int main()
{
    float  score1=78.5f;
    float  score2=78.123456789f;
    float  score3=1.123456789f;
    double d1=78.123456789;
    printf("score1=%f \nscore2=%f \nscore3=%f\nd1=%lf \n",score1,score2,
```

```
      score3,d1);
    return 0;
}
```

程序运行结果为：

```
score1=78.500000
score2=78.123459
score3=1.123457
d1=78.123457
```

本题中，78.5 是双精度实型常量，如果要将 78.5 赋给单精度实型变量，最好在 78.5 后加上 f 或 F，否则编译时可能会有警告错误，提示将 double 型转化为 float 型。

在分析运行结果之前需要说明一点：默认情况下，无论是单精度型还是双精度型的值输出时只显示 6 位小数，且这 6 位小数中的最后若干位可能是无意义的，这取决于整数部分的小数位数。而前两个输出结果 78.500000 与 78.123459 中的最后一位都是无意义的，因为单精度型数值最多含有 7 位有效数字。而 78.123456789 的有效位数超出了单精度型的范围，所以运用截断再四舍五入原理，score2 的值是应该是 78.123457，但由于单精度型 7 位有效数字的限制，所以只能正确显示前 7 个数字，后边那一位的 6 不能正常显示。但如果运用复杂格式输出 score2，则能达到显示正确值的效果，详细请参看本篇第 3 章相关内容。经过上述的解释就不难得出 score3 的值。因为双精度型的有效位数达 15 位，所以 78.123456789 成功赋予 d1，而系统默认只能显示 6 位小数，所以 d1 的值以四舍五入方式显示。

3. 复合的赋值运算符

在赋值符“=”之前加上其他二目运算符可构成复合赋值符。如+=、-=、*=、/=、%=、<<=、>>=、&=、^=、|=。

构成复合赋值表达式的一般形式为：

```
变量 双目运算符=表达式
```

等价于

```
变量=变量运算符 表达式
```

例如：

```
a+=5          //等价于 a=a+5，含义是把 a 的值取出来加上 5 后的结果再赋给 a
x*=y+7        //等价于 x=x*(y+7)
r%=p          //等价于 r=r%p
```

对复合赋值运算符的这种写法，初学者可能不习惯，但其十分有利于编译处理，能提高编译效率并产生质量较高的目标代码。

C 语言中，运算符的运算优先级共分为 15 级。1 级最高，15 级最低。在表达式中，优先级较高的先于优先级较低的进行运算。而在一个运算量两侧的运算符优先级相同时，则按运算符的结合性所规定的结合方向处理。

复合赋值运算符的优先级与简单赋值运算符的优先级是相同的。它们的优先级要比算术运算符的优先级低。而且复合赋值运算符与简单赋值运算符的结合性相同，都是自右向左。

2.2.2 算术运算符和算术表达式

1. 基本的算术运算符

C 语言中的算术运算符包括 5 个双目运算符：加（+）、减（-）、乘（*）、除（/）、求余（取模，%）及 4 个单目运算符：自增（++）、自减（--）、单目加（正号，+）和单目减（负号，-），此外还有圆括号运算符，用于改变运算的顺序。

其中，当参与除法运算的两个操作数均为整型时，结果只保留整数部分，舍去小数部分，即结果也为整型。如果操作数中有一个是实型，则结果为双精度实型。而求余运算符（模运算符）“%”则要求参与运算的两个操作数均为整型，求余运算的结果等于两操作数相除后的余数。自增、自减运算符将在本篇后续章节中详细介绍。

【例 2-5】算术运算实例。

```
#include <stdio.h>
int main()
{
    printf("%d,%d\n",20/3,-20/3);
    printf("%lf,%lf\n",20.0/3,-20.0/3);
    printf("%d\n",20%3);
    return 0;
}
```

程序运行结果为：

```
6,-6
6.666667,-6.666667
2
```

本例中，20/3 和-20/3 的结果均为整型，小数全部舍去。而 20.0/3 和-20.0/3 由于有实数参与运算，因此结果也为实型。而 20 除以 3 所得的余数为 2。

2．算术表达式

算术表达式是由算术运算符和圆括号将运算对象（又称操作数）连接起来、符合 C 语法规则的式子。

以下是算术表达式的例子：

```
a+b
(a*2)/c
(x+r)*8-(a+b)/7
++i
sin(x)+sin(y)
(++i)-(j++)+(k--)
```

算术表达式的值为整型的称为整型表达式，其值为浮点型的称为浮点表达式。算术表达式的类型由参与运算的各操作数类型决定。如果参与运算的各操作数类型相同，则表达式的类型与操作数的类型相同；如果参与运算的各操作数类型不尽相同，则表达式的类型由操作数中类型最高的决定。

3．算术运算符的优先级与结合性

算术运算符的优先级顺序从高到低依次为：圆括号→取正、取负→*、/、%→+、-，其中圆括号的优先级最高，加减法的优先级最低。

算术运算符中的 5 个双目运算符的结合性为自左向右（即左结合），即当多个相同优先级的运算符同时存在于一个表达式中时，运算顺序为从左到右。而取正取负则是自右向左的结合性，即右结合。

2.2.3　关系运算符和关系表达式

在 C 语言中有以下关系运算符：

（1）<（小于）。

（2）<=（小于或等于）。

（3）>（大于）。

（4）>=（大于或等于）。

（5）==（等于）。

（6）!=（不等于）。

关系运算符都是双目运算符，其功能是对两个操作数的大小进行比较。

关系运算符的优先级低于算术运算符，高于赋值运算符。6个关系运算符的结合性均为左结合，前4个的优先级相同，后2个的优先级相同，且前4个的优先级高于后2个。

关系表达式的一般形式为：

表达式 关系运算符 表达式

例如：

```
x>3*2
'a'+1<c
a+b>c-d
-i-5*j==k+1
```

都是合法的关系表达式。关系表达式的值是逻辑“真（1）”和逻辑“假（0）”。如 5>0 的值为“真”，即为 1。(a=3)>(b=5)由于 3>5 不成立（即不满足条件），故其值为“假”，即为 0。

【例 2-6】关系运算符实例。

```
#include <stdio.h>
int main()
{
    char c='k';                                   //'k'的ASCII码为 107
    int i=1,j=2,k=3;
    float x=3e+5,y=0.85f;
    printf("%d,%d\n",'a'+5<c,-i-2*j>=k+1);        //'a'的ASCII码为 97
    printf("%d,%d\n",j>0,x-5<=x+y);
    printf("%d,%d\n",i+j+k==-2*j,j==i+5);
    return 0;
}
```

程序运行结果为：

```
1,0
1,1
0,0
```

本例试求各种关系表达式的值。字符变量是以它对应的ASCII码参与运算的。对于同时含算术运算符、关系运算符的表达式，由于算术运算符的优先级高，所以先进行算术运算再进行关系运算，如-i-2*j>=k+1，先计算-i-2*j 与 k+1 的值，结果为-5 与 4，在计算-5>=4，不成立，故表达式值为 0。

2.2.4 逻辑运算符和逻辑表达式

1. 逻辑运算符

逻辑运算符是用来对操作数进行逻辑判断的，运算结果为逻辑“真(1)”和逻辑“假(0)”。C语言中提供了三种逻辑运算符。

（1）&&，与运算符，即对两个操作数进行求与运算，如 a&&b。只有当两个操作数都是真时，求与运算结果才是真。否则，就为假。

（2）||，或运算符，即对两个操作数进行求或运算，如 a||b。两个操作数只要有一个是真时，求或运算结果就为真。只有两个操作都是假时，求或结果才为假。

（3）!，非运算符或求反运算符，对真求反后为假，对假求反后为真。

与运算符&&和或运算符||均为双目运算符。具有左结合性。非运算符!为单目运算符，具有右结合性。归纳逻辑运算规律，可得到逻辑运算值列表，称为真值表，如表 1-2-3 所示。

表 1-2-3　逻辑运算真值表

a	b	a&&b	a||b	!a
1	1	1	1	0
1	0	0	1	0
0	1	0	1	1
0	0	0	0	1

逻辑运算符的优先级从高到低依次为：!（非运算）→&&（与运算）→||（或运算）。与其他运算符比较优先级的关系时有：!（非运算）→算术运算符→关系运算符→&&（与运算）→||（或运算）→赋值运算符。! 逻辑非运算符优先级最高，赋值运算符优先级最低。

按照运算符的优先级顺序可以得出如下关系：

```
a>b && c>d        //等价于     (a>b)&&(c>d)
!b==c||d<a        //等价于     ((!b)==c)||(d<a)
a+b>c&&x+y<b      //等价于     ((a+b)>c)&&((x+y)<b)
```

虽然 C 语言在给出逻辑运算值时，以“1”代表“真”，以“0 ”代表“假”。但反过来在判断一个量是为“真”还是为“假”时，以“0”代表“假”，以非“0”的数值作为“真”。例如，由于 5 和 3 均为非“0”，因此 5&&3 的值为“真”，即为 1。

2．逻辑表达式

逻辑表达式的一般形式为：

表达式 逻辑运算符 表达式

其中，表达式可以又是逻辑表达式，从而组成了嵌套的情形。

例如：

```
(a&&b)&&c
```

根据逻辑运算符的左结合性，上式也可写为：

```
a&&b&&c
```

逻辑表达式的值是式中各种逻辑运算的最后值，以“1”和“0”分别代表“真”和“假”。对于数学中像 1<j<5 这样的表达式，用 C 语言描述的等价逻辑表达式就是 1<j && j<5。也就是说，数学中的式子与 C 语言描述的表达式并不是一样的。

【例 2-7】逻辑运算符实例。

```
#include <stdio.h>
int  main()
{
    char c='c';
    int i=3,j=2,k=1;
```

```
    float x=5.0f,y=0.85f;
    printf("%d,%d\n",!x+1,!x*!y);
    printf("%d,%d\n",x||i&&j-1,i<j&&x<y);
    printf("%d,%d\n",i==5&&c&&(j=0),x+y||i+j+k);
    return 0;
}
```

程序运行结果为：

```
1,0
1,0
0,1
```

本例中，!x 为 0，所以!x+1 的值为 1，而!y 也为 0，故!x*!y 的值也为 0。对 x||i && j-1，先计算 j-1 的值为 1，再求 i && j-1 的逻辑值为 1，故 x||i&&j-1 的逻辑值为 1。对 i<j&&x<y，由于 i<j 的值为 0，而 x<y 为 0，故表达式的值为 0，0 相与，最后为 0。对 i==5&&c&&(j=0)，由于 i==5 为假，即值为 0，c 为真，而 j=0 结果为假，该表达式由两个与运算组成，所以整个表达式的值为 0。对于 x+ y||i+j+k，由于 x+y 的值为非 0，故整个或表达式的值为 1。

注 意

逻辑运算符“&&”之间不能有空格，“||”亦是。对于逻辑运算符“&&”，只要第一个操作数的值为假，则不需要再判断第二个操作数，就可得整个逻辑表达式的结果为假。对于逻辑运算符“||”，只要第一个操作数为真，则不需要再判断第二个操作数，就可得整个逻辑表达式的结果为真。

2.2.5 逗号运算符和逗号表达式

在 C 语言中，逗号“,”既可以作为分隔符，也可以作为运算符使用，称为逗号运算符。逗号运算符也是一种双目运算符，其功能是把两个表达式连接起来组成一个表达式，称为逗号表达式。

其一般形式为：

表达式 1,表达式 2,表达式 3,…,表达式 n

其求值过程是从左到右依次求各表达式的值,并以表达式 n 的值作为整个逗号表达式的值。

【例 2-8】逗号运算符实例。

```
#include <stdio.h>
int main()
{
    int a=1,b=2,c=3,x,y;
    y=((x=a+b),(b+c));
    printf("y=%d,x=%d\n",y,x);
    return 0;
}
```

程序运行结果为：

```
y=5,x=3
```

本例中,y 等于整个逗号表达式的值,也就是表达式 2 的值(5),x 是第一个表达式的值(3)。若把函数体中的第二条语句改为：y=(x=a+b),(b+c);，则 y 的值为 3，因为赋值运算符的优先级高于逗号运算符，也就是说逗号运算符的优先级是所有运算符中最低的。

对于逗号表达式还要说明一点：并不是在所有出现逗号的地方都组成逗号表达式，如在变量定义语句中、函数参数表中逗号只是用作各变量之间的分隔符。

2.2.6 条件运算符和条件表达式

条件运算符由?和:组成，是 C 语言中唯一的一个三目运算符，即有三个操作数参与运算。

由条件运算符组成条件表达式的一般形式为：

表达式 1?表达式 2:表达式 3

其求值规则为：如果表达式 1 的值为真，则以表达式 2 的值作为整个条件表达式的值，否则以表达式 3 的值作为整个条件表达式的值。

例如，设变量 a=2，b=3，c=4，求条件表达式 d=(c > a + b) ? a : b 的值。

先求关系表达式 c > a + b 的值，4>2+3 为“假（0）”。因为表达式 1 的值为假，则计算表达式 3 的值，其值为 3。故整个条件表达式的值为 3，即 d 的值为 3。

在使用条件运算符时，应该注意以下几点：

（1）条件运算符的运算优先级低于关系运算符，但高于赋值运算符。因此，表达式 d=(c > a + b) ? a : b 可以去掉括号而写为 d=c > a + b? a : b。

（2）条件运算符?和:是一对运算符，不能分开单独使用。

（3）条件运算符的结合方向是自右至左。如 a>b?a:c>d?c:d，应理解为 a>b?a:(c>d?c:d)。这也就是条件表达式嵌套的情形，即其中的表达式 3 又是一个条件表达式。

【例 2-9】条件运算符实例：用条件表达式编程实现，输出两个数中的较大者。

```
#include <stdio.h>
int main()
{
    int score1=89,score2=90,max;
    max=score1>score2?score1:score2;
    printf("the max is %d \n",max);
    return 0;
}
```

程序运行结果为：

```
the max is 90
```

2.2.7 自增运算和自减运算

1. 自增、自减运算符

自增运算符又称自增 1 运算符，记为“++”，其功能是使变量的值自增 1。

自减运算符又称自减 1 运算符，记为“--”，其功能是使变量的值自减 1。

自增与自减运算符参与运算可有以下两种形式：

（1）前置运算：运算符放在变量之前，例如，++i，--i，其中 i 是一个整型变量。这种方式运算规则是先使变量的值增（减）1，然后再以变化后的值参与其他运算。

（2）后置运算：运算符放在变量之后，例如，i++，i--，其中 i 是一个整型变量。这种方式运算规则是先参与其他运算，再使变量的值增（减）1。

2. 自增、自减运算符的优先级与结合性

自增与自减运算符均为单目运算符，都具有右结合性。属于算术运算符的范畴，其优先级

低于取正、取负，但高于乘除运算。

在理解和使用上容易出错的是 i++和 i--。特别是当它们出在较复杂的表达式或语句中时，常常难于弄清，因此应仔细分析。但读者尽量避免使用像 b=(a++)+(++a)或 b=(++a)+(a++)这样的表达式，因为不同的系统的运算顺序是不太一样的，可能会得到不同的结果。

【例 2-10】前置运算和后置运算实例。

```
#include <stdio.h>
int main()
{
    int i=9;
    int j=3;
    printf("i=%d\n",++i);   //先自增为 10，再输出
    printf("i=%d\n",--i);   //先自减为 9，再输出
    printf("i=%d\n",i++);   //先输出值 9，再自增为 10
    printf("i=%d\n",i--);   //先输出值 10，再自减为 9
    printf("i=%d\n",-i++);
    printf("i=%d\n",-i--);
    printf("i=%d\n",(i++*++j));
    printf("i=%d\n",i);
    return 0;
}
```

程序运行结果为：

```
i=10
i=9
i=9
i=10
i=-9
i=-10
i=36
i=10
```

本题中 i 的初值为 9，函数体第 3 行 i 加 1 后再输出 i 的值，故为 10；第 4 行减 1 后再输出 i 的值，故为 9；第 5 行先输出 i 为 9，后再加 1（为 10）；第 6 行先输出 i 为 10，后再减 1（为 9）；由于取正取负优先级高于自增自减，故-i++等价于(-i)++，-i--等价于(-i)--，因此第 7 行先输出-i 为-9，后 i 再加 1（为 10），第 8 行先输出-i 为-10，后 i 再减 1（为 9）。由于自增运算符的优先级高于乘法，故第 9 行中的表达式(i++*++j)等价于((i++)*(++j))，先取 i 的值 9 作为表达式(i++)的值，表达式(++j)先让 j 的值加 1 为 4，再取 j 的值作为表达式(++j)的值，参与两个表达式乘法运算，得 36，再让 i 自增 1，变成 10。故第 10 行输出 i 的终值为 10。

2.3 数据类型转换

生活中，经常能遇到类似问题，如果 1 kg 水果糖的价格是 1.2 元，则买 10 kg 需要 12 元。这是最普通的乘法，但是当把这个问题用 C 语言编程实现时，就会遇到不同数据类型之间进行运算的问题。

在 C 语言中，不同类型的数据可以在同一个表达式中进行混合运算，运算时要进行类型转

换。在进行运算时，不同类型的数据要转换成同一类型，然后进行运算。数据转换的方法有两种，一种是自动转换，一种是强制转换。

2.3.1　不同数据类型的数据间的混合运算

自动转换发生在不同数据类型的量混合运算时，由编译系统自动完成。自动转换遵循以下规则：

（1）若参与运算量的类型不同，则先转换成同一类型，然后进行运算。

（2）转换按数据长度增加的方向进行，以保证精度不降低。如 int 型和 long 型运算时，先把 int 量转成 long 型后再进行运算。

（3）所有的浮点运算都是以双精度进行的，即使仅含 float 单精度量运算的表达式，也要先转换成 double 型，再作运算。

（4）char 型和 short 型参与运算时，必须先转换成 int 型。

（5）在赋值运算中，赋值号两边量的数据类型不同时，赋值号右边量的类型将转换为左边量的类型。如果右边量的数据类型长度比左边长时，将丢失一部分数据，这样会降低精度，丢失的部分按四舍五入向前舍入。

数据转换的规则如图 1-2-3 所示，图中箭头指示方向为数据转换的方向。

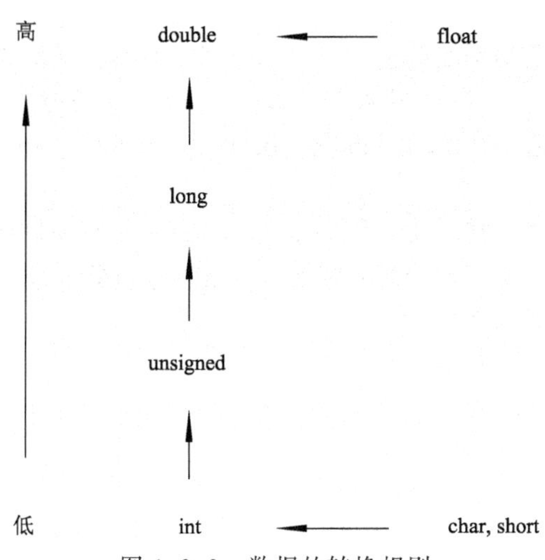

图 1-2-3　数据的转换规则

图中箭头方向只是表示数据类型级别的高低，由低到高转换。如果一个 int 型数据 i 与 double 型数据 d 进行运算，是将 i 直接由 int 型换成 double 型，然后与 d 运算。不能理解为 int 型先转换成 unsigned 型，再转换成 long 型，最后转换成 double 型。

【例 2-11】自动类型转换实例。

```
#include <stdio.h>
int main()
{
    double d=5.3;                    //定义一个双精度型变量 d，并赋初值为 5.3
    int i=5;                         //定义一个整型变量 i，并赋初值为 5
    char ch='a';                     //定义一个字符型变量 ch，并赋初值为'a'
    printf("%d,%d \n",sizeof(d+i),sizeof(d+ch));
                                     //输出表达式值的数据类型所占字节数
```

```
    printf("%lf,%lf\n",d+i,d+ch);//输出两个表达式运行结果
    return 0;
}
```

程序运行结果为：

```
8,8
10.300000,102.300000
```

在本例中，变量 d 为双精度数据，i 为整型数据，ch 为字符型数据，在执行表达式 d+i 时，因为有双精度数据 d，因此，i 先转换为 double 型数据 5.0，再执行表达式，表达式结果为 10.3，double 型；在执行表达式 d+ch 时，因为有双精度数据 d，因此，ch 先转换为 double 型数据（因为字符'a'对应的 ASCII 码值为 97，所以转换后的值为 97.0），再执行表达式，表达式结果为 102.3，也为 double 型。所以，第一个 printf()函数的输出结果为 8,8，第二个 printf()函数的输出结果为 10.300000, 102.300000。

上例中的两个转换都是系统自动进行的，读者使用时只需从中了解结果及结果的类型即可。

2.3.2 强制类型转换

类型的自动转换时系统自动进行的，不需要用户的干预，但有时自动类型转换不能实现设计者希望的转换结果，这时可以使用强制类型转换来避免出现错误的运算结果，其一般格式为：

（类型名）（表达式）

其效果是把表达式的类型强制转换为要求的类型，而不管类型的高低，如(double)i 是将 i 转换成 double 型，而不管 i 之前是什么类型的数据。(int)(x+y)是将 x+y 的结果转换为 int 型，不论 x 与 y 是何种类型的数据。例如，(double)x，(int)(x+y)，float(7%5)都是合法的强制类型转换表达式。

要转换的表达式要用括号括起来，如(int)(x+y)与(int)x+y 是不同的，后者相当于(int)(x)+y，也就是说，只将 x 转换成整型，然后与 y 相加。如果是强制类型转换还是自动转换，都不会改变数据定义时该变量定义时的类型。

【例 2-12】强制类型转换实例。

```
#include <stdio.h>
int main()
{
    float price=12.3f;        //定义一个单精度型变量 price，并赋初值为 12.3
    int iprice;               //定义一个整型变量 iprice
    iprice=(int)price;        //将浮点型变量 price 的值强制转化为整型值，并赋给 iprice
    printf("iprice=%d,price=%f \n",iprice,price);
                              //输出整型变量 iprice 与浮点型变量 price 的值
    return 0;
}
```

程序运行结果为：

```
iprice=12,price=12.300000
```

在本例中，将 price 的值强制转换为 int 类型，然后赋值给变量 iprice，所以 iprice 的值是 12。但是，price 的值虽然被强制转换为 int 型，但 price 本身的类型并未改变，price 的值仍为 12.3。

主函数体中第一条语句换为如下语句也能得到相同的效果：

```
float  price=(float)12.3;
```

小　结

本章主要介绍了C语言的数据类型和C语言的基本表达式，介绍了常量与变量类型，并说明了各种数据类型之间的转换，还介绍了运算符和表达式的相关知识。

C语言的数据类型包括基本数据类型、构造数据类型、指针类型和空类型，基本类型又分为整型、字符型、实型，整型又细分为多种，实型又分为单精度实型和双精度实型。重点掌握int、char、double这三种基本类型。

数据类型的转换分为自动转换与强制转换。自动转换发生在不同数据类型的量混合运算时，由编译系统自动完成，由少字节类型向多字节类型转换。强制转换是由强制转换运算符完成。

运算符分为单目运算符、双目运算符、三目运算符。单目运算符一般有取正+、取负-、自增++、自减--和逻辑非运算!这5种，三目运算符只有?:这一个，其他都属于双目运算符。运算符有优先级之分，归纳起来常用运算符的优先级顺序从高到低依次为取正+、取负-→自增++、自减--→!（非）→*、/、%→+、-→<、<=、>、>=→==、!=→&&（与）→||（或）→?:→=（赋值）→,（逗号）。多数运算符具有左结合性，而单目运算符、条件运算符与赋值运算符具有右结合性。

表达式是由运算符与操作数连接起来的式子，其中操作数可以是常量、变量、函数或表达式。每个表达式都有值与类型。表达式的求值按运算符的优先级和结合性所规定的顺序执行。

习　题

1．简答题

（1）C语言都有哪些数据类型？

（2）画图表示变量名、变量值、变量地址之间的关系。

（3）字符常量与字符串常量有什么区别？

2．写出满足下列条件的C语言表达式

（1）ch是空格或者回车。

（2）number是奇数。

（3）year是闰年，即year能被4整除但不能被100整除，或year能被400整除。

（4）ch是英文字母。

3．求下列表达式的值

（1）x+a%3*(int)(x+y) %2/4，设x=2.5，a=7，y=4.7。

（2）(float)(a+b)/2+(int)x%(int)y，设a=2，b=3，x=3.5，y=2.5。

4．编程题

（1）输入a、b两个整数，求a除以b得到的商和余数。

（2）输入一个5位数，求这个数的各位数字之和。例如，输入12345，输出结果为15。

（3）某工种按小时计工资，每月总工资=每月劳动小时数×每小时工资，总工资中要扣除10%的公积金，剩余为应发工资。劳动小时数和每小时工资由键盘输入，求应发工资。

第 3 章 顺序结构程序设计

【本章学习重点】

（1）理解各种基本语句。

（2）了解输入/输出的概念。

（3）掌握数据的输入/输出。

（4）掌握输入函数 scanf()与输出函数 printf()的使用。

3.1 语　　句

顺序结构程序设计是最简单的程序设计，按程序中语句出现的顺序依次逐条执行语句。这些语句可以是赋值语句、输入/输出语句等。顺序结构是一种线性结构，它是计算机科学用以描述客观世界顺序现象的重要手段，是任何从简单到复杂的程序的主体基本结构。

语句是一个程序的主要组成部分，一条语句是给计算机系统的一条完整的指令。在 C 语言中，一条语句是在结尾处以分号结束的。

【例 3-1】 编写程序，求出一个底边为 4、高为 5 的三角形的面积。

解题思路：已知三角形的底边长为 d，高为 h，则三角形的面积为 1/2*d*h。

源程序：

```
#include <stdio.h>
int main()
{
    int d,h;                    //d 代表底边长，h 代表三角形的高
    double area;                //area 代表面积
    d=3;
    h=5;
    area=0.5*d*h;
    printf("area=%lf\n",area);
    return 0;
}
```

程序运行结果为：

```
area=7.500000
```

本程序通过若干条 C 语句组成的 main()函数，来实现求三角形面积的目的。其中，整型变量 d 和 h 分别表示三角形的底边长和高，同时通过 main()函数中的第 3、4 行的赋值语句为这两个变量赋初值。用实型变量 area 来表示三角形的面积，用第 5 行语句计算三角形的面积。并通过第 6 行的输出语句将面积显示出来。若 area = 0.5 * d * h;语句换成 area=1/2*d*h;，则输出的结果为 7.000000。

C 语言的语句可以分为 6 类：表达式语句、赋值语句、函数调用语句、控制语句、空语句

和复合语句。

1．表达式语句

表达式语句就是在表达式的末尾加上分号构成的语句。

表达式与表达式语句最重要的区别就在于是否以分号结束。

例如，d=4 是一个赋值表达式，而 d=4;则是语句。

又如，0.5*d*h 与 area=0.5*d*h 是两个表达式，而 area=0.5*d*h;是语句。

2．赋值语句

赋值语句是在赋值表达式末尾加上分号构成的，它属于表达式语句。

赋值语句是 C 程序中最常用的语句，使用它可以为变量赋初值，计算表达式的值、保存计算结果等。在 C 语言中，必须严格区分赋值语句和赋值表达式，赋值表达式可以出现在其他表达式中，而赋值语句则不能。

例如，(h = 4)> 3 是一个关系表达式，其中 h = 4 是赋值表达式。但是，h = 4;绝对不能出现在此表达式中。

注 意

C 语言中的赋值运算与算术中的等号的意义完全不同。例如，k = k+1 在 C 语言中表示将 k+1 的值赋给 k，而在数学中是不成立的，k 值不会与 k+1 的值相等。又如，1=k 在数学中表示 1 与 k 相等，而在 C 语言中 1=k 是非法的赋值语句，因为赋值运算符“=”左边不代表内存的存储单元，所以无法赋值。不难理解，数学中的等号是比较等号左右的数值是否相等，而 C 语言中的赋值是将赋值运算符右侧表达式的值赋给左侧的变量。另外，C 语言中的等于运算符“==”则是比较等于左右两个表达式的值是否相等，意义与数学中的等号相同。

3．函数调用语句

函数调用语句是一次函数调用加一个分号构成的语句。

例如，printf("area = %lf\n", area);就是一个函数调用语句。函数调用语句中的函数可以是系统预定义的函数，也可以是用户自定义的函数。

4．控制语句

控制语句用来实现对程序流程的选择、循环、转向和返回等的控制。控制语句共有 9 个，包括 13 个关键字。

（1）选择语句：if...else 和 switch（包括 case 和 default），将在本篇第 4 章中详细介绍。

（2）循环语句：for、while 和 do...while，将在本篇第 5 章中详细介绍。

（3）转向语句：continue、break 和 goto，将在本篇第 5 章中详细介绍。

（4）返回语句：return，将在本篇第 7 章中详细介绍。

5．空语句

空语句是仅仅由一个分号构成的语句，它表示什么也不做，主要用于程序的转向和循环中。

程序在执行空语句也要占用一定的时间，所以可以利用这点来实现延时功能。

6．复合语句

复合语句是由一对花括号“{ }”把若干语句括起来形成的，在语法上作为一个整体对待，相当于一条语句。

3.2 数据的输入和输出

C语言输入和输出操作是通过调用输入/输出函数来实现的,这些函数包含在标准输入/输出库函数中。程序中要使用这些库函数，应先用编译预处理命令#include将头文件stdio.h包含到源文件中，即应在文件开头有以下预处理命令：

```
#include  <stdio.h>
```

或

```
#include "stdio.h"
```

所谓的输入/输出是相对于计算机而言的。从计算机向外设（如显示器、打印机、磁盘等）输出数据称为“输出”，从输入设备（如键盘、磁盘等）向计算机输入数据则称为“输入”。标准输入/输出库函数就是指以标准输入/输出设备为输入/输出对象的函数。具体包括：格式输入/输出函数scanf()（格式化输入）与printf()（格式化输出）函数；字符的输入/输出函数getchar()（输入一个字符）与putchar()（输出一个字符）；字符串的输入/输出函数gets()（输入字符串）与puts()（输出字符串）。

本节重点介绍格式输入/输出函数和字符输入/输出函数，对于字符串的输入/输出函数将在本篇第6章详细讲解。

3.2.1 简单格式的输入与输出

1. 格式输出函数printf()

printf()函数称为格式输出函数，是C语言提供的标准输出函数，其关键字最末一个字母f即为“格式”（format）之意。其功能是在终端设备上按指定格式显示数据。在前面的例题中我们已多次使用过这个函数。

（1）printf()函数调用的一般形式

printf()函数调用的一般形式为：

```
printf("格式控制字符串",输出项列表)
```

其中，格式控制字符串是一对双引号括起来的字符串，用于指定输出格式。格式控制字符串可能包括三种信息：一是“%”和格式说明字符组成的格式转换控制符（又称占位符），作用是将数据转换成指定的格式（包括数据的类型、形式、长度、小数位数等）输出；二是提示串（又称非格式字符），一般由普通字符组成，用作信息提示，原样输出；三是转义字符，输出一些操作行为，如换行等。

输出项列表中给出了各个输出项，这些数据可以是常量、变量、函数或表达式。但要求格式字符串和各输出项在数量和类型上应该一一对应。

【例3-2】格式控制输出实例。

```
#include  <stdio.h>
int main()
{
    int a=98, b=99;
    printf("%d %d\n",a,b);
    printf("%d,%d\n",a,b);
    printf("%c,%c\n",a,b);
    printf("a=%d,b=%d\n",a,b);
    return 0;
```

```
}
```

程序运行结果为：

```
98 99
98,99
b,c
a=98,b=99
```

本例中4次输出了a和b的值，但由于格式控制串不同，输出的结果也不相同。函数体中第2行的输出语句格式控制串中，两个占位符%d之间加了一个空格（非格式字符），所以输出的a与b值之间有一个空格。第3行的printf语句格式控制串中加入的是非格式字符逗号，因此输出的a与b值之间加了一个逗号。第4行的格式串要求按字符型输出 a与b值。第5行中为了提示输出结果又增加了非格式字符串。

（2）printf的格式字符串

printf的格式字符串的一般形式为：

%格式说明字符

对于不同类型的数据和不同类型的输出，在格式控制串中应使用不同的格式说明字符来表示，常用的格式字符及含义如表1-3-1所示。

表1-3-1　常用格式字符及含义

格式字符	含　义
d	以带符号十进制形式输出整数（正数不输出符号）
o	以无符号八进制形式输出整数（不输出前缀0）
x，X	以无符号十六进制形式输出整数（不输出前缀0x）
u	以无符号十进制形式输出整数
f	以小数形式输出单精度实数，默认输出6位小数
lf	以小数形式输出双精度实数，默认输出6位小数
c	输出单个字符
s	输出字符串
e，E	以指数形式输出单、双精度实数
g，G	以%f或%e中较短的输出宽度输出单、双精度实数

【例3-3】带符号与无符号十进制输出实例。

```
#include  <stdio.h>
int main()
{
   unsigned int a=65535;
   int b=-2;
   printf("%d,%u\n",a,a);
   printf("%d,%u\n",b,b);
   return 0;
}
```

程序运行结果为：

```
65535,65535
-2,4294967294
```

说 明

程序的运行结果与机器的位数及操作系统有关，以上是 32 位 Windows 7 系统下的运行结果。因为-1 在内存单元中以补码的形式存放，用 4 个字节表示-1 的补码是 11111111 11111111 11111111 11111111，-2 的补码是 11111111 11111111 11111111 11111110，转换为无符号十进制数为 4294967294。

【例 3-4】多种格式输出同一个变量值的实例。

```
#include  <stdio.h>
int main()
{
    int i=-1;
    printf("%d,%o,%x,%u\n",i,i,i,i);
    return 0;
}
```

程序运行结果为：

```
-1,37777777777,ffffffff,4294967295
```

将-1 按照十进制、八进制、十六进制和无符号十进制输出时，符号位也参与进制的转换。这样，-1 的补码转化为十六进制时为 ffffffff，转换为八进制时为 37777777777，转换为无符号十进制时为 4294967295。通过本例说明，在内存中的同一个二进制数，当按不同要求输出时，结果是不同的。

【例 3-5】字符的输出实例。

```
#include  <stdio.h>
int main()
{
    int i;
    char ch=65;
    i='A';
    printf("%c,%d\n",ch,ch);
    printf("%c,%d\n",i,i);
    return 0;
}
```

程序运行结果为：

```
A,65
A,65
```

本例中定义的两个变量 i 和 ch 分别是 int 型和 char 型，但赋值时却使用的是：ch = 65;i = 'A';，即用字符常量给整型变量赋值，这是允许的，因为对字符是按 ASCII 码进行的，看作是 0~255 之间的整型数据。在第一个 printf 语句中，输出项都是变量 ch，但格式串中指定分别以%c 和%d 输出，结果为 A,65。第二个 printf 语句的执行结果同第一个。

2．格式输入函数 scanf()

scanf()函数称为格式输入函数，即按用户指定的格式从键盘上把数据输入到指定的变量之中。

（1）scanf()函数的一般形式

scanf()函数的一般形式为：

```
scanf("格式控制字符串",地址项列表);
```

其中，格式控制字符串除了占位符（%与格式字符组成），可以有非格式字符，但不能显示非格式字符，而是在输入时按照指定的非格式字符做相应的输入。地址项列表中给出各变量的地址。变量的地址是由地址运算符“&”后跟变量名组成的。

例如，&a 和&b 分别表示变量 a 和变量 b 的地址。

这个地址就是编译系统给 a 和 b 变量分配的内存单元的首地址。应该把变量的值和变量的地址这两个不同的概念区别开来。变量的地址是 C 编译系统分配的，不必关心具体的地址是多少。

例如，在赋值语句中给变量赋值 a=123;，则 a 为变量名，123 是变量的值，&a 是变量 a 的地址。

但在赋值号左边是变量名，不能写地址，而 scanf()函数在本质上也是给变量赋值，但要求写变量的地址，如&a。这两者在形式上是不同的。&是一个取地址运算符，&a 是一个表达式，其功能是求变量的地址。

【例 3-6】格式输入实例。

```
#include <stdio.h>
int main()
{
    int a,b,c;
    printf("input a,b,c\n");
    scanf("%d%d%d",&a,&b,&c);
    printf("a=%d,b=%d,c=%d\n",a,b,c);
    return 0;
}
```

在本例中，由于 scanf()函数本身不能显示提示串，故先用 printf 语句在屏幕上输出提示，请用户输入 a、b、c 的值。执行到 scanf 语句时，用户屏幕等待用户输入。用户输入 1 回车，再输入 2 回车，最后输入 3 回车。再执行第二个 printf()函数输出 a、b、c 的值。在 scanf 语句的格式控制字符串中由于没有非格式字符在“%d%d%d”之间作输入时的间隔，因此在输入时要用一个以上的空格或回车或制表作为每两个输入数之间的间隔。下面是以回车作为分隔的程序运行结果（↙表示回车，即按 Enter 键）：

```
input a,b,c
1↙
2↙
3↙
a=1,b=2,c=3
```

（2）格式字符串

格式字符串的一般形式为：

```
%格式说明字符
```

常用的格式字符及含义如表 1-3-2 所示。

表 1-3-2　常用格式字符及含义

格　式	含　义
d	输入十进制整数
o	输入八进制整数
x，X	输入十六进制整数（大小写字母作用相同）
u	输入无符号十进制整数

续表

格　　式	含　　义
f 或 e 或 g	输入实型数（用小数形式或指数形式）
c	输入单个字符
s	输入字符串

在输入字符数据时，若格式控制串中无非格式字符，则认为所有输入的字符均为有效字符。

例如：

```
scanf("%c%c%c",&a,&b,&c);
```

输入为（三个字符以空格隔开）：

```
d e f
```

则把'd'赋予 a，' '空格赋予 b，'e'赋予 c。

只有当输入为 def 时，才能把'd'赋予 a，'e'赋予 b，'f'赋予 c。

如果在格式控制中加入空格、逗号等非格式字符作为间隔，则输入时要按位置一一对应的原样输入这些非格式字符。

例如：

```
scanf("%c,%c,%c",&a,&b,&c);
```

则输入时各数据之间必须加一个逗号。

又如：

```
scanf("a=%d,b=%d,c=%d",&a,&b,&c);
```

则输入应为：

```
a=5,b=6,c=7
```

【例 3-7】输入三个小写字母，输出其 ASCII 码和对应的大写字母。

解题思路：观察附录 A 中小写字母与大写字母对应的 ASCII 码的规律，不难发现小写字母比对应大写字母的 ASCII 码值大 32。

源程序：

```
#include <stdio.h>
int main()
{
    char a,b,c;
    printf("input character a,b,c\n");
    scanf("%c %c %c",&a,&b,&c);
    printf("%d,%d,%d\n%c,%c,%c\n",a,b,c,a-32,b-32,c-32);
    return 0;
}
```

程序运行结果为：

```
input character a,b,c
e f g↙
101,102,103
E,F,G
```

本例中，scanf 格式控制字符串%c 与%c 之间有空格，所以输入的数据之间以空格间隔。

3.2.2 复杂格式的输入与输出

1. 输出数据格式控制

为了输出一些复杂的格式，C 语言提供了一些附加格式说明字符。扩展了 printf()函数的格式字符串的功能，形式为：

```
% [附加格式说明字符]格式字符
```

其中，附加格式说明字符是在 printf()函数的%与格式字符之间插入的几种附加符号，用于进一步说明输出格式。主要有标志、输出最小宽度、精度和长度，其一般形式为：

```
[标志][输出最小宽度][.精度][长度]
```

其中，[]表示可选项。各字符及含义如表 1-3-3 所示。

表 1-3-3　附加格式字符及含义

种　　类	符　　号	含　　义
标志	-	输出的实数或字符在指定宽度的域中左对齐，右边填充空格
	+	输出符号（正号或负号）
	0	不足指定的最小宽度 m，以 0 填充。默认空格填充
	#	输出八进制数时加前缀 0；输出十六进制数时加前缀 0x
输出最小宽度	m	用十进制整数来表示输出的最少位数
精度	n	十进制整数 n 前冠以“.”。如果输出数字，则表示小数的位数；如果输出的是字符，则表示输出字符的个数；若实际位数大于所定义的精度数，则截去超过的部分
长度	l	表示按长整型输出

（1）长度

以字母 l 指定输出长整型数据，可以加在格式字符 d、o、x、u 的前面，例如%ld、%lo、%lx、%lu。

（2）输出宽度

以十进制数 m 表示。用来指定输出数据或字符串的宽度，如果指定的宽度多于数据实际宽度，则输出数据右对齐，左端以空格补足位数。当指定的宽度不够时，则按实际位数输出，此时指定的宽度不起作用。

对于 int 型数据，由于没有小数，所以 m 即代表宽度。而对于 float 或 double 型数据，在指定数据输出宽度的同时，可以指定小数位数，一般形式为%m.nf 或%m.nlf。其中，数据输出总的宽度为 m 位，其中小数部分占 n 位。当数据的小数位数多余指定宽度 n 时，截去右边多余的小数，截去时做四舍五入处理；当数据的小数位数少于指定宽度 n 时，在小数的最后补 0。对于字符串，一般形式有%ms、%m.ns。其中，m 代表输出字符串的位数，n 则代表从字符串左端起截去 n 个字符。

【例 3-8】控制输出宽度的实例。

```
#include <stdio.h>
int main()
{
    int i,j;
    float k;
    i=26;
    j=123456;
    k=123456.789F;
    printf(":%4d,%4d\n",i,j);
    printf(":%6.2f\n",k);
    return 0;
```

```
}
```

程序运行结果为:

```
:  26,123456
:123456.79
```

程序中变量 i 按 4 位宽度输出，由于其值只有 2 位，因此在左侧补了 2 个空格。而变量 j 的值本身是 6 位，超出了指定的宽度 4，因此按实际位数输出。第二个 printf 语句中的格式字符串为%6.2f，表示输出总宽度为 6，小数位数为 2，这样整数部分只有 3 位，小于实际数据整数部分位数，整数部分只能按实际位数输出；而小数部分指定输出宽度为 2，这样需要将小数点后的第 3 位做四舍五入处理，所以结果为 123456.79。

（3）对齐方式与补足字符

上一例题中的格式字符在指定了输出宽度后，如果指定的宽度多于数据的实际宽度，则在输出时自动右对齐，左侧以空格补足。也可以指定输出结果为左对齐，也可以指定以 0 补足。指定左对齐方法是在%与宽度 m 之间加“-”符号，指定以 0 补足的方法是在%与宽度 m 之间加数字“0”。但不能同时指定左对齐并以 0 补足。

例如:

```
printf(":%4d,%-4d,%04d\n",26,26,26);
```

三个输出项的实际位数都是 2 位，而三个格式说明中的宽度都是 4，多于实际宽度。第一个格式说明为右对齐，第二个格式说明为左对齐，多余部分都以空格补足，第三个格式说明为右对齐，多余部分以 0 补足。所以，输出结果为:

```
:  26,26  ,0026
```

（4）输出的数字前带“+”和“-”

在%与格式字符或宽度 m 之间加“+”符号，这样输出的数字前面总带有符号。正数带“+”，负数带“-”。

例如:

```
printf(":%+d,%+d\n",26,-26);
```

输出结果为:

```
:+26,-26
```

（5）输出八进制和十六进制的前缀

可在%与格式字符 o 或 x（X）之间插入“#”，使得输出八进制数时有前缀 0，输出十六进制数时有前缀 0x。“#”对其他格式字符不起作用。

例如:

```
printf(":%#o,%#x\n",26,26);
```

输出结果为:

```
:026,0x2a
```

【例 3-9】字符串的格式化输出实例。

```
#include <stdio.h>
int main()
{
    printf(":%3s:%.4s\n","CHINA","CHINA");
    printf(":%-5.3s:%7.2s\n","CHINA","CHINA");
    return 0;
}
```

本例是针对字符串的格式化输出。%3s 指定宽度为 3，而实际字符串长度为 5，所以原样输出；%.4s 则未给出 m 的值，默认 m 取 n 的值，即%.4s 等价于%4.4s，所以只输出字符串左起的 4 位；%-5.3s 中的“-”表示左对齐，不足由 m 指定的宽度时右侧用空格补足，而指定的宽度为 5，从串的左起截去 3 个字符，所以右侧补 2 个空格；%7.2s 自动右对齐，左侧不足时用空格补足，而指定宽度为 7，只截去左起的 2 个字符，所以左侧补 5 个空格。故得到以下程序运行结果：

```
:CHINA:CHIN
:CHI  :     CH
```

在使用 printf()函数时，除了掌握格式字符和附加格式字符的作用外，特别要注意以下几个问题。

（1）在格式控制字符串中，格式字符和输出项在类型与个数上必须一一对应。

（2）除了 X、E、G 外，其他格式字符必须使用小写字母。

（3）在格式控制字符串中，除了前面要求的格式，还可以包含任意的合法字符（包括汉字、特殊字符），这些字符输出时将“原样输出”。利用“%%”，可以输出一个%，利用“\n”回车，利用“\r”换行但不回车，“\t”输出制表符等控制输出格式。

2. 输入数据格式控制

与 printf()函数类似，在 scanf()函数格式字符串中的%与格式字符之间还可以有附加格式字符。附加格式字符有星号、输入数据宽度和长度三类，其一般形式如下：

```
[*][输入数据宽度][长度]
```

（1）星号“*”

星号“*”用以表示该输入项读入后不赋予相应的变量，即跳过该输入值。

例如：

```
scanf("%d %*d %d",&a,&b);
```

当输入为 1 2 3 时，把 1 赋予 a，2 被跳过，3 赋予 b。

（2）宽度

用十进制整数指定输入的宽度（即字符数）。

例如：

```
scanf("%5d",&a);
```

当输入 12345678 时，只把 12345 赋予变量 a，其余部分被截去。

又如：

```
scanf("%4d%4d",&a,&b);
```

当输入 123456789 时，将把 1234 赋予 a，把 5678 赋予 b，而 9 被截去。

（3）长度

长度格式符为 l，l 表示输入长整型数据（%ld）和双精度型数据（%lf）。

使用 scanf()函数还必须注意以下几点：

① scanf()函数中没有精度控制，如 scanf("%5.2f",&a);是非法的。不能企图用此语句输入小数为 2 位的实数。

② scanf()函数中要求给出变量地址，如给出变量名则会出错。如 scanf("%d",a);是非法的，应改为 scnaf("%d",&a);才是合法的。

③ 在输入多个数值数据时，若格式控制串中没有非格式字符作输入数据之间的间隔则可用空格，制表（TAB）或回车作间隔。C 编译在碰到空格或 TAB 或回车或非法数据（如对"%d"输入"12A"时，A 即为非法数据）时即认为该数据结束。

④ 如果输入的数据与输出的类型不一致时，虽然编译能够通过，但结果将不正确。

3.2.3 字符数据的输入与输出

字符的输入/输出函数是C语言标准输入/输出函数库中最基础的输入/输出函数。

1. 字符输出函数 putchar()

putchar()函数是字符输出函数，其功能是在显示器上输出单个字符。

其一般形式为：

```
putchar(ch);
```

其中，ch可以是常量、变量、转义字符或表达式等，类型可以是字符型或整型（0~255之间），如果是整型数据，代表的是与一个字符相对应的ASCII码，所以这个整型数据必须为0~255之间的整数。

【例3-10】输出字符实例。

```
#include <stdio.h>
int main()
{
    char x='A';
    putchar(x);          //输出字符变量x的值
    putchar('A');        //输出大写字母A
    putchar('\101');     //输出字符A
    putchar('\x41');     //输出字符A
    putchar(0x41);       //输出字符A, 0x41是字符A对应的十六进制ASCII值
    putchar(0101);       //输出字符A, 0101是字符A对应的八进制ASCII值
    putchar(101);        //输出字符e, 101是字符e对应的十进制ASCII值
    putchar('\n');       //输出换行
    return 0;
}
```

程序运行结果为：

```
AAAAAAe
```

【例3-11】输出单个字符实例。

```
#include <stdio.h>
int main()
{
    char a='B',b='o',c='k';
    putchar(a);putchar(b);putchar(b);putchar(c);putchar('\t');
    putchar(a);putchar(b);
    putchar('\n');
    putchar(b);putchar(c);
    return 0;
}
```

程序运行结果为：

```
Book    Bo
ok
```

2. 字符输入函数 getchar()

getchar()函数的功能是从键盘上输入一个字符。

其一般形式为：

```
getchar();
```

通常把输入的字符赋予一个字符变量，构成赋值语句，如：

```
char ch;
ch=getchar();
```

【例 3-12】输入单个字符实例。

```
#include <stdio.h>
int main()
{
    char ch;
    printf("input a character\n");
    ch=getchar();
    putchar(ch);
    return 0;
}
```

使用 getchar()函数还应注意：getchar()函数只能接收单个字符，输入数字也按字符（即数字字符）处理。getchar()函数等待输入，直到回车才结束，回车前的所有输入字符都会逐个显示在屏幕上，但只有第一个字符作为 getchar()函数的返回值，即输入多于一个字符时，只接收第一个字符。

3.3　顺序结构应用举例

【例 3-13】交换从键盘输入的两个整型数，并输出。

解题思路：输入两个整数，分别存放在 a 与 b 中，利用第 3 个变量 temp 来实现两个数的交换，先将 a 的值存放在 temp 中，然后将 b 的值存入 a 中，最后将暂时存放在 temp 中原 a 的值再存入 b 中，完成交换。

源程序：

```
#include <stdio.h>
int main()
{
    int a,b,temp;
    printf("请输入两个数 a 与 b: \n");
    scanf("%d%d",&a,&b);
    printf("交换之前: a=%d,b=%d\n",a,b);
    temp=a;
    a=b;
    b=temp;
    printf("交换之后: a=%d,b=%d\n",a,b);
    return 0;
}
```

程序运行结果为：

```
请输入两个数 a 与 b:
3  5↙
交换之前: a=3,b=5
交换之后: a=5,b=3
```

本例要求交换两个值，从键盘输入分别赋给 a 与 b 后，不能简单地写成 a=b;b=a;两条语句来实现。语句 a=b;的作用是把 b 的值赋到 a 中，这样原来 a 的值被覆盖掉（丢失）了，所以此时 a 与 b 的值相同，因此无法实现交换。为了不丢失 a 中原来的值，需要将 a 的原值存放到一个临时变量中保存起来（通过语句 temp=a;来实现），在执行了 a = b;语句后，再将临时变量中的值赋给 b（通过语句 b=temp;实现）。这样才是真正实现两个数的交换。

【例 3-14】输入三角形的三边长，求三角形面积。

解题思路：若已知三角形的三边长分别是 a、b、c，则该三角形的面积为：

$$area = \sqrt{s(s-a)(s-b)(s-c)}$$

其中，s = (a+b+c)/2，平方根的计算利用数学库函数 sqrt()实现。

源程序：

```
#include <stdio.h>
#include <math.h>
int main()
{
    int a,b,c;
    double s,area;
    printf("请输入三角形的三边长 a、b、c(以逗号分隔): \n");
    scanf("%d,%d,%d",&a,&b,&c);
    s=1.0/2*(a+b+c);
    area=sqrt(s*(s-a)*(s-b)*(s-c));
    printf("a=%d,b=%d,c=%d,s=%7.2lf\n",a,b,c,s);
    printf("面积为 %7.2lf\n",area);
    return 0;
}
```

程序执行后，输入“30,40,55”按回车。完整的运行结果为：

```
请输入三角形的三边长 a、b、c(以逗号分隔):
30,40,55↙
a=30,b=40,c=55,s=  62.50
面积为 585.47
```

分析：如果将程序中计算 s 的表达式 1.0/2*(a+b+c)换成 1/2*(a+b+c)，则得到 s 的值为 0，因为 1/2 结果为 0。而程序中 1.0/2 得到 0.5，再与三个整数之和相乘，因此能得到预想的结果。由于 main()函数第 6 行中调用了数学库函数 sqrt()，它属于数学函数，系统预定义的数学函数都在头文件 math.h 中，因此在程序开始处用#include 命令包含了此头文件。

小　结

本章主要讲解了 C 语言的基本语句，以及由基本语句构成的顺序结构程序。要求掌握以下几个知识点：

（1）表达式语句，赋值语句，空语句，复合语句。

（2）数据的输入/输出，输入/输出函数的调用。

习　题

1. 简答题

（1）怎样区分表达式和表达式语句？什么时候用表达式，什么时候用表达式语句？

（2）C 语言的输入/输出功能是用什么方法实现的？

2．用一条 C 语句完成下述要求

（1）提示用户输入两个数，提示信息以“冒号”结束，光标定位在冒号后。

（2）从键盘读取两个整数，并把读入的整数分别存放在整型变量 a 和 b 中。

（3）计算 x、y、z 的积，并把结果存放在 result 中。

（4）打印出“The result is:”并紧接着打印出变量 result 的值，将光标换到下一行行首。

（5）将（3）和（4）合并，用一条语句实现输出 x、y、z 的积。

3．编程题

（1）设圆半径为 r，圆柱高为 h，请编程实现求圆周长、圆面积、圆柱表面积、圆柱体积。用 scanf()输入数据，输出计算结果，输出时要有文字说明，取小数点后 2 位数字。

（2）编程序，用 getchar()函数读入两个字符给 c1、c2，然后分别用 putchar()函数和 printf()函数输出这两个字符。思考：如果要输出 c1 与 c2 对应的 ASCII 码值，则应该用 putchar()函数还是 printf()函数？

（3）解古代的“鸡兔同笼”问题：在一个笼子里养着鸡和兔，但不知鸡有多少只，兔有多少只，只知道鸡和兔的总数为 total，鸡与兔的脚数为 feet，求鸡、兔各多少只。

第4章 选择结构程序设计

【本章学习重点】

（1）理解选择结构。

（2）掌握 if 语句实现选择结构的几种形式。

（3）掌握 switch 语句实现多分支选择结构。

在顺序结构中，各语句是按排列的先后次序顺序执行的，是无条件的，不必事先作任何判断。但在实际生活中，需要根据某个条件是否成立决定是否执行指定的任务。例如：

如果下雨，需要带上雨伞。（需要判断是否下雨）

如果考试不及格，需要补考。（需要判断是否及格）

选择结构就是根据指定的条件是否满足，决定执行不同的操作。

4.1 if 语 句

在本篇第 2 章已经讲述了关系表达式和逻辑表达式，有了此基础，就可以利用选择结构进行编程了。在 C 语言中，可以用条件表达式、if 语句和 switch 语句实现选择结构，其中 if 语句是最灵活的语句形式。在 if 语句中包含一个判断表达式，用它来判定所给条件是否满足，并根据判定结果（真或假）决定选择执行哪一种操作。该判断表达式一般为关系表达式或逻辑表达式。

4.1.1 if 语句的三种形式

C 语言提供了三种形式的 if 语句供用户选用。

1. 利用 if 语句实现单分支选择结构

基本语句形式：

```
if(表达式)
    语句
```

例如：

```
if(x>y)
    printf("%d\n",x);
```

所对应流程图如图 1-4-1 所示。

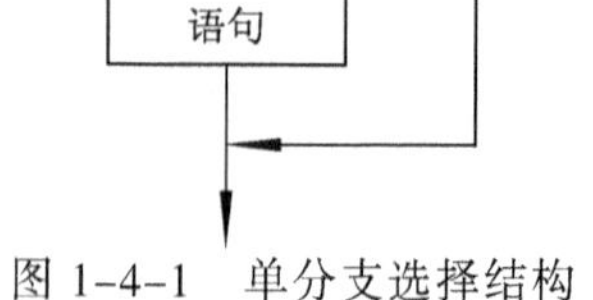

图 1-4-1 单分支选择结构

【例 4-1】输入两个实型数据，按照从小到大的顺序输出。

解题思路：有两个变量 a 和 b，如果 a<=b，则两个变量的值不必改变；如果 a>b，则把 a 和 b 的值互换，然后顺序输出 a 和 b。

源程序：

```
#include <stdio.h>
int main()
{
```

```
    float a,b,t;
    scanf("%f,%f",&a,&b);
    if(a>b)
    {
        t=a;
        a=b;
        b=t;
    }
    printf("%5.2f,%5.2f\n",a,b);
    return 0;
}
```

程序运行结果为：

```
3.5,-4.6↙
-4.60,3.50
```

2. 利用 if...else 语句实现双分支选择结构

基本语句形式：

```
if(表达式)
    语句 1
else
    语句 2
```

例如：

```
if(x>y)
    printf("%d\n",x);
else
    printf("%d\n",y);
```

所对应流程图如图 1-4-2 所示。

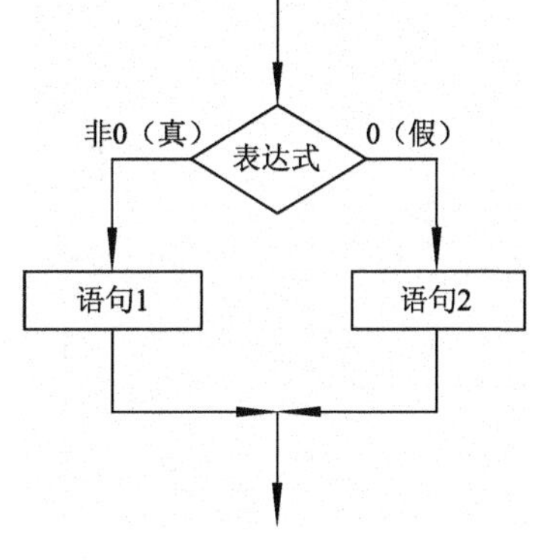

图 1-4-2 双分支选择结构

【例 4-2】判断输入的年份是否是闰年。

解题思路：判断闰年的条件是年份可以被 4 整除但不能被 100 整除，或者能够被 400 整除，满足其一则为闰年。

源程序：

```
#include <stdio.h>
int main()
{
    int year;
    printf("请输入年份: ");
    scanf("%d",&year);
    if(year%4==0&&year%100!=0||year%400==0)
        printf("%d 年是闰年\n",year);
    else
        printf("%d 年不是闰年\n",year);
    return 0;
}
```

程序运行结果为：

① 请输入年份：2012↙
   2012 年是闰年

② 请输入年份：2014↙
   2014 年不是闰年

3. 利用 if…else if…else if…else 语句实现多分支选择结构

基本语句形式：

```
if(表达式 1)
    语句 1
else if(表达式 2)
    语句 2
else if(表达式 3)
    语句 3
    …
else if(表达式 m)
    语句 m
else
    语句 n
```

所对应流程图如图 1-4-3 所示。

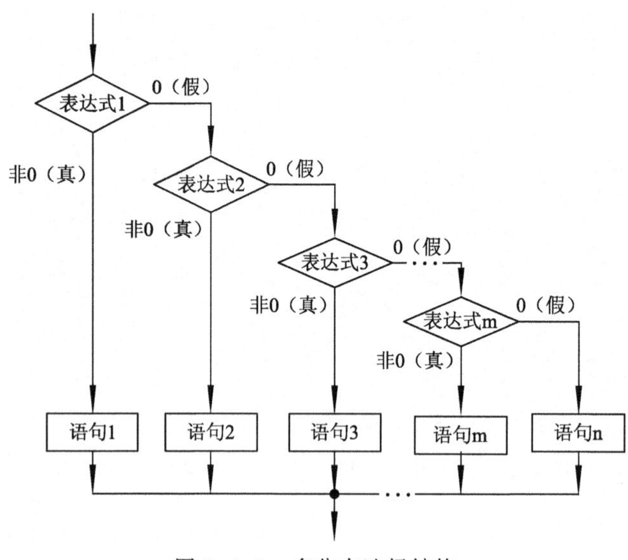

图 1-4-3　多分支选择结构

例如：

```
if(m>=2000)
    d=0.8;
else if(m>=1500)
    d=0.85;
else if(m>=1000)
    d=0.9;
else if(m>=500)
    d=0.95;
else
    d=1;
```

注 意

else 里有隐含条件，如 else if(m>=1500)，实际上这句话的条件是 m>=1500&&m<2000，而 else 里隐含了 m<2000，所以表达式里不需要再写，等价于 if(m>=1500&&m<2000)。

【例 4-3】给出一百分制成绩，要求输出成绩等级'A'、'B'、'C'、'D'、'E'。90 分以上为'A'，80~89 分为'B'，70~79 分为'C'，60~69 分为'D'，60 分以下为'E'。

解题思路：将 100 分分成了 5 个等级段，对于这种分段思想的题目采用多分支选择结构。

源程序：

```
#include <stdio.h>
int main()
{
    int score;
    printf("请输入分数: ");
    scanf("%d",&score);
    if(score>=90)
       printf("A\n");
    else if(score>=80)
       printf("B\n");
    else if(score>=70)
       printf("C\n");
    else if(score>=60)
       printf("D\n");
    else
       printf("E\n");
    return 0;
}
```

程序运行结果为：

```
请输入分数: 83↙
B
```

该实例也可以用 if 语句实现选择结构，程序如下：

```
if(score>=90)
    printf("A\n");
if(score>=80&&score<90)
    printf("B\n");
if(score>=70&&score<80)
    printf("C\n");
if(score>=60&&score<70)
    printf("D\n");
if(score<60)
    printf("E\n");
```

但是，从程序执行效率上来说，多分支结构的程序更优；从程序书写形式上，可以看出多分支结构的判断表达式书写更加简洁。第二种实现形式不推荐。读者可以尝试绘制后者的流程图，从中观察两种形式的区别。

4. 语句说明

（1）在三种形式的 if 语句中，在 if 关键字之后均为表达式。该表达式通常是逻辑表达式或关系表达式，但也可以是其他表达式，如赋值表达式等，甚至也可以是一个变量或常量。例如：

```
if(a=5) 语句;
if(b) 语句;
```

都是允许的。只要表达式的值为非 0，即为“真”。例如，在 if(a=5)中表达式的值永远为非 0，所以其后的语句总是要执行的。当然，这种情况在程序中不一定会出现，但在语法上是合法的。

（2）else不能单独使用，它只能是if语句的一部分，与if配对使用。

（3）在if语句的三种形式中，所有的语句应为单个语句，如果要想在满足条件时执行一组（多个）语句，则必须把这一组语句用{}括起来组成一个复合语句。但要注意的是，在}之后不能再加分号。例如：

```
if(a>b)
{
    t=a;
    a=b;
    b=t;
}
```

4.1.2 if语句的嵌套

当if语句中的执行语句又是if语句时，则构成了if语句嵌套的情形。其一般形式可表示如下：

```
if(表达式)
    if语句;
```

或者：

```
if(表达式)
    if语句;
else
    if语句;
```

在嵌套内的if语句可能又是if...else型的，这将会出现多个if和多个else重叠的情况，这时要特别注意if和else的配对问题。例如：

```
if(表达式1)
if(表达式2)
     语句1;
else
     语句2;
```

上述的else究竟是与哪一个if配对呢？应该理解为：

```
if(表达式1)
    if(表达式2)
        语句1;
    else
        语句2;
```

还是应理解为：

```
if(表达式1)
    if(表达式2)
        语句1;
else
    语句2;
```

为了避免这种二义性，C语言规定，else总是与它前面最近的未配过对的if配对，因此对上述实例应按前一种情况理解。

如果if与else的数目不一样，为了程序的正确性，可以加花括号来确定配对关系。例如：

```
if(表达式1)
{
    if(表达式2)
```

```
    语句 1;
}
else
    语句 2;
```

【例 4-4】有一函数

$$y=\begin{cases}-1 & (x<0)\\ 0 & (x=0)\\ 1 & (x>0)\end{cases}$$

编写程序，要求输入一个 x 值后，输出 y 值。

解题思路：解决该题目的方法很多，这里给出两种方法，用伪代码写出算法。

算法 1：

```
输入 x
若 x<0,则 y=-1
若 x=0,则 y=0
若 x>0,则 y=1
输出 y
```

算法 2：

```
输入 x
若 x<0,则 y=-1
否则:
    若 x=0,则 y=0
    否则 y=1
输出 y
```

对于算法 2，利用流程图的方式描述，如图 1-4-4 所示。

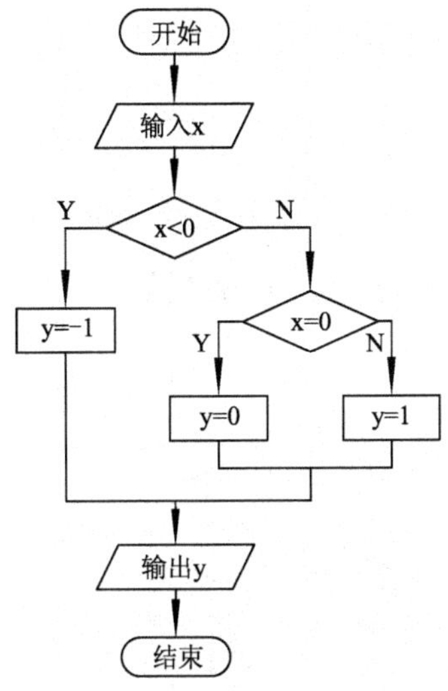

图 1-4-4　例 4-4 算法 2 流程图

源程序：

```
#include <stdio.h>
int main()
{
    int x,y;
    scanf("%d",&x);
```

```
    if(x<0)
        y=-1;
    else
    {
        if(x==0)
            y=0;
        else
            y=1;
    }
    printf("x=%d,y=%d\n",x,y);
    return 0;
}
```

若将程序中的 if 语句改为以下几种形式：

程序 1：

```
y=-1;
if(x!=0)
    if(x>0)  y=1;
    else  y=0;
```

程序 2：

```
y=0;
if(x>=0)
if(x>0)  y=1;
else   y=-1;
```

在以上程序段中，else 都与第二个 if 配对，即程序段 1 中 else 隐含的条件为 x<0，y 的值应为-1，但 y 的值赋了 0；程序段 2 中的 else 隐含的条件为 x==0，y 的值应为 0，但却赋了-1，所以程序错误。

程序 3：

```
if(x>=0)
    if(x>0)  y=1;
    else  y=0;
else  y=-1;
```

程序 3 所对应流程图如图 1-4-5 所示，程序正确。

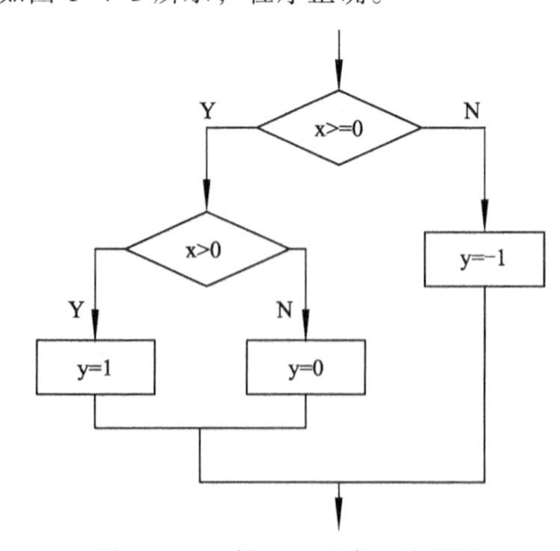

图 1-4-5　例 4-4 程序 3 流程图

4.2　switch　语　句

C 语言还提供了另一种用于多分支选择的 switch 语句，其一般形式为：

```
switch(表达式)
{
    case 常量表达式 1:语句 1;
    case 常量表达式 2:语句 2;
    …
    case 常量表达式 n:语句 n;
    default:语句 n+1;
}
```

其语义是：先计算表达式的值，并逐个与 case 后的常量表达式值相比较，当表达式的值与某个常量表达式的值相等时，即执行其后的语句，然后不再进行判断，继续执行后面所有 case 后的语句。如表达式的值与所有 case 后的常量表达式均不相同时，则执行 default 后的语句。

【例 4-5】 理解程序段，若 a 的值为 5，查看运行结果。

```
switch(a)
{
    case 1:printf("Monday\n");
    case 2:printf("Tuesday\n");
    case 3:printf("Wednesday\n");
    case 4:printf("Thursday\n");
    case 5:printf("Friday\n");
    case 6:printf("Saturday\n");
    case 7:printf("Sunday\n");
    default:printf("error\n");
}
```

本程序段是根据 a 的值，输出一个英文单词。但是当输入 5 之后，却执行了 case 5 及以后的所有语句，输出结果为：

```
Friday
Saturday
Sunday
error
```

这当然不是我们所期望的结果。为什么会出现这种情况呢？在 switch 语句中，“case 常量表达式”只相当于一个语句标号，在执行 switch 语句时，根据 switch 表达式的值找到匹配的入口标号，并不进行条件检查，在执行完一个 case 标号后的语句后，就从此标号开始执行下去，不再进行判断，所以出现了继续执行所有后面 case 语句的情况。

为了避免上述情况，C 语言还提供了一种 break 语句，用于跳出 switch 语句。在循环结构中还将详细介绍。修改本例程序，在每个 case 语句之后增加 break 语句，使每一次执行之后均可跳出 switch 语句，从而避免输出不合适的结果。程序修改为：

```
#include <stdio.h>
int main()
{
    int a;
    printf("input integer number:");
    scanf("%d",&a);
```

```
    switch (a)
    {
        case 1:printf("Monday\n");  break;
        case 2:printf("Tuesday\n");  break;
        case 3:printf("Wednesday\n");  break;
        case 4:printf("Thursday\n");  break;
        case 5:printf("Friday\n");  break;
        case 6:printf("Saturday\n");  break;
        case 7:printf("Sunday\n");  break;
        default:printf("error\n");
    }
    return 0;
}
```

输入5，程序运行结果为：

```
Friday
```

用户在使用switch语句时应注意以下几点：

（1）switch后的“表达式”允许为任何类型，一般为整型或字符型。

（2）当表达式的值与某一个case后面的常量表达式的值相等时，就执行此case后面的语句，若所有的case中的常量表达式的值都没有与表达式的值匹配的，就执行default后面的语句。

（3）可以没有default标号，此时如果没有与switch表达式相匹配的case常量，则不执行任何语句，流程转到switch语句的下一条语句。

（4）每一个case的常量表达式的值必须互不相同，否则就会出现互相矛盾的现象（对表达式的同一个值，有两种或多种执行方案）。

（5）各个case和default的出现次序不影响执行结果。例如，可以先出现default：…，再出现case 7：…，然后是case 3：…。

（6）多个case可以共用一组执行语句。

```
case 6:
case 7:printf("周末休息\n");break;
```

当表达式的值为6、7时都执行同一组语句，输出“周末休息”。

（7）在case后，允许有多个语句，可以不用{}括起来，会自动顺序执行本case子句中的所有执行语句。

4.3 选择结构应用举例

【例4-6】输入三个整型数据，输出最大值。

解题思路：对于求最值的题目，解题过程相同，即选择基准点，用基准点与其他数比较。基准点里始终存储两数中比较大的数。

源程序：

```
#include <stdio.h>
int main()
{
    int a,b,c;
    int max;
    scanf("%d%d%d",&a,&b,&c);
```

```
    max=a;          //max 为基准点
    if(max<b)
        max=b;      //此时 max 里存储的是两数中比较大的数，当 max>=b 时，max 的值不变
    if(max<c)
        max=c;      //此时 max 里存储的是三个数中的最大数
    printf("max=%d\n",max);
    return 0;
}
```

程序运行结果为：

```
5 2 9↙
max=9
```

程序分析：

（1）程序利用两个单分支结构实现，原因是如果执行 else，max 的值不发生任何变化。

（2）在进行比较时，一般基准点在前，所以一般来说，如果求最大值，程序中用“<”；如果求最小值，用“>”。

【例 4-7】 求解 $ax^2+bx+c=0$ 方程的解。要求能处理任何的 a、b、c 值的组合。

解题思路：根据代数知识，应该具有以下几种可能。

① $a=0$，不是二次方程，而是一次方程。

② $b^2-4ac=0$，有两个相等的实根。

③ $b^2-4ac>0$，有两个不等的实根。

④ $b^2-4ac<0$，有两个共轭复根。

绘制流程图表示算法，如图 1-4-6 所示。

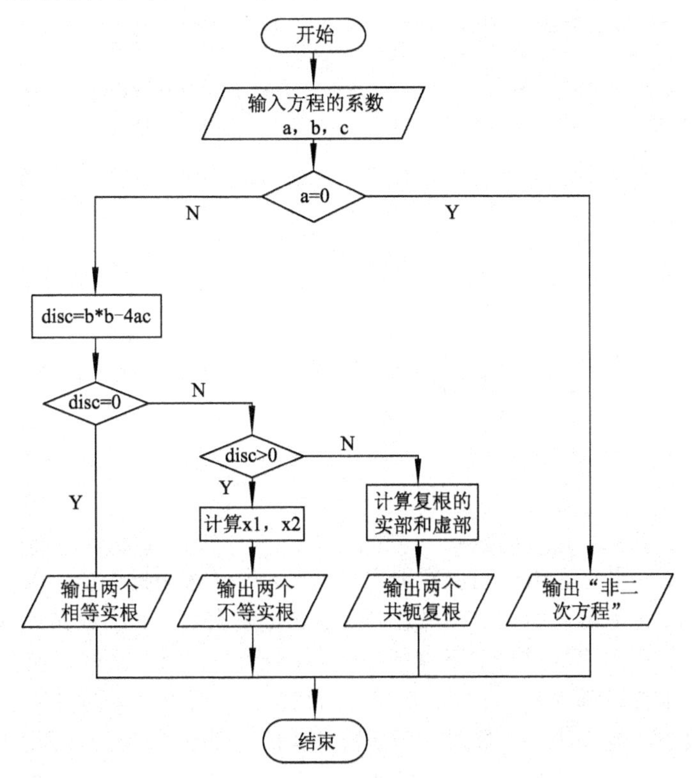

图 1-4-6 求解方程流程图

源程序：

```
#include <stdio.h>
#include <math.h>
int main()
{
    double a,b,c,disc,x1,x2,realpart,imagpart;
    printf("please enter a,b,c: ");
    scanf("%lf,%lf,%lf",&a,&b,&c);
    printf("the equation ");
    if(fabs(a)<=1e-6)
        printf("is not a quadratic\n");
    else
    {
        disc=b*b-4*a*c;
        if(fabs(disc)<=1e-6)
            printf("has two equal roots:%8.4f\n",-b/(2*a));
        else if(disc>1e-6)
        {
            x1=(-b+sqrt(disc))/(2*a);
            x2=(-b-sqrt(disc))/(2*a);
            printf("has distinct real roots:%8.4f and %8.4f\n",x1,x2);
        }
        else
        {
            realpart=-b/(2*a);
            imagpart=sqrt(-disc)/(2*a);
            printf("has complex roots：\n");
            printf("%8.4f+%8.4fi\n",realpart,imagpart);
            printf("%8.4f-%8.4fi\n",realpart,imagpart);
        }
    }
    return 0;
}
```

程序运行结果为：

```
① please enter a,b,c: 1,2,1↙
  the equation has two equal roots:-1.0000
② please enter a,b,c: 1,2,2↙
  The equation has complex roots:
  -1.0000+1.0000i
  -1.0000-1.0000i
③ please enter a,b,c: 2,6,1↙
  The equation has distinct real roots: -0.1771 and -2.8229
```

程序分析：程序中用变量 disc 代表判别式 b^2-4ac，先计算 disc 的值，以减少以后的重复计算。对于判断 b^2-4ac 是否等于 0 时，要注意：由于 disc 是实数，而实数在计算和存储时会有一些微小的误差，因此不能直接进行如下判断：if(disc==0)...，因为这样可能会出现本来是零的量，由于上述误差而被判别为不等于零，而导致结果错误。所以采取的方法是判别 disc 的绝对值是否小于一个很小的数（10^{-6}），如果小于此数，就认为 disc 等于 0。程序中以变量 realpart 代表实部 p，以 imagpart 代表虚部 q，以增加可读性。凡在程序中用到求数学问题的函数，都应当包含头文件 math.h。

【例 4-8】输入一个形式如“操作数 运算符 操作数”的四则运算表达式，输出运算结果。

解题思路：

（1）定义字符变量 oper 表示运算符，双精度变量 value1、value2 用来表示操作数。

（2）输入变量的值 value1、oper、value2。

（3）用 switch 语句根据变量 operator 进行 5 分支判断（+、-、*、/和其他），并计算相应的表达式，输出结果。

源程序：

```
#include <stdio.h>
int main()
{   char oper;double value1,value2;
    printf("请输入一个表达式: ");
    scanf("%lf%c%lf",&value1,&oper,&value2);
    switch(oper){
        case '+':
            printf("=%.2f\n",value1+value2);
            break;
        case '-':
            printf("=%.2f\n",value1-value2);
            break;
        case '*':
            printf("=%.2f\n",value1*value2);
            break;
        case '/':
            printf("=%.2f\n",value1/value2);
            break;
        default:
            printf("Unknown operator\n");
            break;
        }
    return 0;
}
```

程序运行结果为：

① 请输入一个表达式：6.1-2.6
```
=3.50
```
② 请输入一个表达式：6.1%2.6
```
Unknown operator
```

小　　结

（1）选择结构是结构化程序的三种基本结构（顺序、选择、循环）之一，用来对一个指定的条件进行判断，根据判断的结果选择几种操作之一。

（2）判断条件一般为关系或逻辑表达式，但也可以是变量或常量，如 if(3)。原因是，C 语言约定：非 0 作为真，0 作为假，所以判断的是表达式是否为真，只要是非 0 就为真，不必非得是关系或逻辑表达式。

（3）掌握 if 语句的三种形式，注意 else 与 if 的配对规则（else 总是与它前面最近的未配对的 if 相配对）。为使程序清晰，减少错误，可以用花括号限定范围。

（4）掌握 switch 语句中 case 的作用，只起开始标识作用，即如果 switch 后面的表达式的值与 case 后面的常量表达式的值相等，就执行 case 后面的语句。但特别注意：执行完这些语句后不会自动结束，会继续执行下一个 case 字句中的语句。因此，应在每个 case 字句最后加一个 break 语句，才能正确实现多分支选择结构。

习　　题

1. 编程判断输入的正整数是否既是 5 又是 7 的整倍数。若是，输出 yes，否则输出 no。

2. 输入一个字符，判别它是否是大写字母，如果是大写字母，将其转换为小写字母；否则就不转换。最后输出小写字符。

3. 有一个数学函数

$$y=\begin{cases}0 & x<0\\ x & 0\leqslant x<10\\ x+1 & 10\leqslant x<20\\ 2x-1 & 20\leqslant x<30\\ 3x+1 & x\geqslant 30\end{cases}$$

输入 x 值，输出 y 值。分别用双分支和多分支结构实现。

4. 有 4 座圆塔，圆心分别是（2，2）、（−2，2）、（−2，−2）、（2，−2），圆半径为 1 m，如图 1-4-7 所示。这 4 座塔的高度为 10 m，塔以外无建筑物。今输入任一点的坐标，求该点的建筑高度（塔外的高度为零）。

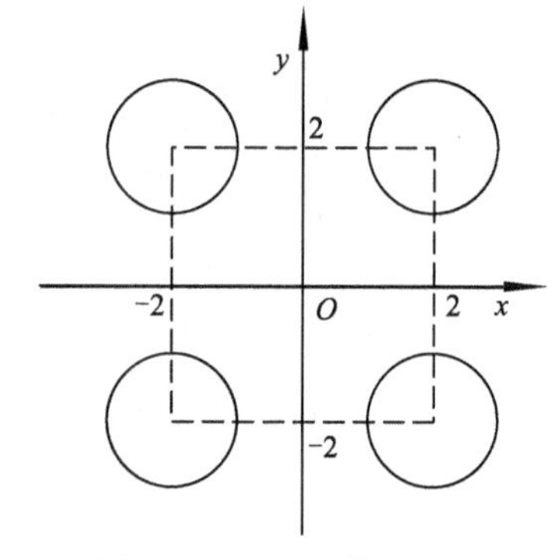

图 1-4-7　4 座塔的坐标

5. 输入星期的首字母，输出代表星期几。例如：

（1）输入首字母：M
　　代表星期一

（2）输入首字母：T
　　请再输入一个字符：h
　　代表星期四

第 5 章　循环结构程序设计

【本章学习重点】

（1）掌握 while 语句的语法及特点。

（2）掌握 do...while 语句的语法及特点。

（3）掌握 for 语句的语法及特点。

（4）掌握 break 和 continue 语句的特点。

（5）掌握利用循环进行程序设计的方法。

编写程序时，一般会遇到一个语句或一段程序被重复执行的问题。满足条件的情况下，重复执行一个语句或一段程序，称之为循环。C 语言提供了三种类型的循环语句：while、do...while 和 for 语句。

5.1　while 循环语句

while 语句的一般形式：

```
while(表达式)  语句
```

其中，表达式是循环条件，语句为循环体。

while 语句的语义是：计算表达式的值，当值为真（非 0）时，执行循环体语句。其执行过程如图 1-5-1 所示。

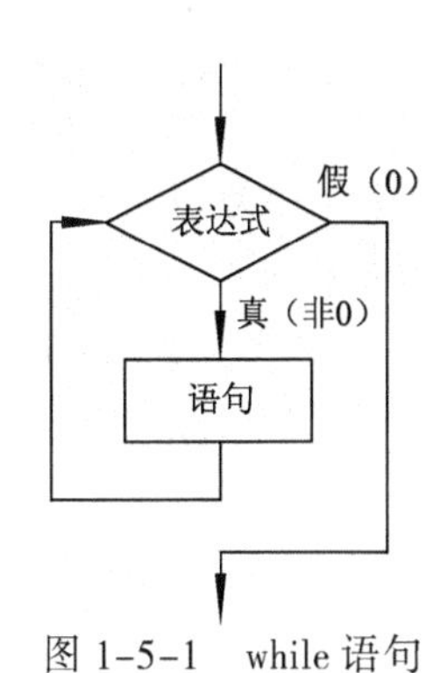

图 1-5-1　while 语句

【例 5-1】用 while 语句计算从 1 加到 100 的值，即 1+2+3+…+100。

解题思路：

（1）分析题目。变量 sum 用来存放累加和，可以得到如下的结果。

```
初值: sum=0
第 1 次加: sum=sum+1
第 2 次加: sum=sum+2
第 3 次加: sum=sum+3
…
第 100 次加: sum=sum+100
```

由以上式子可以得到 sum=sum+i，i=1,2,3,…,100。

（2）i 从 1 变到 100，即 i 的初值为 1，每执行完一次加，i 的值加 1，直到 i 的值为 100 时。也就是说，i≤100 时，执行 sum=sum+i，之后执行 i=i+1。

（3）利用流程图整理思路，如图 1-5-2 所示。

源程序：

```
#include <stdio.h>
int main()
{
    int  i=1,sum=0;
```

```
    while(i<=100)
    {
        sum=sum+i;
        i=i+1;
    }
     printf("sum=%d\n ",sum);
     return 0;
}
```

程序运行结果为：

```
sum=5050
```

说明：

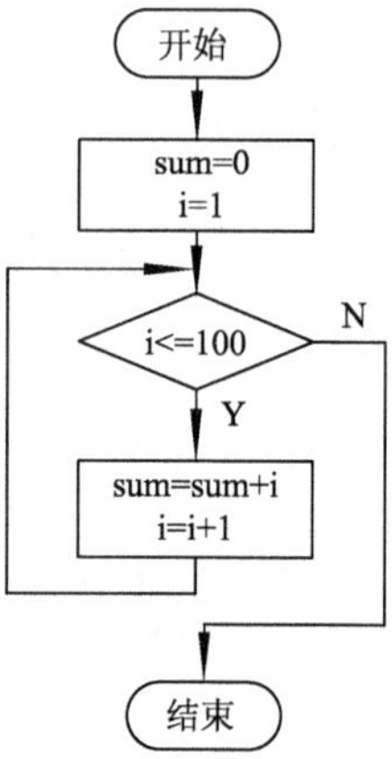

（1）while 语句中的表达式一般是关系表达或逻辑表达式，只要表达式的值为真（非 0）即可继续循环，如 while(1)，条件始终为真，即无限循环。

（2）循环体如包括有一个以上的语句，则必须用{}括起来，组成复合语句。否则，循环只执行到第一条语句结束。

图 1-5-2　流程图

（3）循环体语句中应有使循环趋于结束的语句，如语句 i=i+1，使 i 值趋近于循环结束的条件。

5.2　do...while 循环语句

do...while 语句的一般形式为：

```
do
{
    语句
}while(表达式);
```

这个循环与 while 循环的不同在于：它先执行循环中的语句，然后再判断表达式是否为真，如果为真则继续循环；如果为假，则终止循环。因此，do...while 循环至少要执行一次循环语句。其执行过程如图 1-5-3 所示。

【例 5-2】用 do...while 语句计算从 1 加到 100 的值，即 1+2+3+…+100。

解题思路：利用流程图分析，如图 1-5-4 所示。

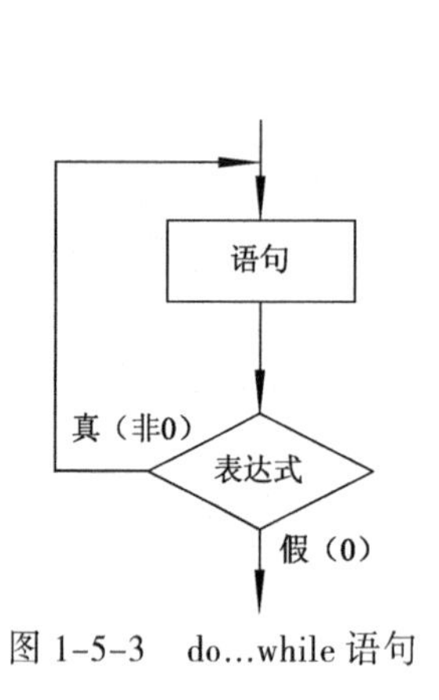

图 1-5-3　do...while 语句

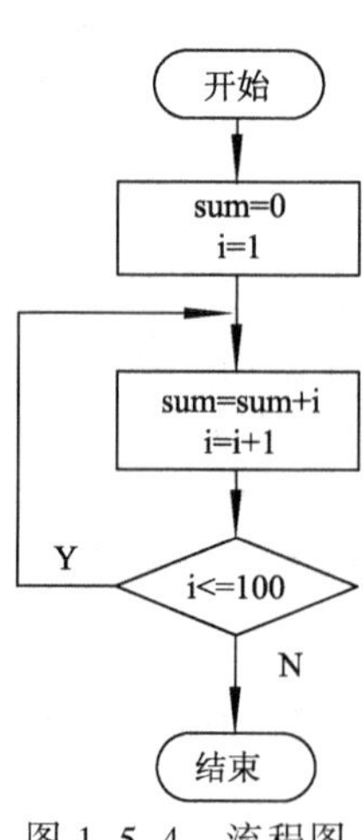

图 1-5-4　流程图

源程序：

```
#include <stdio.h>
int main()
{
   int  i=1,sum=0;
   do
   {
       sum=sum+i;
       i=i+1;
   } while(i<=100);
    printf("sum=%d \n ",sum);
    return 0;
}
```

程序运行结果为：

```
sum=5050
```

说明：while 和 do...while 循环比较，有如下两个程序段。当 i 的初值为 1 时，两段程序的执行结果分别是多少？当 i 的初值为 51 时，执行结果又是什么？

（1）while 循环语句

```
int  i=____,sum=0;
do{
   sum=sum+i;
   i++;
}while(i<=50);
printf("%d",sum);
```

（2）do...while 循环语句

```
int  i=____,sum=0;
while(i<=50)
{
   sum=sum+i;
   i++;
}
printf("%d",sum);
```

程序运行结果为：i=1 时，sum 的值都为 1275。而 i=51 时，sum 的值分别为 51 和 0。可以得到结论：当 while 后边的表达式第一次的值为真时，两种循环得到的结果相同；否则二者结果不相同。

5.3　for 循环语句

在 C 语言中，for 语句使用最为灵活，不仅可以用于循环次数已经确定的情况，也可以用于循环次数不确定而只给出循环结束条件的情况，它完全可以取代 while 语句。它的一般形式为：

```
for(表达式 1;表达式 2;表达式 3)
   语句
```

它的执行过程如下：

（1）先求解表达式 1。

（2）求解表达式 2，若其值为真（非 0），则执行 for 语句中指定的内嵌语句，然后执行下面第（3）步；若其值为假（0），则结束循环，转到第（5）步。

（3）求解表达式3。

（4）转回上面第（2）步继续执行。

（5）循环结束，执行for语句下面的一个语句。

其流程图如图1-5-5所示。

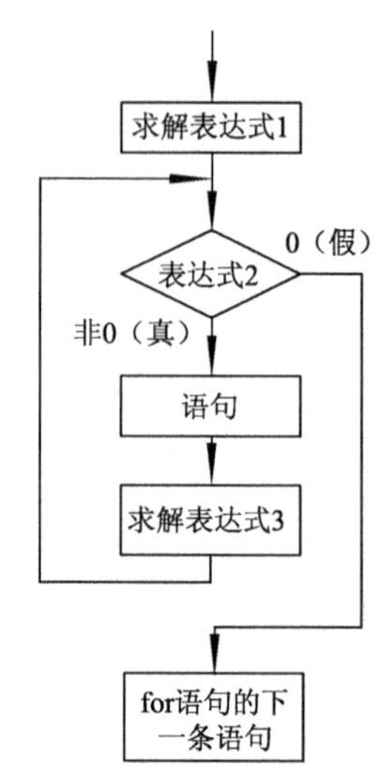

图1-5-5　for循环语句

一般情况下，对for语句的一般形式中的三个表达式可以作下面的理解：

```
for(循环变量赋初值;循环条件;循环变量增量)  语句
```

循环变量赋初值总是一个赋值语句，它用来给循环控制变量赋初值；循环条件是一个关系表达式，它决定什么时候退出循环；循环变量增量，定义循环控制变量每循环一次后按什么方式变化。这三个部分之间用分号（;）分开。例如：

```
for(i=1;i<=100;i++)  sum=sum+i;
```

先给循环控制变量i赋初值为1，判断i是否小于等于100，若是则执行语句，之后i值增加1。再重新判断，直到条件为假，即i>100时，结束循环。相当于：

```
i=1;
while(i<=100)
{
    sum=sum+i;
    i++;
}
```

对于for循环中语句的一般形式，等价于如下的while循环形式：

```
表达式1;
while(表达式2)
{
     语句
     表达式3;
}
```

注意

（1）for循环中的“表达式1（循环变量赋初值）”“表达式2(循环条件)”和“表达式3（循环变量增量）”都是选择项，即可以省略，但分号不能省略。

（2）省略了“表达式1（循环变量赋初值）”，表示在for语句中不对循环控制变量赋初值，但该赋初值过程不能省略，可以放在for语句之前。

（3）省略了“表达式2(循环条件)”，则不做其他处理时便成为死循环。例如：

```
for(i=1;;i++)  sum=sum+i;
```

相当于：

```
i=1;
while(1)
{
     sum=sum+i;
     i++;
}
```

（4）省略了“表达式3(循环变量增量)”，则不对循环控制变量进行操作，这时可在语句体中加入修改循环控制变量的语句。例如：

```
for(i=1;i<=100;)
{
    sum=sum+i;
    i++;
}
```

（5）省略了“表达式 1（循环变量赋初值）”和“表达式 3（循环变量增量）”。例如：

```
for(;i<=100;)
{
    sum=sum+i;
    i++;
}
```

相当于：

```
i=1;
while(i<=100)
{
    sum=sum+i;
    i++;
}
```

（6）三个表达式可以都省略。例如：

```
for(;;)  语句
```

相当于：

```
while(1)  语句
```

（7）表达式 1 和表达式 3 可以是设置循环变量的初值的赋值表达式，也可以是与循环变量无关的其他表达式。例如：

```
for(sum=0;i<=100;i++)  sum=sum+i;
```

表达式 1 和表达式 3 可以是一个简单表达式也可以是逗号表达式。例如：

```
for(sum=0,i=1;i<=100;i++)  sum=sum+i;
```

或：

```
for(i=0,j=100;i<=100;i++,j--)  k=i+j;
```

（8）表达式 2 一般是关系表达式或逻辑表达式，但也可是数值表达式或字符表达式，只要其值非零，就执行循环体。例如：

```
for(i=0;(c=getchar())!='\n';i+=c);    //循环体语句为空语句
```

在表达式 2 中先从终端接收一个字符赋给 c，然后判断此赋值表达式的值是否不等于'\n'，如果不等于'\n'，就执行空语句，然后执行 i=i+c，最终实现的功能是将输入的字符的 ASCII 码相加，直到输入一个换行符为止。再如：

```
for(;(c=getchar())!='\n';)
    printf("%c",c);
```

for 语句中只有表达式 2，无表达式 1 和 3。作用是将输入的一行字符输出。

程序运行结果为：

```
BeiJing     （输入）
BeiJing     （输出）
```

在终端上输入一行字符，当按【Enter】键后数据送入缓冲区，然后从缓冲区逐个读取字符输出。

【例 5-3】利用 for 语句实现 10 以内的偶数之和。

解题思路：即 2+4+6+8+10。类似从 1 加到 100 的解题过程。通过观察每次在做什么，得到规律。

（1）分析题目。变量 sum 用来存放累加和，可以得到如下的结果。

```
sum=0
sum=sum+2
sum=sum+4
sum=sum+6
sum=sum+8
sum=sum+10
```

由以上式子可以得到 sum=sum+i，i=2,4,6,8,10。

（2）i 从 2 变到 10，即 i 的初值为 2，每执行完一次加运算，i 的值加 2，直到 i 的值为 10 时，执行最后一次加操作后，i 的值加 2 变为 12。也就是说，i≤10 时，执行 sum=sum+i，之后执行 i=i+2。

（3）利用流程图整理思路，如图 1-5-6 所示。

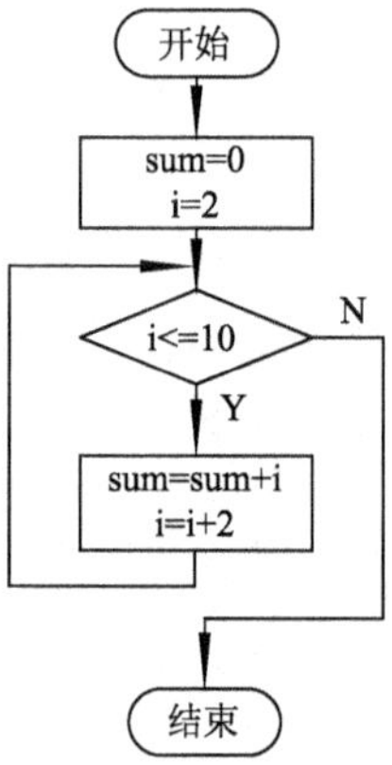

源程序：

```
#include <stdio.h>
int main()
{
    int  i,sum=0;
    for(i=2;i<=10;i=i+2)
    {
        sum=sum+i;
    }
     printf("sum=%d \n ",sum);
     return 0;
}
```

程序运行结果为：

```
sum=30
```

开始
sum=0
i=2
i<=10
N
Y
sum=sum+i
i=i+2
结束

图 1-5-6　流程图

5.4 循环嵌套

一个循环语句的循环体又包含循环语句，称之为循环嵌套。循环嵌套可以是两层或多层嵌套。while 语句、do...while 语句和 for 语句除各自本身可以循环嵌套外，它们之间也可以互相嵌套。

【例 5-4】输出如下图形。

```
******
******
******
******
```

解题思路：

（1）先看输出了几行：4 行，`for(i=1;i<=4;i++)`

（2）再看每一行做了几次（n 次或与行数相关次）：每行 6 个*，`for(j=1;j<=6;j++)`

（3）最后看每一次在做什么：每次输出一个*，`printf("*");`

源程序：

```
#include <stdio.h>
int main()
```

```
{
    int i,j;
    for(i=1;i<=4;i++)
    {
        for(j=1;j<=6;j++)
        {
            printf("*");
        }
        printf("\n");
    }
    return 0;
}
```

程序分析：对于循环嵌套的程序而言，外层循环执行一次，内层循环执行一轮。例如，当i=1 时，满足外层循环条件进入内层循环，j 从 1 变化到 6，即第一行需要输出 6 次“*”，然后换行，继续执行 i++，继续判断是否满足 i<=4，进入内层循环判断条件。

【例 5-5】输出如下图形。

```
*
**
***
****
```

解题思路：

（1）先看输出了几行：4 行，`for(i=1;i<=4;i++)`

（2）再看每一行做了几次（n 次或与行数相关次）：每行有与行数相同个“*”，`for(j=1;j<=i;j++)`

（3）最后看每一次在做什么：每次输出一个*，`printf("*");`

源程序：

```
#include <stdio.h>
int main()
{
    int i,j;
    for(i=1;i<=4;i++)
    {
        for(j=1;j<=i;j++)
        {
            printf("*");
        }
        printf("\n");
    }
    return 0;
}
```

【例 5-6】计算 1！+2！+3！+…+10!。

解题思路：

（1）先看是若干个数据相加：for(i=1;i<=10;i++) sum=sum+?

（2）再看加的是什么：i!

（3）求解 i!

源程序：

```
#include <stdio.h>
int main()
{
    int i,j,s=1,sum=0;
    for(i=1;i<=10;i++)
    {
        s=1;
        for(j=1;j<=i;j++) //求解阶乘
            s=s*j;
        sum=sum+s;
    }
    printf("1!+2!+3!+...+10!=%d\n",sum);
    return 0;
}
```

程序分析：注意 sum 和 s 的类型，如果计算过程加到 20!，那 sum 和 s 的类型需要修改为 double，否则会出现溢出错误。

5.5 break 语句与 continue 语句

5.5.1 break 语句的使用

break 语句通常用在循环语句和简单分支语句中。当 break 用于 switch 语句中时，可使程序跳出 switch 而执行 switch 以后的语句。break 在 switch 中的用法已在前面介绍简单分支语句时的例子中碰到，这里不再举例。

当 break 语句用于循环语句中时，可使程序终止循环而执行循环后面的语句，通常 break 语句总是与 if 语句结合使用，即满足条件时便终止循环。

注意

（1）break 语句对 if...else 的条件语句不起作用。

（2）在多层循环中，一个 break 语句只能终止循环。

【例 5-7】观察下面的程序，理解 break 语句。

```
#include <stdio.h>
int main()
{
    int i;
    for(i=1;i<=10;i++)
    {
        if(i==5)
           break;
        printf("%-4d",i);
    }
    return 0;
}
```

程序运行结果为：

```
1  2  3  4
```

5.5.2　continue 语句的使用

continue 语句的作用是跳过循环体中剩余的语句而强行执行下一次循环，只是结束本次循环，而不是终止整个循环的执行。continue 语句只用在循环语句中，常与 if 条件语句一起使用，用来加速循环。

【例 5-8】观察下面的程序，理解 continue 语句。

```
#include <stdio.h>
int main()
{
    int i;
    for(i=1;i<=10;i++)
    {
        if(i==5)
            continue;
        printf("%-4d",i);
    }
    return 0;
}
```

程序运行结果为：

```
1  2  3  4  6  7  8  9  10
```

例 5-7 的流程图如图 1-5-7 所示，而例 5-8 的流程图如图 1-5-8 所示。观察 break 语句和 continue 语句的区别。

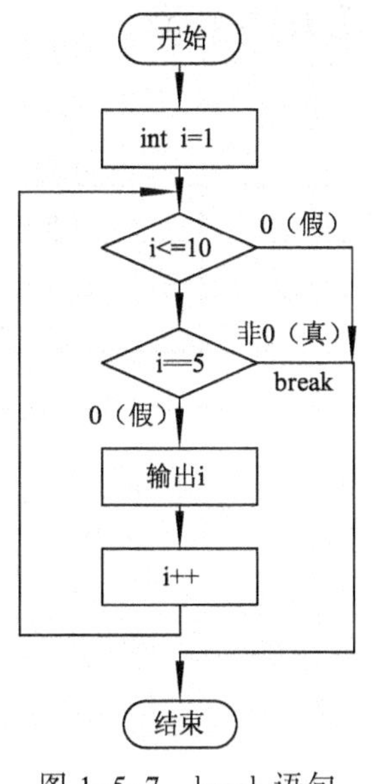

图 1-5-7　break 语句

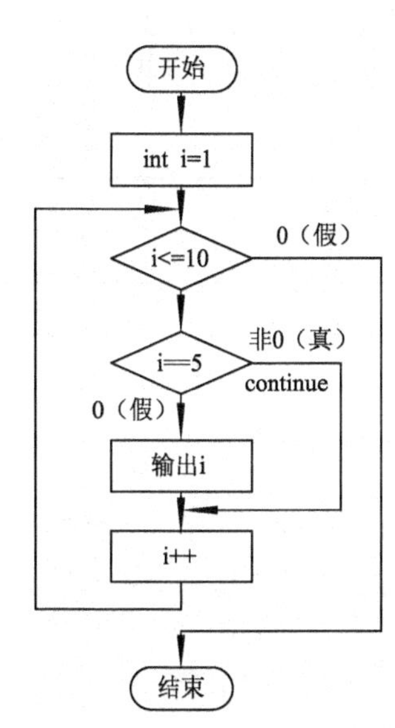

图 1-5-8　continue 语句

5.6　循环结构应用举例

【例 5-9】求 100 以内的偶数之和。

解题思路：在前面例 5-3 中，已经计算过 10 以内的偶数之和，本例题可以采用同样的思路。

```
sum=0
sum=sum+2
sum=sum+4
sum=sum+6
sum=sum+8
…
sum=sum+100
```

由以上式子可以得到 sum=sum+i，i=2,4,6,8…,100。这里的 i 就是每一次加的内容，所以 i 从 2 变化到 100，每次 i 都加 2。

源程序：

```
#include <stdio.h>
int main()
{
    int  i,sum=0;
    for(i=2;i<=100;i=i+2)
    {
        sum=sum+i;
    }
     printf("sum=%d \n",sum);
     return 0;
}
```

程序运行结果为：

```
sum=2550
```

程序分析：对于这个题目，还可以采用另外一种思路，解题过程如下：

（1）i 代表次数，从而得到如下的过程，如表 1-5-1 所示。

表 1-5-1　分 析 过 程

次数 i	每次做什么	次数 i	每次做什么
1	+2	i	+?
2	+4	?	100
3	+6		

（2）通过以上分析可以得到：

第 i 次时，累加的是 2*i。

加 100 的时候，是第多少次呢？50 次。

（3）综上所述，次数 i 从 1 开始，一共加了 50 次。

源程序：

```
#include <stdio.h>
int main()
{
    int  i,sum=0;
    for(i=1;i<=50;i++ )
    {
        sum=sum+2*i ;
    }
```

```
    printf("sum=%d \n ",sum);
    return 0;
}
```

所以对于与数列相关的问题，可以采用两种思路，即 i 代表每次加的内容（或与内容相关）或者 i 代表次数。

【例 5-10】判断整数 m 是否是素数。

解题思路：所谓素数（或称质数）是指除了 1 和它本身以外，不能被任何整数整除的数，例如 17 是素数，因为它不能被 2～16 间任一整数整除。因此，判断一个整数 m 是否是素数，只需把 m 被 2～m-1 之间的每一个整数去除，如果都不能被整除，那么 m 就是一个素数。利用流程图描述算法，如图 1-5-9 所示。

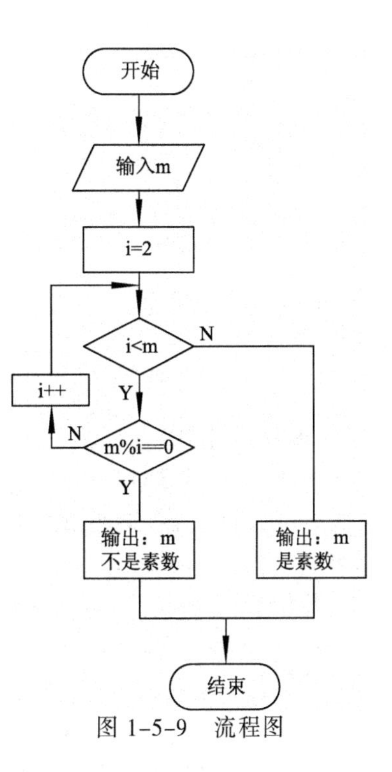

图 1-5-9　流程图

源程序：

```
#include <stdio.h>
int main()
{
    int i,m;
    printf("请输入一个正整数: ");
    scanf("%d",&m);
    for(i=2;i<m;i++)
        if(m%i==0)
          break;
    if(i>=m)
          printf("%d是素数! \n",m);
    else
          printf("%d不是素数! \n",m);
    return 0;
}
```

程序运行结果为：

```
① 请输入一个正整数: 17↙
17是素数!
② 请输入一个正整数: 27↙
27不是素数!
```

【例 5-11】求 100~200 之间的全部素数

解题思路：检查 100~200 的每一个数是否是素数，在例 5-10 的基础上，用一个嵌套的 for 循环即可实现。

源程序：

```
#include <stdio.h>
int main()
{
    int m,j,n=0;
    for(m=101;m<200;m=m+2)
    {
        for(j=2;j<m;j++)
            if(m%j==0)
                break;
        if(j==m)
```

```
        {
            printf("%5d",m);
            n++;
        }
        if(n%10==0)
            printf("\n");
    }
    printf("\n");
    return 0;
}
```

程序运行结果为：

```
  101  103  107  109  113  127  131  137  139  149
  151  157  163  167  173  179  181  191  193  197
  199
```

【例 5-12】通过键盘输入一批学生的成绩，直到输入负数为止，找出其中的最低分。

解题思路：该题目并没有给出具体人数，所以不确定次数，但是已知负数为止，即循环条件为 score>=0。而找最小值的思路已经在本篇第 4 章提及，即选择基准点，两两比较，这里选择第一个学生的成绩作为基准点。

源程序：

```
#include <stdio.h>
int main()
{
    int n=0;   //代表学生人数
    int score;  //代表每个学生的成绩
    int min;
    printf("请输入第 1 个学生成绩: ");
    scanf("%d",&score);
    min=score;
    do
    {
        n++;
        if(min>score)
            min=score;
        printf("请输入第%d 个学生成绩: ",n+1);
        scanf("%d",&score);
    }while(score>=0);
    printf("%d 个学生中最低分数为%d\n",n,min);
    return 0;
}
```

程序运行结果为：

```
请输入第 1 个学生成绩：70↙
请输入第 2 个学生成绩：67↙
请输入第 3 个学生成绩：82↙
请输入第 4 个学生成绩：-1↙
3 个学生中最低分数为 67
```

小 结

（1）循环结构是用来处理需要重复处理的操作。要构成一个有效的循环，应当指定两个条件：①需要重复执行的操作，即循环体；②循环结束的条件。

（2）在 C 语言中可以用来实现循环结构的有三种语句：while 语句，do...while 语句和 for 语句。它们是可以互相代替的。当循环体有多于一个的语句，应当用花括号把循环体中的多个语句括起来，否则系统默认只执行一条语句。

（3）break 语句和 continue 语句是用来改变循环状态的，区别是：continue 语句只结束本次循环，而不是终止整个循环的执行；break 语句则是结束整个循环过程，不再判断执行循环的条件是否成立。

（4）循环可以嵌套。三种循环语句可以互相嵌套，掌握嵌套语句的执行过程，外层循环执行一次，内层循环执行一轮。

（5）解决循环问题的思路，可以总结如下：

① 发现循环，寻找变化（不止一个）。

② 确定循环条件：

- 确定次/个数；
- 不确定次/个数时，寻找结束条件。

③ 循环体：

- 相邻两项之间的变化规律；
- 每次操作与控制变量的关系（思考每一次在做什么）。

④ 注意：

- 各变量赋初值；
- 循环趋于结束。

其实，利用循环处理的问题大部分是数列的问题，可以优先考虑每次在做什么；除此之外，可以优先考虑相邻项的变化规律。

习　题

1. 有分数序列$1+\frac{1}{3}+\frac{1}{5}+\frac{1}{7}+\cdots$，求出这个数列的前 15 项之和。

2. 求 1！+3！+5！+7！+…+11！。

3. 一个单位下设三个班组，每个班组人数不固定，需要统计每个班组的平均工资。分别输入三个班组所有职工的工资，当输入-1 时表示该班组的输入结束。输出班组号和该班组的平均工资。

4. 猴子吃桃问题。猴子第一天摘下若干个桃子，当即吃了一半，还不过瘾，又多吃了一个。第二天早上又将剩下的桃子吃掉一半，又多吃了一个。以后每天早上都吃了前一天剩下的一半零一个。到第 10 天早上想再吃时，就只剩一个桃子了。求第一天共摘了多少桃子。

5. 输出所有的“水仙花数”。所谓“水仙花数”是指一个三位数，其各位数字立方和等于该数本身。例如，153 是一个水仙花数，因为 $153=1^3+5^3+3^3$。

6. 输入一行字符，分别统计其中英文字母、空格、数字和其他字符的个数。

7. 给一个不多于 5 位的正整数，要求：

（1）求出它是几位数。

（2）分别输出每一位数字。

（3）按逆序输出各位数字，例如原数为 321，应输出 123。

第 6 章 数组及其使用

【本章学习重点】

（1）掌握一维数组和二维数组的定义、初始化和引用。

（2）掌握字符串与字符数组的使用。

（3）掌握常用的字符串处理函数。

（4）掌握利用数组进行程序设计的方法。

在本篇前几章使用的都是属于基本数据类型（整型、字符型、实型）的数据，它们都是简单的数据类型。但是对于一组数据，如数学的数据集合，在 C 语言中可以利用数组对数据进行管理。把具有相同类型的若干数据按有序的形式组织起来。这些按序排列的同类数据元素的集合称为数组。

在 C 语言中，数组属于构造数据类型。一个数组可以分解为多个数组元素，这些数组元素可以是基本数据类型或是构造类型。因此按数组元素的类型不同，数组又可分为数值数组、字符数组、指针数组、结构数组等各种类别。

6.1 一 维 数 组

一维数组是最简单的数组，数组元素只有一个下标，用一个数组名和一个下标就能唯一地确定一个数据对象（如用 stu_{12} 就能代表序号为 12 的学生）。

6.1.1 一维数组的定义和引用

1. 定义

在 C 语言中使用数组必须先进行定义。一维数组的定义方式为：

```
类型说明符 数组名 [常量表达式];
```

其中，类型说明符是任一种基本数据类型或构造数据类型。数组名是用户定义的数组标识符。方括号中的常量表达式表示数据元素的个数，又称数组的长度。例如：

```
int a[5];               //说明整型数组 a，有 5 个元素
float b[10],c[15];      //说明实型数组 b，有 10 个元素，实型数组 c，有 15 个元素
char ch[15];            //说明字符数组 ch，有 15 个元素
```

说明：

（1）对于同一个数组，其所有元素的数据类型都是相同的。

（2）数组名的命名规则应符合标识符的命名规则。

（3）方括号中常量表达式表示数组元素的个数，如 int a[5]表示数组 a 有 5 个元素。但是其下标从 0 开始计算，因此 5 个元素可表示为 a[0], a[1], a[2], a[3], a[4]。

（4）不能在方括号中用变量来表示元素的个数，但是可以是符号常数或常量表达式。例如：

```
#define  N  5
// …
int a[N];
```

是合法的。但是下述说明方式是错误的。

```
int n=5;
int a[n];
```

2. 引用

在 C 程序中只能逐个引用数组元素。数组元素的表示形式为：

```
数组名[下标]
```

下标可以是整型常量、整型变量或整型表达式。例如，下面都是合法的元素引用：

```
a[2],a[2+1],a[i]
```

注 意

要区分定义数组时用到的“数组名[常量表达式]”和引用数组元素时用到的“数组名[下标]”，前者[]代表数组长度，后者[]代表下标。例如：

```
int  a[10];          //定义数组长度为 10，表示可以存储 10 个整型数据
b=a[5];              //5 代表第 5 号元素
```

6.1.2　一维数组的初始化

数组初始化赋值是指在数组定义时给数组元素赋予初值。初始化赋值的一般形式为：

```
类型说明符 数组名[常量表达式]={ 值, 值,…,值 };
```

其中，在{ }中的各数据值即为各元素的初值，各值之间用逗号间隔。例如：

```
int a[10]={ 0,1,2,3,4,5,6,7,8,9 };
```

相当于：

```
a[0]=0;a[1]=1;a[2]=2;a[3]=3;a[4]=4;a[5]=5;a[6]=6;a[7]=7;a[8]=8;a[9]=9;
```

C 语言对数组的初始化赋值还有以下几点规定：

（1）在定义数组的同时初始化，不能写成如下形式：

```
int a[10];
a[10]={ 0,1,2,3,4,5,6,7,8,9 };
```

这是非法的，因为[]内的数据只在定义时代表长度，其他位置代表下标，a 数组中最后一个元素的下标是 9，没有 a[10]元素。

（2）可以只给部分元素赋初值。当{ }中值的个数少于元素个数时，只给前面部分元素赋值。例如：

```
int a[10]={0,1,2,3,4};
```

表示只给 a[0]~a[4]5 个元素赋值，而后 5 个元素自动赋 0 值。

（3）只能给元素逐个赋值，不能给数组整体赋值。例如给十个元素全部赋 1 值，只能写为：

```
int a[10]={1,1,1,1,1,1,1,1,1,1};
```

而不能写为：

```
int a[10]=1;
```

（4）如给全部元素赋值，则在数组说明中，可以不给出数组元素的个数，长度自动为元素个数。例如：

```
int a[5]={1,2,3,4,5};
```

可写为：

```
int a[]={1,2,3,4,5};
```

6.1.3 一维数组程序举例

【例 6-1】用数组来求得 Fibonacci 数列的前 20 项，数列数据为 1, 1, 2, 3, 5, 8, 13, 21, 34, 55, 89, 144, 233，…。

解题思路：Fibonacci 数列具有如下特点：第 1、2 两个数为 1、1，从第 3 个数开始，该数是其前面两个数之和。可用数学表达式表示为：

$$f(n)=\begin{cases}1 & n=1\\ 1 & n=2\\ f(n-1)+f(n-2) & n\geqslant 3\end{cases}$$

源程序：

```
#include <stdio.h>
int main()
{
      int i;
      int f[20]={1,1};
      for(i=2;i<20;i++)
          f[i]=f[i-2]+f[i-1];
      for(i=0;i<20;i++)
      {
          if(i%5==0) printf( " \n " );
          printf("%12d",f[i] );
      }
      return 0;
}
```

程序运行结果为：

```
   1         1         2         3         5
   8        13        21        34        55
  89       144       233       377       610
 987      1597      2584      4181      6765
```

【例 6-2】输入 10 个数，要求对它们按由小到大的顺序排列。

解题思路：对一组数据进行排序的方法很多，本例介绍用“冒泡法”排序。“冒泡法”的思路是：将相邻两个数比较，值小在前大在后。

为简单起见，先分析 6 个数的排序过程。第一次将第 1 个数 9 和第 2 个 8 比较，由于 9>8，因此将第 1 个数和第 2 个数对调，8 就成为第 1 个数，9 就成为第 2 个数。第二次将第 2 和第 3 个数（9 和 5）比较并对调……如此共进行 5 次，最后得到 8-5-4-2-0-9 的顺序，可以看到：最大的数 9 已“沉底”，成为最下面的一个数，而小的数“上升”了，如图 1-6-1 所示。最小的数 0 已向上“浮起”一个位置。经第 1 轮，得到最大的数 9。然后进行第 2 轮比较，对余下的前面 5 个数（8，5，4，2，0）按上述方法进行比较，如图 1-6-2 所示。经过 4 次比较与交换，得到次大的数 8 沉到这 5 个数的最底端。如此进行下去，可以推知，对 6 个数要比较 5 轮，才能使 6 个数按小大顺序排列。通过分析得到如下结果：

如果有 n 个数，则要进行 n-1 轮比较；

第 1 轮比较了 5 次；

第 2 轮比较了 4 次；
第 3 轮比较了 3 次；
第 i 轮比较了 n-i 次。

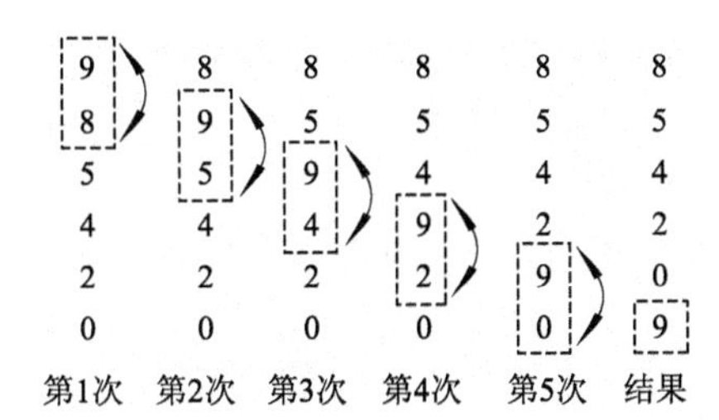

图 1-6-1　找最大值的过程

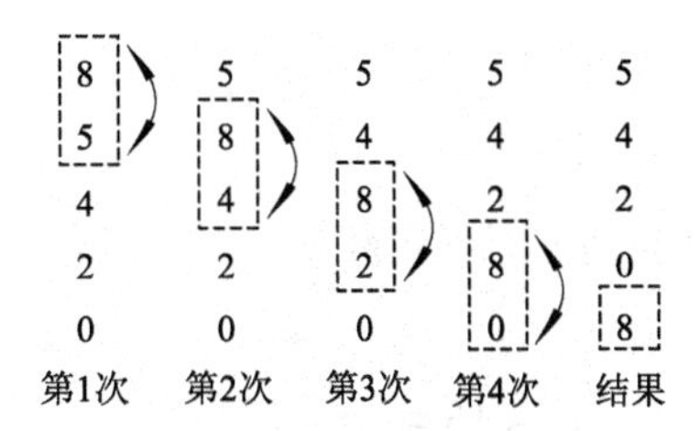

图 1-6-2　找次大值的过程

源程序：

```
#include <stdio.h>
int main()
{
    int i,j,num,t;
    int a[100];
    printf("How many numbers:\n");
    scanf("%d",&num);
    printf("Input %d numbers:\n",num);
    for(i=0;i<num;i++)
        scanf("%d",&a[i]);
    for(i=0;i<num-1;i++)
        for(j=0;j<num-i-1;j++)
            if(a[j]>a[j+1])
            {
                t=a[j+1];
                a[j+1]=a[j];
                a[j]=t;
            }
    printf("The sorted number:\n");
    for(i=0;i<num;i++)
        printf("%d ",a[i]);
    return 0;
}
```

程序运行结果为：

```
How many numbers:
10
Input 10 numbers:
1  0  4  8  12  65  -76  100  -45  123↙
The sorted number:
-76  -45  0  1  4  8  12  65  100  123
```

6.2 二维数组

对于类似代数中的矩阵形式的数据，如：

```
8 9 0 3
7 8 2 1
9 1 3 9
```

需要给出行和列才能确定数据。对于这种形式的数据可以组织成二维数组。下面介绍二维数组的使用。

6.2.1 二维数组的定义和引用

1. 定义

二维数组定义的一般形式是：

```
类型说明符 数组名[常量表达式1][常量表达式2];
```

其中，常量表达式1表示第一维的长度，常量表达式2表示第二维的长度。例如：

```
int a[3][4];
```

说明了一个3行4列的数组，数组名为a，其包含数据元素的类型为整型，共有3×4个整型数据。

在C语言中，二维数组是按行排列的，即先存放第0行，再存放第1行，最后存放第2行。每行中有4个元素也是依次存放。由于数组a说明为int类型，该类型占4字节的内存空间，所以该数组共占有（12*4）B内存空间。

2. 引用

二维数组的元素也称为双下标变量，其表示的形式为：

```
数组名[下标][下标]
```

其中，下标应为整型常量、整型变量或整型表达式。例如：

```
a[2][3]    //表示a数组第2行第3列的元素
```

上面所定义的二维数组a的各元素表示如下：

```
a[0][0],a[0][1],a[0][2],a[0][3]
a[1][0],a[1][1],a[1][2],a[1][3]
a[2][0],a[2][1],a[2][2],a[2][3]
```

注 意

在引用数组元素时，下标值应在已定义的数组大小的范围内，行下标的范围为0 ~ (行数−1)，列下标的范围为0 ~ (列数−1)。

```
int a[3][4];           //定义数组a，3行4列
a[3][4]=3;             //把第3行第4列的元素赋值为3，错误
```

数组a的行下标范围为0 ~ 2，列下标的范围为0 ~ 3，a[3][4]超过了数组的范围。

6.2.2 二维数组的初始化

定义数组的同时初始化数组元素时，可以分为两种情况，全部赋初值和部分赋初值。

1. 给全部数组元素赋初值

（1）按行给二维数组赋初值。

例如：`int a[3][4]={{1,2,3,4},{5,6,7,8},{9,10,11,12}};`

（2）可以将所有数据写在一个大括号内，按数组排列的顺序对各元素赋初值。

例如：`int a[3][4]={1,2,3,4,5,6,7,8,9,10,11,12};`

（3）如果对全部元素都赋初值，则定义数组时对第一维的长度可以不指定，但第二维的长度不能省略。

例如：`int a[3][4]={1,2,3,4,5,6,7,8,9,10,11,12};`

它等价于：`int a[ ][4]={1,2,3,4,5,6,7,8,9,10,11,12};`

2. 给部分数组元素赋初值，其余元素值默认为 0

（1）可以对各行中的某些元素赋初值。

例如：`int a[3][4]={{1},{5},{9}};`

对应数组样式为：

```
1  0  0  0
5  0  0  0
9  0  0  0
```

又如：`int a[3][4]={{1},{0,6},{0,0,0,11}};`

（2）可以只对某几行元素赋初值。

例如：`int a[3][4]={{1},{5,6}};`

对应数组样式为：

```
1  0  0  0
5  6  0  0
0  0  0  0
```

（3）可以只对部分元素赋初值。

例如：`int a[3][4]={1,5,9};`

对应数组样式为：

```
1  5  9  0
0  0  0  0
0  0  0  0
```

（4）也可以只对部分元素赋初值而省略第一维的长度，但应分行赋初值。

例如：`int a[ ][4]={{0,0,3},{0},{0,10}};`

6.2.3 二维数组程序举例

【例 6-3】将一个二维数组 a 的行和列的元素互换后存到另一个二维数组 b 中。例如：

$$a=\begin{bmatrix}1 & 2 & 3\\4 & 5 & 6\end{bmatrix} \qquad b=\begin{bmatrix}1 & 4\\2 & 5\\3 & 6\end{bmatrix}$$

解题思路：定义两个二维数组：a[2][3]和 b[3][2]，对每一个 a 数组的元素都按以下规律赋给 b 的元素：a[i][j]→b[j][i]。用双重循环才能处理所有元素的赋值。

源程序：

```
#include <stdio.h>
int main()
{
```

```
    int i,j;
    int a[2][3]={{1,2,3},{3,2,1}},b[3][2];
    printf("array a:\n");
    for(i=0;i<2;i++)
    {
        for(j=0;j<3;j++)
        {
            printf("%5d",a[i][j]);
            b[j][i]=a[i][j];
        }
        printf("\n");
    }
    printf("array b:\n");
    for(i=0;i<3;i++)
    {
        for(j=0;j<2;j++)
            printf("%5d",b[i][j]);
        printf("\n");
    }
    return 0;
}
```

程序运行结果为：

```
array a:
    1    2    3
    4    5    6
array b:
    1    4
    2    5
    3    6
```

【例 6-4】求出二维数组中元素的最大值，以及该元素所在的行号和列号。

解题思路：选择 a[0][0]的值作为基准点数据，赋给 max，同时变量 row 和 colum 分别存储最大值的行列号，row=0，colum=0；然后 max 与数组中的每一个元素进行比较，如果比 max 大就将值赋给 max，同时记录 row 和 colum。最终 max 的值就是全部元素中的最大值，row 和 colum 的值是最大元素所在的行号和列号。

源程序：

```
#include <stdio.h>
int main()
{
    int i,j,max,row=0,colum=0;
    int a[3][4]={{1,2,3,4},{4,6,7,8},{9,0,1,2}};
    max=a[0][0];
    for(i=0;i<3;i++)
        for(j=0;j<4;j++)
            if(a[i][j]>max)
            {
                max=a[i][j];
                row=i;
                colum=j;
            }
```

```
    printf("max=%d row=%d column=%d\n",max,row,colum);
    return 0;
}
```

程序运行结果为：

```
max=9  row=2  colum=0
```

6.3　字 符 数 组

用来存放字符数据的数组称为字符数组。

6.3.1　字符数组的定义

定义形式与前面介绍的数值数组相同。例如：

```
char c[10];
```

字符数组也可以是二维或多维数组。例如：

```
char c[5][10];
```

6.3.2　字符数组的初始化

字符数组也允许在定义时作初始化赋值。例如：

```
char c[10]={'I',' ','a','m',' ','h','a','p','p','y'};
```

赋值后各元素的值内存示意图如图 1-6-3 所示。

c[0]	c[1]	c[2]	c[3]	c[4]	c[5]	c[6]	c[7]	c[8]	c[9]
'I'	' '	'a'	'm'	' '	'h'	'a'	'p'	'p'	'y'

图 1-6-3　字符数组

（1）也可以为部分元素赋初值。

例如：`char c[10]={'c',' ','p','r','o','g','r','a','m'};`

其中，c[9]未赋值，系统自动赋予空字符，即'\0'。

（2）当对全体元素赋初值时也可以省略长度说明。

例如：`char c[ ]={'c',' ','p','r','o','g','r','a','m'};`

这时 c 数组的长度自动定为 9。

6.3.3　字符数组的引用

字符数组和普通数值数组一样，也是通过下标引用。

【例 6-5】输出字符数组中的元素。

```
#include <stdio.h>
int main()
{
    char c[10]={'I',' ','a','m',' ','a',' ','b','o','y'};
    int i;
    for(i=0;i<10;i++)
        printf("%c",c[i]);
    printf("\n");
    return 0;
}
```

6.3.4 字符数组与字符串

在C语言中没有专门的字符串变量，通常用一个字符数组来存放一个字符串。前面介绍字符串常量时，已说明字符串总是以'\0'作为串的结束符。因此，当把一个字符串存入一个数组时，也把结束符'\0'存入数组，并以此作为该字符串是否结束的标志。

C语言允许用字符串的方式对数组作初始化赋值。例如：

```
char c[ ]={'c',' ','p','r','o','g','r','a','m','\0'};
```

可写为：

```
char c[ ]={"c program"};
```

或去掉{}写为：

```
char c[ ]="c program";
```

用字符串方式赋值比用字符逐个赋值要多占1字节，用于存放字符串结束标志'\0'。上面的数组c在内存中的实际存放情况如图1-6-4所示。

c[0]	c[1]	c[2]	c[3]	c[4]	c[5]	c[6]	c[7]	c[8]	c[9]
'c'	' '	'p'	'r'	'o'	'g'	'r'	'a'	'm'	'\0'

图1-6-4 字符数组的赋值

【例6-6】判断以下哪个数组中存储的是字符串。

```
char a[5]={'i','s','n','o','t'};
char b[5]={'g','o','o','d'};
char c[5]={'f','i','n','e','\0'};
char d[5]={'o','k','\0'};
char e[5]={'o','k','\0','i','s'};
```

其中，数组b、c、d存储的都是字符串。数组a因为没有'\0'，所以不是字符串。数组e可以说存储了字符串"ok"，只是在字符串之后还有两个字符。

如果有以下定义方式，数组长度为多少呢？

```
char c[ ]="BeiJing";
```

数组长度为字符串中7个字符+1个'\0'，所以数组长度为8。

6.3.5 字符数组的输入和输出

如果字符数组中存储的是字符串，那么数组元素赋值的方式除了上述用字符串赋初值的办法外，还可用scanf()函数一次性输入一个字符数组中的字符串，而不必使用循环语句逐个地输入每个字符；用printf()函数一次性输出字符串。

【例6-7】使用printf输出整个字符数组。

```
#include <stdio.h>
int main( )
{
   char c[ ]="BASIC\ndBASE";
   printf("%s\n",c);
   return 0;
}
```

注意在本例的printf()函数中，使用的格式控制符为“%s”，表示输出的是一个字符串。输出表列中给出数组名则可，不能写为：`printf("%s",c[ ]);`

事实上，数组名是数组在内存中的起始地址，%s 相当于从起始地址开始逐个输出数组元素的值，直到'\0'为止。所以在例 6-6 中的数组 e，利用%s 输出的话，输出结果为"ok"。

【例 6-8】使用 scanf()函数从控制台输入一个字符串，然后使用 printf()函数将其输出。

```
#include <stdio.h>
int main()
{
    char str[10];
    printf("input string: ");
    scanf("%s",str);
    printf("your string is: %s\n",str);
    return 0;
}
```

输入：Tian Jin Colledge，输出结果为 Tian。由于系统把空格字符作为输入的字符串之间的分隔符，因此只将空格前的字符“Tian”送入 str 中。

可以将 Tian Jin Colledge 用三个数组分别存储，程序可改写如下：

```
#include <stdio.h>
int main()
{
    char st1[10],st2[10],st3[10];
    printf("input string:");
    scanf("%s%s%s",st1,st2,st3);
    printf("your string: %s %s %s \n",st1,st2,st3);
    return 0;
}
```

在前面介绍过，scanf 的各输入项必须以地址方式出现，如 &a、&b 等。但在前例中却是以数组名方式出现的，这是为什么呢？

6.3.6 字符串处理函数

C 语言提供了丰富的字符串处理函数，使用这些函数可大大减轻编程的负担。用于输入/输出的字符串函数，在使用前应包含头文件 stdio.h，使用其他字符串函数应包含头文件 string.h。

1. 字符串输出函数 puts()

格式：puts(字符数组)

功能：把字符数组中的字符串输出到显示器。

```
#include <stdio.h>
int main()
{
    char c[]="China";
    puts(c);
    return 0;
}
```

在终端上输出"China"，也可以将输出函数修改为 puts("China")。

2. 字符串输入函数 gets()

格式：gets(字符数组)

功能：从终端上输入一个字符串到字符数组。执行本函数得到一个函数值，即为该字符数组的首地址。利用该函数的目的是向数组输入一个字符串，而不大关心其函数值。

```
#include <stdio.h>
int main()
{
    char str[15];
    printf("input string:\n");
    gets(str);
    puts(str);
    return 0;
}
```

当输入的字符串中含有空格时，输出仍为全部字符串。说明 gets()函数并不以空格作为字符串输入结束的标志，而只以回车作为输入结束。这是与 scanf()函数不同的。

3. 字符串连接函数 strcat()

格式：strcat(字符数组 1,字符数组 2)

功能：把字符数组 2 中的字符串连接到字符数组 1 中字符串的后面，并删去字符数组 1 中的字符串后的串标志'\0'。本函数返回值是字符数组 1 的首地址。

例如：字符数组 str1[8]中存有字符串"good"，字符数组 str2[5]中存有字符串"girl"，则执行语句 strcat(str1, str2);之后，字符数组 str1 中的内容变为"goodgirl"，如图 1-6-5 所示。

str1	'g'	'o'	'o'	'd'	'\0'	'\0'	'\0'	'\0'
str2	'g'	'i'	'r'	'l'	'\0'			
str1	'g'	'o'	'o'	'd'	'g'	'i'	'r'	'l'

图 1-6-5　strcat()函数的使用

```
#include <stdio.h>
#include <string.h>
int main( )
{
    char st1[30]="My name is ";
    char st2[10];
    printf("input your name:\n");
    gets(st2);
    strcat(st1,st2);
    puts(st1);
    return 0;
}
```

程序运行结果为：

```
input your name:
Grace↙
My name is Grace
```

要注意的是，字符数组 1 应定义足够的长度，否则不能全部装入被连接的字符串。

4. 字符串复制函数 strcpy()

格式：strcpy(字符数组 1,字符数组 2)

功能：把字符数组 2 中的字符串复制到字符数组 1 中。串结束标志'\0'也一同复制。字符数组 2 也可以是一个字符串常量。这时相当于把一个字符串赋予一个字符数组。

```
#include <stdio.h>
#include <string.h>
int main ()
{
   char st1[15],st2[ ]="C Language";
   strcpy(st1,st2);
   puts(st1);
   puts("\n");
   return 0;
}
```

注 意

（1）本函数要求字符数组 1 应有足够的长度，否则不能全部装入所复制的字符串。

（2）不能用赋值语句将一个字符串常量或字符数组直接给一个字符数组。如：

```
str1="China";    //不合法
str1=str2;       //不合法
必须使用 strcpy(str1,str2);
```

5. 字符串比较函数 strcmp()

格式：strcmp(字符数组 1,字符数组 2)

功能：按照 ASCII 码顺序比较两个数组中的字符串，并由函数返回值返回比较结果。

（1）如果字符数组 1 中的字符串=字符数组 2 中的字符串，函数值为 0。

（2）如果字符数组 1 中的字符串>字符数组 2 中的字符串，函数值为一正整数。

（3）如果字符数组 1 中的字符串<字符数组 2 中的字符串，函数值为一负整数。

函数的使用方式可以有以下几种：

```
strcmp(str1,str2);
strcmp("China","Korea");
strcmp(str1,"Beijing");
```

但是不允许使用 str1>str2 样式进行比较。

```
#include <stdio.h>
#include <string.h>
int main()
{
   int n;
   static char st1[15],st2[ ]="C Language";
   printf("Input a string:\n");
   gets(st1);
   n=strcmp(st1,st2);
   if(n==0) printf("st1=st2\n");
   else if(n>0) printf("st1>st2\n");
   else printf("st1<st2\n");
   return 0;
}
```

程序运行结果为：

```
Input a string:
```

```
Computer↙         (输入)
st1>st2           (输出)
```

6. 字符串长度函数 strlen()

格式: strlen(字符数组)

功能: 测字符数组中的字符串的实际长度(不含字符串结束标志'\0')并作为函数返回值。

```
#include <stdio.h>
#include <string.h>
int main()
{
    char str[10]="China";
    printf("%d",strlen(str));
    return 0;
}
```

程序运行结果为:

```
5
```

输出结果不是 10，也不 6，而是 5。也可以直接测试字符串常量的长度，如 strlen("China")。

7. 转换为小写字符函数 strlwr()

其一般形式为: strlwr(字符串)

strlwr()函数的作用是将字符串中大写字母换成小写字母。

8. 转换为大写字符函数 strupr()

其一般形式为: strupr(字符串)

strupr()函数的作用是将字符串中小写字母换成大写字母。

6.3.7 字符数组应用举例

【例 6-9】输入三个字符串，找出最大字符串。

解题思路: 本题实质上是对三个字符串比大小，找出其中“最大者”。为了存放字符串，定义三个一维字符数组。比较大小的过程可以按照数值比较思路进行，即选择基准点，用基准点与其他两数比较。

源程序:

```
#include <stdio.h>
#include <string.h>
int main ()
{
    char str1[10],str2[10],str3[10],str[10];
    gets(str1);
    gets(str2);
    gets(str3);
    strcpy(str,str1);            //选择 str1 为基准点数据，并赋给 str
    if(strcmp(str,str2)<0)
        strcpy(str,str2);        //此时，str 中存储的是 str1 和 str2 中比较大的串
    if(strcmp(str,str3)<0)
        strcpy(str,str3);        //此时，str 中存储的是最大串
    puts("The biggest string is:\n");
    puts(str);
```

```
    return 0;
}
```

程序运行结果为：

```
CHINA↙
HOLLAND↙
AMERICA↙
The biggest string is:
HOLLAND
```

程序分析：字符数组的存储情况如图 1-6-6 所示。

str1	'C'	'H'	'I'	'N'	'A'	'\0'	'\0'	'\0'	'\0'	'\0'
str2	'H'	'O'	'L'	'L'	'A'	'N'	'D'	'\0'	'\0'	'\0'
str3	'A'	'M'	'E'	'R'	'I'	'C'	'A'	'\0'	'\0'	'\0'

图 1-6-6　字符数组的存储

综上所述，可以把三个一维数组看做一个 3 行 10 列的二维数组，str[0]、str[1]、str[2]代表三行的起始地址，也就代表每个字符串。程序可以修改为如下形式：

```
#include <stdio.h>
#include <string.h>
int main()
{
    char string[20];
    char str[3][20];
    int i;
    for(i=0;i<3;i++)
        gets(str[i]);
    strcpy(string,str[0]);
    if(strcmp(string,str[1])<0)
        strcpy(string,str[1]);
    if (strcmp(string,str[2])<0)
        strcpy(string,str[2]);
    printf("the largest string is:\n%s\n",string);
    return 0;
}
```

小　　结

（1）数组中的每一个元素都属于同一个数据类型。定义数组时，[]里的数据代表数组长度，必须是整型常量或符号常量。

（2）定义数组的同时初始化，必须在一行中完成，如 int a[10]={2,4,1,5};不能分行写。原因是[]出现在除定义外的其他位置，代表下标，取值范围为 0 ~ (长度-1)。引用数组元素时，[]中的下标类型可以为整型常量、整型变量或表达式。

（3）给部分数组元素赋值时，若发生在定义时，未被赋值的元素默认为 0；若是通过其他方式赋值，如：

```
int a[10];
for(i=0;i<5;i++)
```

```
a[i]=1;
```

第0~4号元素的值为1，5~9号元素的值未知。

（4）字符数组：

① 要分清字符数组中存储的是否是字符串，主要看是否存储的有'\0'。

② %s的使用。

③ 字符串处理函数的使用。

习　　题

1. 用选择法对10个整数排序。

2. 求一个3×3的整型二维数组对角线元素之和。

3. 将一个数组中的元素按逆序重新存放。如原来顺序为1，4，3，7，6，要求改为6，7，3，4，1。

4. 输出杨辉三角形（要求输出10行）：

```
1
1   1
1   2   1
1   3   3   1
1   4   6   4   1
1   5   10  10  5   1
…
```

5. 某比赛有20个评委评分，每位参赛者的成绩计算办法是，在20个评委的评分中除去一个最高分，除去一个最低分，再计算余下18个分的平均分。要求输入20个评分，计算某参赛者的最后得分。

6. 输入一行字符，统计其中有多少个单词，输入时单词与单词之间用空格隔开。

7. 编写程序，将两个字符串连接起来，不要用strcat()函数。

8. 编写程序，将字符数组s2中的全部字符复制到字符数组s1中，不用strcpy()函数。复制时，第一个'\0'也要复制过去，第一个'\0'后面的字符不复制。

第7章　函数及其应用

【本章学习重点】

（1）掌握函数的使用，包括定义、调用，以及参数的传递、返回值的使用。

（2）理解数组作为函数参数的情况，掌握一维数组作为函数参数的使用。

（3）理解递归调用，深入理解递归调用，掌握一般递归函数的书写。

（4）理解变量作用域与生存期的概念，区别各类变量的作用域即生存期。

（5）理解预处理的概念、学会使用宏定义、文件包含和条件编译来实现高效编程。

本章将向读者介绍函数的定义与使用。提到 main()函数，大家不会再感到陌生。在前面的例题中，都用到了以 main 开头的主函数，并且频繁调用了用于输入/输出的函数——scanf()和printf()。其中，main()函数是由用户自己编写的，而 scanf()和 printf()函数则是由 C 语言提供的库函数，读者只要学会如何正确调用即可。

7.1　函数的基本概念

函数是构成 C 程序的基本单元。C 语言是通过函数来实现模块化程序设计的，通过对函数模块的调用实现特定的功能。

7.1.1　函数的概念

1．C 程序的构成

虽然在本篇前面各章的程序中大都只有一个主函数 main()，但实用程序往往由多个函数组成，如图 1-7-1 所示。

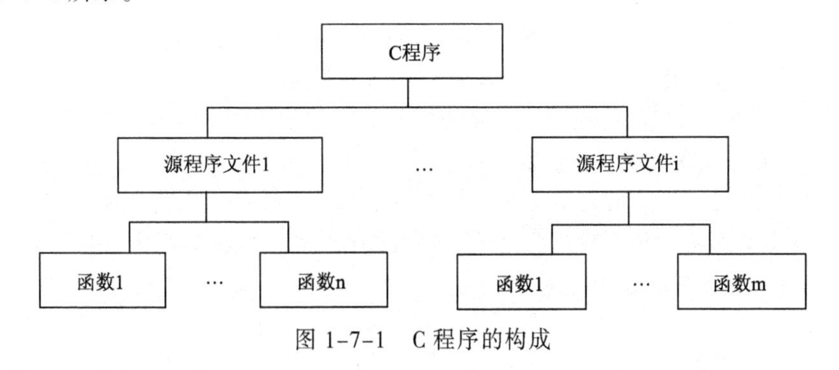

图 1-7-1　C 程序的构成

C 程序构成及执行过程如下：

（1）一个 C 程序可以由一个或多个源程序文件组成。C 编辑系统以文件为单位对 C 程序进行编译。

（2）一个 C 程序可以由一个或多个函数组成。所有函数都是独立的。主函数可以调用其他函数，其他函数可以相互调用。

（3）在一个C程序中，有且仅有一个主函数 main()。C程序总是从 main()函数处开始执行，调用其他函数后最终回到 main()函数，在 main()函数中结束整个程序的运行。

2. C语言的模块化结构

模块化设计是指把一个大程序按人们能理解的大小规模进行分解。

当计算机在处理较大的复杂任务时，所编写的程序经常由上万条语句组成，需要许多人共同完成。编程人员常常把这个复杂的大任务分解成若干子任务，每个子任务又可以分解成很多小子任务，每个小子任务只完成一项简单的功能。在程序设计时，用一个个函数小模块来实现这些功能。这样的程序设计方法称为“模块化”程序设计方法。

C 语言是一种结构化程序设计语言，结构化程序设计是一个自顶向下、逐步细化的设计过程。结构化程序设计提供了顺序、选择和循环三种基本控制结构，提供了定义“函数”的功能。在C语言中没有子程序的概念，其提供的函数可以完成其他语言子程序的所有功能。函数是C语言实现模块化程序设计的主要手段。

函数是构成C程序的基本功能模块，用于完成一项相对独立的任务。一个C语言程序由若干函数构成，但有且仅有一个 main()函数。多有函数之间是平行的关系，没有从属的概念。函数的平行关系更易于编写模块化程序。

3. 函数的分类

在C语言中可从不同的角度对函数分类。

（1）从函数定义的角度看，函数可分为库函数和用户自定义函数两种。

① 库函数：由C系统提供，用户无须定义，也不必在程序中作类型说明，只需在程序前包含有该函数原型的头文件即可在程序中直接调用。在本篇前面各章的例题中反复用到 printf()、scanf()、getchar()、putchar()、gets()、puts()、strcpy()等函数均属此类。读者只需根据需要选用合适的库函数，进行正确地调用即可。库函数的一般调用形式为：函数名（参数表）。可以出现在表达式中，也可以作为独立的语句。

② 用户自定义函数：由用户按需要，遵循 C 语言的语法编写的函数。对于用户自定义函数，不仅要在程序中定义函数本身，而且在主调函数模块中还必须对该被调函数进行类型说明，然后才能使用。

（2）从函数的形式看，又可把函数分为有返回值函数和无返回值函数两种。

① 有返回值函数：此类函数被调用执行完后将向调用者返回一个执行结果，称为函数的返回值。如数学函数即属于此类函数。由用户定义的这种要返回函数值的函数，必须在函数定义和函数原型说明中明确返回值的类型。

② 无返回值函数：此类函数用于完成某项特定的处理任务，执行完成后不向调用者返回函数值。由于函数无须返回值，用户在定义此类函数时可指定它的返回为“空类型”，空类型的说明符为 void。

（3）从主调函数和被调函数之间数据传送的角度看又可分为无参函数和有参函数两种。

① 无参函数：函数定义、函数原型说明及函数调用中均不带参数。主调函数和被调函数之间不进行参数传送。此类函数通常用来完成一组指定的功能，可以返回或不返回函数值。

② 有参函数：又称带参函数。在函数定义及函数原型说明时都有参数，称为形式参数（简称为形参）。在函数调用时也必须给出参数，称为实际参数（简称实参）。进行函数调用时，主

调函数将把实参的值传送给形参，供被调函数使用。

【例 7-1】函数的简单应用。

```
#include <stdio.h>
#include <math.h>
double function(double x,double y)          //定义用户自定义函数
{
   return pow(x,y);                         //调用库函数 pow()
}
void main()
{
   double a,b,c,d;
   scanf("%lf,%lf",&a,&b);
   c=function(a,b);                         //第一次调用 function()函数
   d=function(b,a);                         //第二次调用 function()函数
   printf("%lf,%lf",c,d);
}
```

本例中共包含了 5 个函数，主函数 main()、用户自定义函数 function()以及库函数 scanf()、printf()、pow()，主函数可以定义在程序的任意位置。在主函数中，两次调用用户自定义函数，分别传递了不同的数据，求出不同的结果。函数的定义时平行的，彼此相互独立，不能嵌套定义。在函数 function()中直接调用了系统库函数 pow()，在主函数中则调用了前面一直在使用的标准输入/输出库函数。

7.1.2　函数的定义

C 语言函数定义的一般形式为：

```
类型标识符 函数名( 类型名形式参数 1,类型名形式参数 2,…)
{
   声明部分
   语句部分
}
```

说明：

（1）类型标识符是指函数被调用后返回时带回给主调函数的值的类型，省略时为 int 型。

（2）函数名后括号内列出的是各个参数的类型和名称，这些参数被称为形式参数，简称形参，括号内的内容称为形参列表。函数名和形参名都是用户命名的标识符，必须符合标识符的命名规则。在同一个程序中，函数名必须唯一，形参名只要保证在同一个函数中唯一即可。

（3）类型标识符（即函数返回值类型）、函数名和形参列表统称为函数头，又称函数原型。一对花括号{ }内的部分称为函数体，函数体内包括变量定义（或声明）和语句两部分。在一个函数的函数体内，可以调用另一个函数，但不能定义另一个函数，即函数可以嵌套调用但不能嵌套定义。

（4）函数必须先定义后调用。函数的定义可以放在任意位置，即可放在 main()函数前，也可以放在 main()函数之后。这个特性称为函数定义的位置无关性。

下面分别针对无参函数和有参函数的定义进行更详细的讲解。

1. 无参函数的定义

【例 7-2】无参函数的定义实例。

```
#include <stdio.h>
void func()
{
    printf("********************\n");//20 个*
    printf("I am a freshman.\n");
    printf("********************\n");//20 个*
}
void main()
{
    func();
}
```

程序运行结果为:

```
********************
I am a freshman.
********************
```

本例中，自定义了函数 func( )，main( )函数调用 func( )没有向被调函数 func( )提供数据，这种函数被称为无参函数。A( )函数调用 B( )函数时，A( )函数称为主调函数，B( )函数称为被调函数。

无参函数的一般定义形式为:

```
类型标识符 函数名()
{
    声明部分
    语句部分
}
```

其中，函数名后有一个空括号，其中无参数，但括号不可少。

在很多情况下都不要求无参函数有返回值，此时函数类型标识符写为 void（空类型）。这类函数的功能是完成特定的操作。

2. 有参函数的定义

【例 7-3】有参函数的定义实例。

```
#include <stdio.h>
int max(int x,int y)
{
    int z;
    if(x>y)
        z=x;
    else
        z=y;
    return z;
}
int main()
{
    int a,b,c;
    printf("please enter a,b: \n");
    scanf("%d%d",&a,&b);
    c=max(a,b);
```

```
    printf("%d",c);
    return 0;
}
```

程序运行结果为：

```
please enter a,b:
34 21↙
34
```

本例中第 2～10 行的程序段就是有参函数的定义，有参函数定义的一般形式为：

```
类型标识符 函数名(形式参数列表)
{
    声明部分
    语句部分
}
```

有参函数比无参函数多了一个内容，即括号内的形式参数列表。可以有一个形式参数，也可以由多个形式参数，它们可以是各种类型的变量，各参数之间用逗号“,”间隔。圆括号的右侧不能有“;”，否则会出现语法错误。

形参既然是变量，必须在形参表中给出形参的类型说明。根据需要，还要为函数指定返回值的类型。如例 7–3，int max(int x, int y)即指定了函数是 int 型的返回值类型，也指定了两个形参的类型都是 int。在进行函数调用时，主调函数 main( )将赋予形式参数 x 与 y 实际的值。

上例中用于求两个数中的大数 max( )函数，可写为：

```
int max(int x,int y)
{
    if(x>y)
      return x;
    else
      return y;
}
```

也可写为：

```
int max(int x,int y)
{
    return x>y?x:y;
}
```

在 max()函数体内，除形参外没有使用其他变量，因此只有语句部分而没有声明部分。其中 return 语句是把 x（或 y）的值作为函数的值返回给主调函数。有返回值的函数中至少应有一个 return 语句。

还有一种函数叫空函数，即函数的{ }中什么语句也没有，只是占用一个位置，不影响其他函数的执行，为以后扩展程序提供方便。

7.1.3 函数的调用

在一个 C 程序由一个主函数和若干子函数构成，其中在主函数中调用子函数或一个子函数调用另一个子函数，称为对被调函数的调用。总之程序是通过对函数的调用来执行函数体的。

1. 函数调用的一般形式

函数调用是通过函数名和函数参数的组合使用来实现对已定义的函数的调用。一个函数可以被主函数调用，也可以被其他函数调用。各函数之间也可以相互调用，并且没有调用次数的限制。函数调用的一般形式为：

函数名([实际参数列表])

对无参函数调用时则无实际参数列表。实际参数列表中的参数可以是常数、已定义的变量或其他构造类型数据及表达式。各实参之间用逗号分隔，实参与形参按顺序在类型与个数上一一对应，分别传递数据。

2. 函数调用的方式

在C语言中，可以用以下三种方式调用函数：

（1）函数语句：函数调用的一般形式末尾加上分号即构成函数语句。例如，printf ("%d",a);scanf ("%d",&b);都是以函数语句的方式调用函数。

（2）函数表达式：函数调用作为表达式中的一项出现在表达式中，以函数返回值参与表达式的运算。这种方式要求函数是有返回值的。例如，z=4*max(x,y)是一个赋值表达式，把max()函数的返回值与4相乘，结果赋予变量z。

（3）函数实参：函数调用作为另一个函数调用的实际参数出现。这种情况是把该函数的返回值作为实参进行传送，因此要求该函数也必须是有返回值的。例如，下面例题中的语句printf("1/1+1/2+...+1/%d = %.2lf \n", m, fun(m));即是把fun()函数调用的返回值作为printf()函数的实参来使用的。

【例7-4】用函数实现求1～m的倒数之和，m由键盘输入。

解题思路：由题意可知，应在main()函数中定义一个整型变量m，用于从键盘接收用户的输入，并将m作为实参传给求倒数之和函数的形参。故求倒数之和函数的形参应定义为整型。而倒数之和为实数，所以可以定义此函数的返回值类型为double。函数体中根据传递的参数值进行累加和的操作，根据本篇第5章循环结构程序设计章节的相关内容，即可判断利用循环语句实现累加和。

源程序：

```
#include <stdio.h>
#include <stdlib.h>
double fun(int m)
{
    double res=0.0;
    int i;
    for(i=1;i<=m;i++)
    {
        res+=1.0/i;
    }
    return res;
}
int main()
{
    int m;
    printf("Please anter an interger number: ");
    scanf("%d", &m);
    printf("1/1+1/2+...+1/%d=%.2lf \n",m,fun(m));
    return 0;
}
```

程序运行结果为：

```
Please anter an interger number: 12↙
1/1+1/2+...+1/12=3.10
```

从以上的讲解，我们可以得出本例中 main()函数是主调函数，而 fun()函数是被调函数。被调函数定义在先，调用在后。在主调函数中对被调函数调用时，函数名与被调函数定义时的函数名完全一致，且实参与形参在个数上相等，类型上也一致。

7.1.4 函数的参数

C 语言中，在主调函数和被调函数之间的数据可以通过三种方式进行传递：

（1）实参与形参之间进行数据传递。

（2）通过被调函数中的 return 语句把某值返回给主调函数。

（3）通过全局变量，但这种方式有弊端，不提倡使用。

主调函数和被调函数之间是双向传递数据，参数是主调函数与被调函数之间传递数据的接口。主调函数为形参提供数据来源，即通过实参→形参将数据传递给被调函数，被调函数根据传递过来的参数进行计算或处理。调用结束时，被调函数通过 return 语句将函数的运行结果（返回值）传回主调函数。

前面已经介绍过，函数的参数分为形式参数（简称形参）和实际参数（简称实参）两种。形参出现在函数定义中，在整个函数体内都可以访问，离开该函数则不能使用。实参出现在主调函数中，进入被调函数后，实参变量也不能使用。

函数的形参和实参具有以下特点：

（1）在定义函数时，系统并不给形参分配存储单元，当然形参也没有具体的数值（即未赋初值）。在调用函数时，系统暂时给形参分配存储单元，以便存储调用函数时传递过来的实参的值。一旦函数调用结束，系统马上释放相应的形参存储单元。

（2）实参可以是常量、变量、表达式、函数调用等，无论实参是何种类型的量，在进行函数调用时，它们都必须具有确定的值，以便把这些值传送给形参。因此应预先用赋值、输入等办法使实参获得确定值。

（3）实参和形参在数量、类型、顺序上应严格一致，否则会发生“类型不匹配”的错误。

形参和实参的功能是作数据传送，且这种传递是“值传递”，即单向传递。发生函数调用时，主调函数把实参的值传送给被调函数的形参，而不能实现将形参的值传回给实参。以简单变量作参数，如 int、double 等，在函数调用时，实参将值传给形参，实参与形参分别占用不同的内存单元，即使形参的值发生改变，而实参中的值不受影响，即不会变化。以数组名、指针等作参数，实参传递给形参的是地址值，这样实参与形参指向同一段内存单元（即实参与形参共享内存），此时，形参的改变将影响到实参。

【例 7-5】简单变量作参数实例。

```
#include <stdio.h>
int s(int n)
{
    int i;
    for(i=n-1;i>=1;i--)
    {
        n=n+i;
    }
    printf("n=%d\n",n);
```

```
    return n;
}
int main()
{
    int n,sum;
    printf("input number\n");
    scanf("%d",&n);
    sum=s(n);
    printf("n=%d,sum=%d\n",n,sum);
    return 0;
}
```

程序运行结果为：

```
input number
100↙
n=5050
n=100,sum=5050
```

本程序中定义了一个函数 s()，该函数的功能是求∑i，（ i = 1,2,…,n ）的值。在主函数中输入 n 值，并作为实参，在调用时传送给 s()函数的形参量 n（注意，本例的形参变量和实参变量的标识符都为 n，但这是两个不同的变量，各自的作用域不同）。在主函数中用 printf 语句输出一次 n 值，这个 n 值是实参 n 的值。在函数 s()中也用 printf 语句输出了一次 n 值，这个 n 值是形参最后取得的 n 值。以输入 n 的值为 100 为例，分析整个程序的执行过程（程序从主函数开始执行）：

（1）为 n、sum 分配内存空间。

（2）输出提示字符串。

（3）输入 n 的值，n 的值为 100。

（4）遇到赋值表达式，先计算 s()函数的返回值，即调转到被调函数 s()去执行。

① 给形参 n 分配内存空间。

② 将实参 n 的值 100 传给形参 n，所以形参 n 的值也为 100。

③ 执行 s()函数体：为循环控制变量 i 分配内存空间，for 循环实现 n+n-1+…+2+1 的计算，每一次循环都改变形参 n 的值，累加和的最终结果存放在形参 n 中，就是说形参 n 的值最终变为 5050。

④ 输出形参 n 的值。

⑤ 返回形参 n 的值给主函数。释放函数调用过程中分配的所有内存，即释放形参 n、循环控制变量 i 的内存空间。

（5）结束函数调用，将 s()函数的返回值赋给 sum 变量。

（6）输出 n 的值，此 n 为实参，即 100。

7.1.5 函数的返回值

1. 函数的返回值

函数的返回值是指函数被调用之后，执行函数体中的程序段所取得的并返回给主调函数的值。有些函数有返回值，有些函数则没有返回值。根据是否有返回值，函数可以分为两类。

（1）有值函数，这类函数具有完成特定的计算功能，调用该函数后可以得到一个值，这个值就称为函数的返回值。例如，例 7-3 中的 max()函数，例 7-4 中的 fun()函数，例 7-5 中的 s()

函数。

（2）无值函数，这类函数只是完成特定的操作，并不返回某值。这类函数的类型标识符为 void（空类型）。

2. return 语句

对函数返回值（或称函数的值）只能通过 return 语句返回主调函数。

return 语句的一般形式为：

```
return 表达式;
```

或

```
return (表达式);
```

该语句的功能是计算表达式的值，并将结果返回给主调函数；释放在当前函数的执行过程中分配的所有内存空间；结束当前函数的运行，将程序流程控制权交给主调函数。

在函数中允许有多个 return 语句，但每次调用只能有一个 return 语句被执行，因此只能返回一个函数值。函数定义中函数的类型与 return 语句表达式值的类型应保持一致，如果两者不一致，则以函数类型为准，自动进行类型转换，即函数类型决定返回值的类型。

一旦函数被定义为空类型后，就不能在主调函数中使用被调函数的函数值了。若将例 7-5 中的 s()函数定义为空类型，则在主函数中有下述语句：

```
sum=s(n);
```

则用法就是错误的。因为 s()函数返回值为“空类型”，则不带回任何值，所以函数调用表达式不能出现在赋值号的右侧，也不能出现在 printf()函数的参数中，如 printf("%d",s(n));也是错误的。

在编写函数时，应分析函数中哪些量是函数的已知量，哪些量是函数执行后需要得到的结果。设计时，将已知量作为形参，已知量有几个，形参就有几个，且类型也一致。未知数据就是需要得到的结果，即返回值。目前为止，只能有一个值被返回。由这个值的类型来确定函数的类型。因此，用户需分析已知和未知数据的类型，从而完成对函数头的设计。

7.1.6　函数的原型声明

在 C 语言中，除了主函数 main()外，对于用户自定义的函数要遵循“先定义，后调用”的原则。若出现函数调用在函数定义之前，则应在主调函数中调用某函数之前对该被调函数进行说明（称为函数原型声明），这与使用变量之前要先进行变量定义声明是一样的。

对函数的“定义”和“声明”不是一回事。“定义”是指对函数功能的确立，包括指定函数名、函数值的类型、形参个数及其类型、函数体等，它是一个完整的、独立的函数单位。而函数“声明”的作用是利用它在编译阶段对调用该函数的合法性进行全面检查。它把函数名、函数值的类型、形参个数及其类型、顺序都通知编译系统，以便在调用该函数时系统按此进行对照检查（如函数名是否正确，实参与形参的类型和个数是否一致）。

函数的原型包括函数名、函数值的类型、形参个数及其类型、函数体等信息，可以简单地说就是函数头，对函数的原型声明的一般形式为：

```
类型标识符 函数名(类型 1 形参 1,类型 2 形参 2,…);
```

或：

```
类型标识符 函数名(类型 1,类型 2,…);
```

例如：

```
int max(int x,int y)
{
```

```
    int z;
    if(x>y)
        z=x;
    else
        z=y;
    return z;
}
```

对上述 max()函数可以声明为：

```
int max(int a,int b);
```

或

```
int max(int,int);
```

对函数原型声明的几点说明：

（1）函数原型声明中的括号内给出了形参的类型和形参名，或只给出形参类型，即省略形参名。或者可以说，声明中给出的形参名可以与函数定义处的形参名不同，但形参类型及顺序则必须完全一致。

（2）函数原型声明中的函数类型、函数名与函数定义处的函数类型、函数名必须一致。

（3）对库函数的调用不需要再作说明，但必须把该函数所在的头文件用 include 命令包含在源程序文件中。

（4）函数的原型声明必须在该函数调用语句之前。由于位置的不同，可将声明分为外部声明和内部声明两种。在主调函数内对被调函数的原型声明称为内部声明，又称局部声明；在函数外进行的函数原型声明称为外部声明，如果声明在程序最前端，则又称全局声明。内部声明的函数只能在声明它的函数内部调用。外部声明过的函数，从声明之处到本程序文件结束都可以调用。

例如：

```
char str(int a);        //函数原型声明
void main()
{
    float f(float b);   //函数原型声明
    …
}
char str(int a)         //函数定义
{
    …
}
float f(float b)        //函数定义
{
    …
}
```

其中，程序第 1 行与主函数体第 1 行分别对 str()函数和 f()函数进行了原型声明。但对 str()函数的声明属于全局声明，本程序文件中的所有函数都可以调用它。而对 f()函数的声明属于内部声明，只能在声明它的主函数中调用。

【例 7-6】利用函数实现求 n 以内能被 3 整除的数之倒数之和。

解题思路：与例 7-4 一样，也是求倒数之和，只不过对这个数附加了一个条件（要能被 3 整除）。所以在循环体中增加一个 if 语句，用于判断 i 能否被 3 整除。如果满足条件（i%3==0），则将 i 的倒数累加。

源程序：

```
#include <stdio.h>
double fun(int n);          //函数原型声明
int main()
{
    int n;
    double c;
    printf("input number\n");
    scanf("%d",&n);
    c=fun(n);               //函数调用
    printf("c=%lf\n",c);
    return 0;
}
double fun(int n)           //函数定义
{
    int i;
    double c=0.0;
    for(i=1;i<=n;i++)
    {
        if(i%3==0)
            c+=1.0/i;
    }
    return c;
}
```

程序运行结果为：

```
input number
40↙
c=1.060045
```

本程序中对 sum 函数的声明是外部声明。

7.2　数组作为函数参数

数组可以作为函数的参数使用，进行数据传送。数组用作函数参数有两种形式，一种是把数组元素(下标变量)作为实参使用；另一种是把数组名作为函数的形参和实参使用。

7.2.1　数组元素作为函数参数

数组元素就是下标变量，它与普通变量并无区别。因此，它作为函数实参使用与普通变量是完全相同的，在发生函数调用时，把作为实参的数组元素的值传送给形参，实现单向的值传送。

【例 7-7】判别一个整数数组中各元素的值，若是偶数则输出该值，若是奇数则不输出。

解题思路：定义带一个整型参数的函数 IsOddNumber()，用于判断该参数的奇偶性，如果是偶数则返回 1，否则返回 0。在主函数中定义一个整型数组，并赋值。然后遍历数组元素，将遍历到的数组元素 a[i]作为实参传给 IsOddNumber()函数，通过返回值决定是否输出数组元素，如果返回值为 1（代表数组元素是偶数），则输出数组元素。

源程序：

```
#include <stdio.h>
```

```
int main()
{
    int a[5],i;
    int IsOddNumber(int v);//内部声明
    printf("input 5 numbers\n");
    for(i=0;i<5;i++)
    {
        scanf("%d",&a[i]);
    }
    for(i=0;i<5;i++)
    {
        if(IsOddNumber(a[i])==1)          //a[i]为偶数
            printf("%d\t",a[i]);
    }
    printf("\n");
    return 0;
}
int IsOddNumber(int v)
{
    if(v%2==0)
        return 1;                         //是偶数，返回1
    else
        return 0;                         //是奇数，返回0
}
```

7.2.2 一维数组作为函数参数

用数组名作函数参数与用数组元素作实参有几点不同：

（1）用数组元素作实参时，是按普通变量对待的，只要数组元素的类型和函数的形参变量的类型一致，并不要求函数的形参也是下标变量。用数组名作函数参数时，则要求形参和相对应的实参都必须是类型相同的数组，都必须明确说明，当形参和实参不一致时，即会发生错误。

（2）在普通变量或下标变量作函数参数时，形参变量和实参变量是由编译系统分配的两个不同的内存单元。在函数调用时发生的值传送是把实参变量的值赋予形参变量。在用数组名作函数参数时，不是进行值的传送，即不是把实参数组的每一个元素的值都赋予形参数组的各个元素。因为编译系统不为形参数组分配内存，所以实际上形参数组并不存在。那么，数据的传送是如何实现的呢？我们在数组章节介绍过，数组名就是数组的首地址。因此，在数组名作函数参数时所进行的传送是地址的传送，也就是说把实参数组的首地址赋予形参数组名。形参数组名取得该首地址之后，也就等于有了实际的内存空间。实际上是形参数组和实参数组为同一数组，共同拥有一段内存空间。

【例 7-8】数组 b 中存放了一个学生 5 门课程的成绩，利用函数功能求平均成绩。

解题思路：函数为了求平均成绩，就得知晓这 5 门课程的成绩，即 5 个数，先将 5 个数求和，然后再求平均。而这 5 个数存放在主函数中所定义数组 b[5]中，需要在调用求平均成绩函数 agerage()时将整个数组传递过去。如此确定了函数的参数是个数组，函数最后应返回所求平均成绩，所以函数的返回值应该为实型。数组 b[5]可以为整型或实型，下面给出实型对应的源程序。

源程序：

```
#include <stdio.h>
```

```
float average(float a[5])                    //函数的参数是一个数组
{
    int i;
    float avg,s=0;
    for(i=0;i<5;i++)
      s=s+a[i];
    avg=s/5;
    return avg;
}
int main()
{
    float b[5],avg;
    int i;
    printf("\ninput 5 scores:\n");
    for(i=0;i<5;i++)
      scanf("%f",&b[i]);
    avg=average(b);
    printf("average score is %5.2f",avg);
    return 0;
}
```

程序运行结果为：

```
input 5 scores:
78 90 86 89 80↙
average score is 84.60
```

程序分析：本程序首先定义了一个单精度型函数 average()，有一个形参为单精度型数组 a，长度为 5。在函数 average()中，把数组 a 的各元素值相加并求出平均值，返回给主函数。主函数 main()中首先完成数组 b 的输入，然后以 b 数组作为实参调用 average()函数，并把函数返回值赋给变量 avg，最后输出 avg 的值。从运行情况可以看出，程序实现了所要求的功能。从实参数组与形参数组的内存情况也印证了程序实现了所要求的功能。

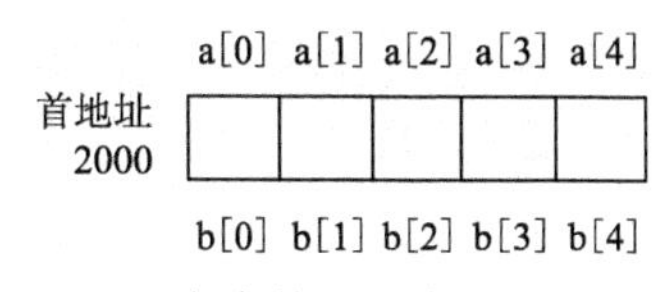

图 1-7-2　实参数组形参数组共享内存

图 1-7-2 中设 b 为实参数组，类型为整型。b 占有以 2000 为首地址的一块内存区。a 为形参数组名。当发生函数调用时，进行地址传送，把实参数组 b 的首地址传送给形参数组名 a，于是 a 也取得该地址 2000。于是 a、b 两数组共同占有以 2000 为首地址的一段连续内存单元。从图中还可以看出 a 和 b 下标相同的元素实际上也占相同的两个内存单元（整型数组每个元素占 4 字节）。例如，a[0]和 b[0]都占用 2000~2003 单元，当然 a[0]等于 b[0]。类推则有 a[i]等于 b[i]。

（3）前面已经讨论过，在变量作函数参数时，所进行的值传送是单向的，即只能从实参传向形参，不能从形参传回实参。形参的初值和实参相同，而形参的值发生改变后，实参并不变化，两者的终值是不同的，如例 7-5。而当用数组名作函数参数时，情况则不同。由于实际上形参和实参为同一数组，因此当形参数组发生变化时，实参数组也随之变化。当然这种情况不能理解为发生了“双向”的值传递。但从实际情况来看，调用函数之后实参数组的值将由于形参数组值的变化而变化。为了说明这种情况，请看例 7-9 的冒泡排序。

【例 7-9】用函数实现数组元素的冒泡排序。

解题思路：在本篇第6章我们已经学过冒泡法对数组元素进行排序，此题只是将排序的功能放在函数中实现。与上一例相同，函数为了接收从主函数传递过来的数组，形参定义为数组形式，且长度应与主函数中定义的数组长度相同。

源程序：

```
#include <stdio.h>
void bubble(int a[10])
{
    int i,j,t;
    for(i=0;i<10-1;i++)
    {
        for(j=0;j<10-1-i;j++)
            if(a[j]>a[j+1])
            {
                t=a[j+1];
                a[j+1]=a[j];
                a[j]=t;
            }
    }
    printf("Array A after sort:\n");
    for(i=0;i<10;i++)
        printf("%d ",a[i]);
}
void main()
{
    int i;
    int b[10];
    printf("Input 10 numbers:\n");
    for(i=0;i<10;i++)
        scanf("%d",&b[i]);
    printf("Array B before sort:\n");
    for(i=0;i<10;i++)
        printf("%d ",b[i]);
    bubble(b);
    printf("Array B after sort:\n");
    for(i=0;i<10;i++)
        printf("%d ",b[i]);
}
```

程序运行结果为：

```
Input 10 numbers:
23 19 46 70 51 10 17 49 30 8↙
Array B before sort:
23 19 46 70 51 10 17 49 30 8
Array A after sort:
8 10 17 19 23 30 46 49 51 70
Array B after sort:
8 10 17 19 23 30 46 49 51 70
```

本程序中函数 bubble()的形参为整数组 a，长度为 10。主函数中实参数组 b 也为整型，长度也为 10。在主函数中首先输入数组 b 的值，然后输出数组 b 的初始值。然后以数组名 b 为实参调用 bubble()函数。在 bubble()函数中，利用冒泡法对形参数组 a 进行排序，并输出排序后的数组 a。返回主函数之后，再次输出数组 b 的值。从运行结果可以看出，数组 b 的初值和终值是不同的，数组 b 的终值和数组 a 是相同的。这说明实参形参为同一数组，它们的值得以同时改变。

用数组名作为函数参数时还应注意以下几点：

（1）形参数组和实参数组的类型必须一致，否则将引起错误。

（2）形参数组和实参数组的长度可以不相同，因为在调用时，只传送首地址而不检查形参数组的长度。当形参数组的长度与实参数组不一致时，虽不至于出现语法错误（编译能通过），但程序执行结果将与实际不符，这是应予以注意的。

【例 7-10】把例 7-9 冒泡排序中的形参数组长度改为 12。

```
#include <stdio.h>
void bubble(int a[12])                //由 10 改为 12
{
    int i,j,t;
    for(i=0;i<12-1;i++)               //由 10 改为 12
    {
        for(j=0;j<12-1-i;j++)         //由 10 改为 12
            if(a[j]>a[j+1])
            {
                t=a[j+1];
                a[j+1]=a[j];
                a[j]=t;
            }
    }
    printf("Array A after sort:\n");
    for(i=0;i<12;i++)                 //由 10 改为 12
        printf("%d ",a[i]);
}
void main()
{
    int i;
    int b[10];
    printf("Input 10 numbers:\n");
    for(i=0;i<10;i++)
        scanf("%d",&b[i]);
    printf("Array B before sort:\n");
    for(i=0;i<10;i++)
        printf("%d ",b[i]);
    bubble(b);
    printf("Array B after sort:\n");
    for(i=0;i<10;i++)
        printf("%d ",b[i]);
}
```

本程序与例 7-9 程序比，bubble()函数的形参数组长度改为 12，函数体中，for 语句的循环条件也改为 i<12-1 与 j<12-1-i。因此，形参数组 a 和实参数组 b 的长度不一致。编译能够通过，但形参数组 a 的元素 a[10]和 a[11]未赋值，这两个元素对于实参数组 b 来说没有意义，但在 bubble()函数中参与了排序过程，导致结果不是我们所想要的。

（3）在函数形参表中，允许不给出形参数组的长度，或用一个整型变量来表示数组元素的个数。

例如，可以写为：

```
void bubble(int a[])
```

或写为

```
void bubble(int a[],int n)
```

形参数组 a 没有给出长度，第一种情况，数组的长度如上两例中的情况是固定在程序中的（见 bubble()函数），而第二种情况由 n 值动态地表示数组的长度。n 的值由主调函数的实参进行传送。显然第二种情况的适应性更强。

【例 7-11】把例 7-9 冒泡排序中的形参数组长度改为由 n 动态指定。

```
#include <stdio.h>
void bubble(int a[],int n)
{
    int i,j,t;
    for(i=0;i<n-1;i++)
    {
        for(j=0;j<n-1-i;j++)
            if(a[j]>a[j+1])
            {
                t=a[j+1];
                a[j+1]=a[j];
                a[j]=t;
            }
    }
    printf("Array A after sort:\n");
    for(i=0;i<n;i++)
        printf("%d ",a[i]);
}
void main()
{
    int i;
    int b[10];
    printf("Input 10 numbers:\n");
    for(i=0;i<10;i++)
        scanf("%d",&b[i]);
    printf("Array B before sort:\n");
    for(i=0;i<10;i++)
        printf("%d ",b[i]);
    bubble(b,10);
    printf("Array B after sort:\n");
    for(i=0;i<10;i++)
        printf("%d ",b[i]);
}
```

本程序 bubble()函数形参数组 a 没有给出长度，由 n 动态确定该长度。在 main()函数中，函数调用语句为 bubble(b, 10)，其中实参 10 将赋给形参 n 作为形参数组的长度。如此，本例中的 bubble()函数就能适应任何长度的整型数组的冒泡排序要求。故在实际程序设计过程中，遇到要向被调函数传递一个一维数组时，应传递数组的首地址和数组的长度。

7.2.3　二维数组作为函数参数

多维数组也可以作为函数的参数。在函数定义时对形参数组可以指定每一维的长度，也可省去第一维的长度。因此，以下写法都是合法的。

```
int MA(int a[3][10])
```

或

```
int MA(int a[][10])
```

【例 7-12】编写一函数实现 4 阶方阵转置。

```
#include <stdio.h>
void transposing(int a[4][4])
{
    int i,j;
    int temp;
    for(i=0;i<4;i++)
    {
        for(j=0;j<i;j++)
        {
            temp=a[i][j];
            a[i][j]=a[j][i];
            a[j][i]=temp;
        }
    }
}
void main()
{
    int i, j;
    int b[4][4]={
        {1,2,3,4},
        {5,6,7,8},
        {9,10,11,12},
        {13,14,15,16}
    };
    printf("Array B:\n");
    for(i=0;i<4;i++)
    {
        for(j=0;j<4;j++)
        {
            printf("%5d",b[i][j]);
        }
        printf("\n");
    }
    transposing(b);
    printf("Array B:\n");
    for(i=0;i<4;i++) {
        for(j=0;j<4;j++)
            printf("%5d",b[i][j]);
        printf("\n");
    }
}
```

程序运行结果为：

```
Array B:
   1    2    3    4
   5    6    7    8
   9   10   11   12
  13   14   15   16
Array B:
   1    5    9   13
   2    6   10   14
   3    7   11   15
   4    8   12   16
```

7.3 函数的嵌套调用和递归调用

C 语言不允许函数嵌套定义，但可以出现函数调用的嵌套。函数嵌套调用是 C 语言提供的程序设计的方法，也就是 C 语言的特性。

简单地说，函数嵌套就是函数调用函数，递归就是函数调用自身，是函数嵌套的一个特例。

7.3.1 函数的嵌套调用

C 语言中不允许作嵌套的函数定义。因此，各函数之间是平行的，不存在上一级函数和下一级函数的问题。但是，C 语言允许在一个函数的定义中出现对另一个函数的调用。这样就出现了函数的嵌套调用，即在被调函数中又调用其他函数。函数嵌套调用示例关系图如图 1-7-3 所示。

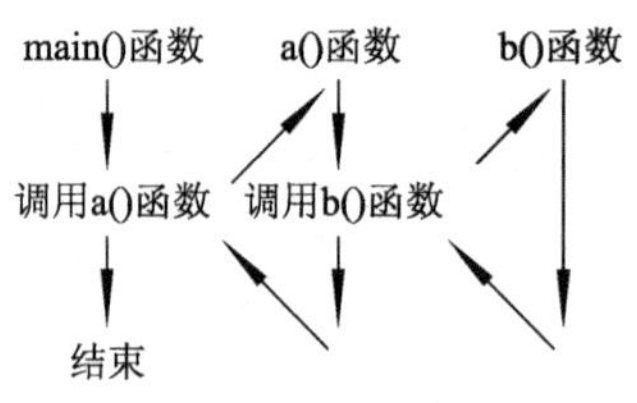

图 1-7-3 函数嵌套调用示例

图 1-7-3 表示了两层嵌套的情形。其执行过程为：在 main()函数中执行到调用 a()函数的语句时，即转去执行 a()函数，在执行 a()函数中遇到调用 b()函数的语句时，又转去执行 b()函数，b()函数执行完毕返回 a()函数的断点继续执行，a()函数执行完毕返回 main()函数的断点继续执行。

【例 7-13】改写例 7-2 的程序。

```
#include <stdio.h>
void func1()
{
    printf("********************\n");//20 个*
}
void func2()
{
    func1();
    printf("I am a freshman.\n");
    func1();
}
int main()
{
    func2();
    return 0;
}
```

对比例 7-2 的程序，本程序将原 func()功能又细化出来一个子功能，即一行星号的输出功能由函数 func1( )来实现，这样调用几次 func1( )函数就能输出几行星号，而不用为了输出几行星号书写几行 printf 语句，这样设计的目的是为了提高代码的复用率。在主函数中调用 func2()函数，又在 func2()中两次调用了 func1()函数。本程序也是二层嵌套调用，在实际程序设计过程中，一个函数可以被调用无数次，且可以出现更多层次的嵌套调用。

【例 7-14】 计算 $s=2^2!+3^2!+4^2!$。

解题思路：这是一个累加和的操作题，只是加数较复杂（某数平方值的阶乘）。可编写两个函数来计算这个加数：一个是用来计算某数的平方值的函数 fpow()，另一个是用来计算某数的阶乘的函数 fact()。主函数先调用 fpow()计算出平方值，再将 fpow()的返回值作为实参，调用 fact()计算其阶乘值，在循环中计算累加和。

源程序：

```
#include <stdio.h>
#include <math.h>
long fact(int);//函数声明时可省略形参的名字，但不能省略形参的类型
int fpow(int p)
{
    return pow(p,2);
}
long fact(int n)
{
    long c=1;
    int i;
    for(i=1;i<=n;i++)
        c=c*i;
    return c;
}
int main()
{
    int i;
    long s=0;
    for(i=2;i<=4;i++)
        s=s+fact(fpow(i));
    printf("\ns=%ld\n",s);
    return 0;
}
```

在程序中，由于数值很大，所以函数 fact()及一些变量的类型都说明为长整型。因 fpow()和 fact()都在主函数之前定义，故不必再在主函数中对 fpow()和 fact()加以说明。在主程序中，执行循环程序依次把 i 值作为实参调用函数 fpow()，在 fpow()函数中求得 i^2 值，再将 fpow()求得的值作为实参调用函数 fact()，在 fact()中完成 $i^2!$的计算，并将计算结果返回给 main()函数，由主函数中的循环实现累加。

7.3.2 函数的递归调用

一个函数在它的函数体内直接或间接地调用它自身称为递归调用，如图 1-7-4 所示。这类函数称为递归函数。C 语言允许函数的递归调用，递归调用是一种解决方案，是一种将一个大工作分为逐渐减小的小工作的逻辑思想。在递归调用中，主调函数又是被调函数。执行递归函

数将反复调用其自身，每调用一次就进入新的一层。

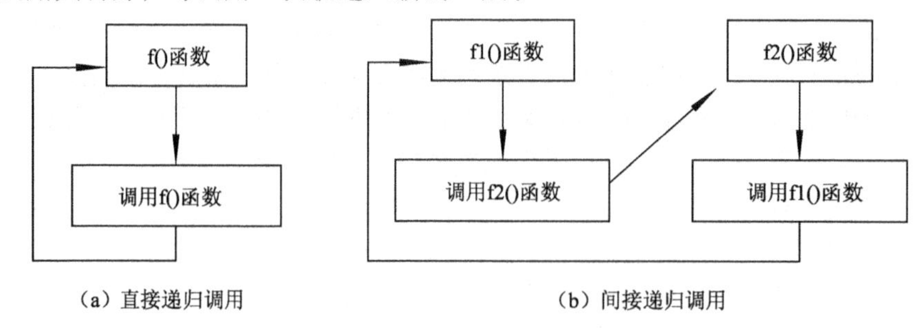

（a）直接递归调用　　（b）间接递归调用

图 1-7-4　递归调用关系图

例如：

```
int f(int x)
{
    int y;
    z=f(y);
    return z;
}
```

这个函数是一个递归函数。但是运行该函数将无休止地调用其自身，这当然是不正确的。为了防止递归调用无终止地进行，必须在函数内有终止递归调用的手段。常用的办法是加条件判断，满足某种条件后就不再作递归调用，然后逐层返回。下面举例说明递归调用的执行过程。

【例 7-15】用递归法计算 n!

用递归法计算 n!可用下述公式表示：

$$f=\begin{cases}1 & n=0\text{或}1\\ n*(n-1)! & n>1\end{cases}$$

按公式可得源程序：

```
#include <stdio.h>
long fact(int n)
{
    long f;
    if(n<0)
        printf("n<0,data error.\n");
    else if(n==0||n==1)
        f=1;
    else
        f=n*fact(n-1);
    return(f);
}
int main()
{
    int n;
    long y;
    printf("\ninput a integer number:\n");
    scanf("%d",&n);
    y=fact(n);
```

```
    printf("%d!=%ld\n",n,y);
    return 0;
}
```

程序运行结果为：

```
input a integer number:
5↙
5!=120
```

本程序中的函数 fact()是一个递归函数。主函数调用 fact()后即进入函数 fact()执行，如果 n<0，n==0 或 n==1 时都将结束函数的执行，否则就递归调用 fact()函数自身。由于每次递归调用的实参为 n-1，即把 n-1 的值赋予形参 n，最后当 n-1 的值为 1 时再作递归调用，形参 n 的值也为 1，将使递归终止。然后可逐层退回。

下面再举例说明该过程。设执行本程序时输入为 5，即求 5!。在主函数中的调用语句即为 y=fact(5)，进入 fact()函数后，由于 n=5，不等于 0 或 1，故应执行 f=n*fact(n-1);，即 f=5*fact(4)。该语句对 fact()作递归调用即 fact(4)。

进行 5 次递归调用后，fact()函数的值变为 1，故不再继续递归调用而开始逐层返回主调函数。fact(1)的函数返回值为 1，fact(2)的返回值为 2*1=2，fact(3)的返回值 3*2=6，fact(4)的返回值为 4*6=24，fact(5)的返回值为 5*24=120，最后返回 120。图 1-7-5 表示求 fact(5)的过程。

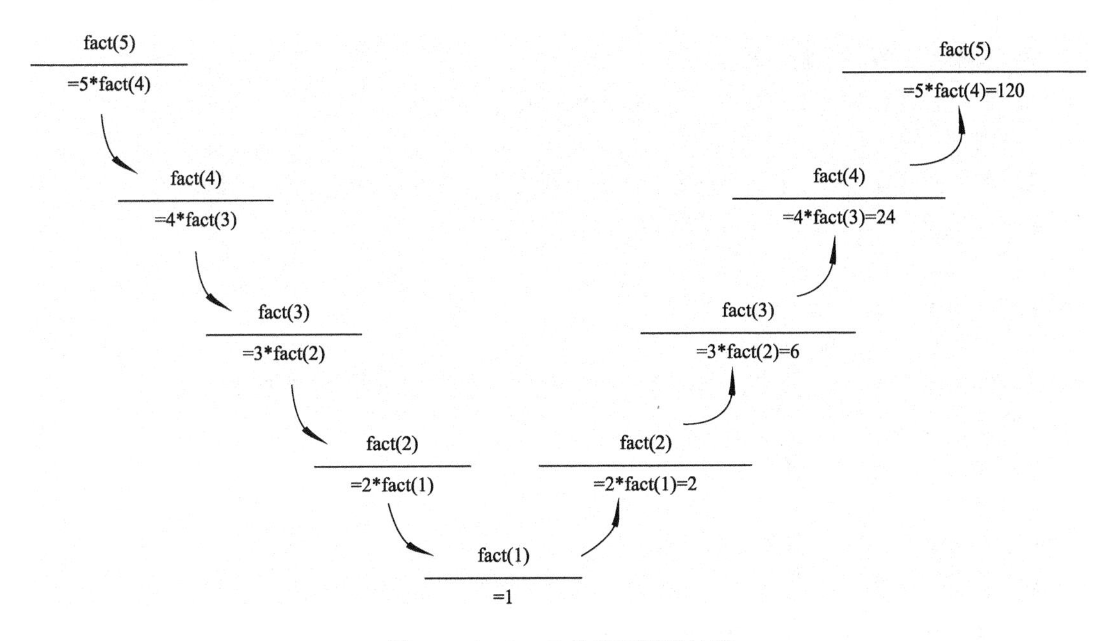

图 1-7-5　fact(5)的递归调用过程

从图 1-7-5 可知，求解可分为两个阶段：第一阶段是“回溯”，即将求 n! 的值的函数表示成为求(n-1)! 的值的函数，而(n-1)! 的值仍然不知道，还要“回溯”到(n-2)! ……，直到 1! 为 1。此时 fact(1)已知，不必再向前回溯了。然后开始第二阶段，采用递推方法，从 1! 推算出 2! 为 2，从 2! 推算出 3! 为 6，……，一直推算出 5! 为 120 为止。也就是说，一个递归的问题可以分为“回溯”和“递推”两个阶段。要经历若干步才能求出最后的值显而易见，如果要求递归过程不是无限制进行下去，必须具有一个结束递归过程的条件。

求 n! 也可以不用递归的方法来完成。如可以直接用递推法（循环实现），如例 7-14 中的

fact()函数，即从 1 开始乘以 2，再乘以 3，……，直到 n。但递归和递推的性质和过程是不同的，递推是从一个已知的事实出发，推出下一个事实，再从这推得的事实出发去推下一个事实，如此继续下去，每一步都能得到一个确定的结果。递归不同，想求的值是未知的，为了求出它，需要回溯到上一步，而上一步的值也是未知的，再回溯一步，其值也是未知的，……，直到回溯到某一步，其值为已知，结束回溯，进行递推，从该已知的值逐步推出最后的结果。递推法比递归法更容易理解和实现。但是有些问题则只能用递归算法才能实现。典型的问题是 Hanoi 塔问题。

【例 7-16】Hanoi 塔问题。

古代某寺庙有一座塔，塔内有三个柱子 A、B 和 C，共有 64 个大小不等中心有圆孔的金盘套在柱子 A 上，金盘按照大盘在下小盘在上的顺序依次排列。僧侣们有一项工作，即把这 64 个金盘从柱子 A 移动到柱子 C 上，但一次只能搬动一个金盘，搬动的金盘只允许放在其他两个柱子上，且在任何时候，任何针上的圆盘都必须保持大盘在下，小盘在上。现要求用 C 语言编程，求搬动步骤。

算法分析：设 A 上有 n 个盘子。

（1）如果 n=1，则将圆盘从 A 直接移动到 C。

（2）如果 n=2，则：

① 将 A 上的 n-1（等于 1）个圆盘移到 B 上；

② 再将 A 上的一个圆盘移到 C 上；

③ 最后将 B 上的 n-1（等于 1）个圆盘移到 C 上。

（3）如果 n=3，则：

① 将 A 上的 n-1（等于 2，令其为 n`）个圆盘移到 B（借助于 C），步骤如下：

- 将 A 上的 n-1（等于 1）个圆盘移到 C 上。
- 将 A 上的一个圆盘移到 B。
- 将 C 上的 n-1（等于 1）个圆盘移到 B。

② 将 A 上的一个圆盘移到 C。

③ 将 B 上的 n-1（等于 2，令其为 n）个圆盘移到 C（借助 A），步骤如下：

- 将 B 上的 n-1（等于 1）个圆盘移到 A。
- 将 B 上的一个盘子移到 C。
- 将 A 上的 n-1（等于 1）个圆盘移到 C。

至此，完成了三个圆盘的移动过程。

从上面分析可以看出，当 n 大于等于 2 时，移动的过程可分解为三个步骤：

第一步：把 A 上的 n-1 个圆盘移到 B 上；

第二步：把 A 上的一个圆盘移到 C 上；

第三步：把 B 上的 n-1 个圆盘移到 C 上。

其中，第一步和第三步是类同的。

当 n=3 时，第一步和第三步又分解为类同的三步，即把 n-1 个圆盘从一个针移到另一个针上，这里的 n=n-1。显然这是一个递归过程，据此算法有源程序：

```
#include <stdio.h>
void hanoi(int n,char one,char two,char three); // 对 hanoi()函数的声明
void main()
```

```
{
    int m;
    printf("input the number of diskes:");
    scanf("%d",&m);
    printf("The step to moving %d diskes:\n",m);
    hanoi(m,'A','B','C');
}
//定义hanoi()函数,将n个圆盘从one座借助two座，移到three座
void hanoi(int n,char one,char two,char three)
{
    void move(char x,char y);      //对move()函数的声明
    if(n==1)
        move(one,three);
    else
    {
        hanoi(n-1,one,three,two);
        move(one,three);
        hanoi(n-1,two,one,three);
    }
}
// 定义move()函数
void move(char x,char y)
{
    printf("%c→%c\n",x,y);
}
```

从程序中可以看出，hanoi()函数是一个递归函数，它有4个形参n、x、y、z，其中n表示圆盘数，x、y、z分别代表三根柱子，它的功能是把x上的n个圆盘移动到z上。当n==1时，直接把x上的圆盘移至z上，输出x→z。如n!=1则分为三步：递归调用hanoi()函数，把n−1个圆盘从x移到y；输出x→z；递归调用hanoi()函数，把n−1个圆盘从y移到z。在递归调用过程中n=n−1，故n的值逐次递减，最后n=1时，终止递归，逐层返回。当n=3时程序运行的结果为：

```
input the number of diskes:3↙
The step to moving 3 diskes:
A→C
A→B
C→B
A→C
B→A
B→C
A→C
```

7.4　变量的作用域和存储方法

在程序中，变量定义在什么位置？一个已定义的变量是否随处可用？这就牵涉到变量的作用域问题。经过赋值的变量是否在程序运行期间一直能保持其值？这就牵涉到变量的生存期问题。本小节将对这两个问题进行详细讨论。

7.4.1　局部变量和全局变量

变量在程序中可以被访问的有效范围称为变量的作用域。C语言中的变量按作用域范围可

分为两种，即局部变量和全局变量。

1. 局部变量

局部变量又称内部变量，它是在函数内部或复合语句内部定义声明的变量。其作用域仅限于声明它的函数或复合语句范围内，也就是说只能在声明它的函数或复合语句内使用，出了这个范围，局部变量就不再有效。

例如：

```
int f1(int a)
{
    int b, c;
    …
} //a,b,c有效
int f2(int x)
{
    int y, z;
    …
}//x,y,z有效
void main()
{
    int x,c;
    …
    {
        int o;
        …
    }//o有效
    …
}//x,c有效
```

在函数 f1()内定义了三个变量，a 为形参，b 与 c 为一般变量。在 f1()的范围内 a、b、c 有效，或者说 a、b、c 变量的作用域限于 f1()内。同理，x、y、z 的作用域限于 f2()内。x、c 的作用域限于 main()函数内。在 main()函数复合语句中定义的变量 o，它的作用域限于复合语句内。

关于局部变量的作用域应该注意以下几点：

（1）形参变量与实参变量范围不同。形参变量是属于被调函数的局部变量，实参变量是属于主调函数的局部变量。

（2）局部变量可以同名。允许在不同的函数中使用相同的变量名，它们代表不同的对象，分配不同的单元，互不干扰，也不会发生混淆。

（3）主函数中定义的变量也只能在主函数中使用，不能在其他函数中使用。同时，主函数中也不能使用其他函数中定义的变量。因为主函数也是一个函数，它与其他函数是平行关系。

（4）在复合语句中也可定义变量，其作用域只在复合语句范围内。

【例 7-17】局部变量实例。

```
#include <stdio.h>
int main()
{
    int i=2,j=3,k;
    k=i+j;
    printf("%d\n",k);
    {
```

```
        int k=8;
        printf("%d\n",k);
        printf("%d\n",i);
    }
    printf("%d\n",k);
    return 0;
}
```

本程序在 main()函数中定义了 i、j、k 三个变量。而在复合语句内又定义了一个变量 k，并赋初值为 8。应该注意这两个 k 不是同一个变量。在复合语句外由 main()函数定义的 k 起作用，而在复合语句内则由在复合语句内定义的 k 起作用。因此，程序第 6 行的 k 为 main()函数所定义，其值应为 5。第 9 行输出 k 值，该行在复合语句内，由复合语句内定义的 k 起作用，其初值为 8，故输出值为 8，第 10 行输出 i 值。i 是在整个程序中有效的，第 4 行对 i 赋值为 2，故输出也为 2。而第 12 行已在复合语句之外，输出的 k 应为 main()函数所定义的 k，此 k 值由第 4 行已获得为 5，故输出也为 5。故程序的运行结果为：

```
5
8
2
5
```

2. 全局变量

全局变量又称外部变量，它是在函数外部定义的变量。它不属于任何一个函数，它属于一个源程序文件。其作用域是整个源程序。在函数中使用全局变量，一般应作全局变量说明。只有在函数内经过说明的全局变量才能使用。全局变量的说明符为 extern。但在一个函数之前定义的全局变量，在该函数内使用可不再加以说明。

例如：

```
int a,b;              /*外部变量*/
void f1()             /*函数 f1()*/
{
      …
}
float x,y;            /*外部变量*/
int f2()              /*函数 f2()*/
{
      …
}
void main()           /*主函数*/
{
      …
}
```

从上例可以看出，a、b、x、y 都是在函数外部定义的外部变量，都是全局变量。但 x、y 定义在函数 f1()之后，而在 f1()内又无对 x、y 的说明，所以它们在 f1()内无效，若要在 f1()内访问，则应该说明，说明语句为：extern float x,y;。a、b 定义在源程序最前面，因此在 f1()、f2()及 main 内不加说明也可使用。

【例 7-18】分析程序运行结果。

```
#include <stdio.h>
int x=3,y=5,z=13;                //x,y,z 全局变量，作用范围到文件结束处
```

```
int fun(int x,int y)            //x,y局部变量
{
   int z=3;                     //z局部变量
   return x*y-z;
}
void main()
{
   int x=5,y=7;                 //局部变量
   printf("%d",fun(x,y)%z);
}
```

程序分析：

（1）第2行，定义三个全局变量x、y、z，并分别赋初值。

（2）第3行开始定义函数fun()，x、y是形参，z是一般变量，所以x、y、z都是局部变量。函数fun()中的x、y、z不是全局变量，因为外部的全局变量x、y、z与fun()函数中的局部变量x、y、z同名，因作用域大的全局变量被作用域小的同名局部变量“屏蔽”了，故全局变量x、y、z在fun()函数内不起作用。在函数fun()中的形参x、y的值由main()函数中的实参传递过来，而变量z则是fun()的局部变量，值为3。

（3）最后5行是main()函数的定义。它定义了局部变量x、y，全局变量x、y在main()函数中不起作用，而全局变量z在main()函数中有效。因此，printf()函数中的fun(x,y)%z相当于fun(5,7) %13。所以程序运行的结果为(5*7-3)%13得6。

关于全局变量应该注意以下几点：

（1）全局变量是在编译时分配存储空间的，并在程序的全部执行过程中都占用存储单元。

（2）如果同一个源文件中，全局变量与局部变量同名，则在局部变量的作用范围内，全局变量被“屏蔽”，暂时不起作用。

（3）由于在同一个文件中所有的函数都能访问全局变量的值，因此如果一个函数改变了某全局变量的值，则会影响到其他函数，从而降低了程序的可靠性和通用性，也会降低程序的清晰度。所以在非必要时不使用全局变量。

7.4.2 变量的存储方法

变量是程序中数据的传递者。在C语言中，每个变量具有两种属性：操作属性和存储类别。操作属性是指数据的类型，存储类别是指数据的存储位置和时间。变量在内存中占据存储空间的时间称为变量的生存期。

1. 动态存储方式与静态动态存储方式

前面已经介绍了，从变量的作用域（即从空间）角度来分，可以分为全局变量和局部变量。

从另一个角度，从变量值存在的作时间（即生存期）角度来分，可以分为静态存储方式和动态存储方式。具体包含4种：自动的（auto）、静态的（static）、寄存器的（register）和外部的（extern）。

变量定义的一般形式为：

```
存储类别 数据类型 变量名1,变量名2,…,变量名n;
```

存储类别取auto、static、register和extern中的一种。

所谓静态存储方式是指在程序运行期间分配固定的存储空间的方式。而动态存储方式是在程序运行期间根据需要进行动态地分配存储空间的方式，此动态地分配与释放仍由编译系

统完成。

用户存储空间（即用户区）可以分为 4 部分：程序区、静态存储区、栈区和堆区，如图 1-7-6 所示。

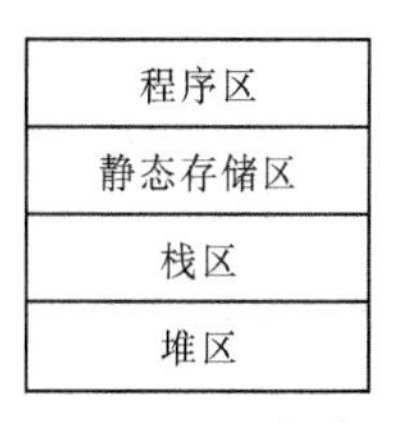

图 1-7-6　用户存储空间

而静态存储区、栈区和堆区合成用户数据存储区。全局变量全部存放在静态存储区，在程序编译时给全局变量分配存储空间，程序执行完毕就释放。在程序执行过程中它们占据固定的存储单元，而不动态地进行分配和释放。

栈区又称动态存储区，可以存放以下数据：

（1）函数形式参数，在调用函数时给形参分配的存储空间。

（2）自动变量（未加 static 声明的局部变量）。

（3）函数调用实的现场保护和返回地址。

对以上这些数据，在函数开始调用时分配存储空间，函数结束时释放这些空间。

堆区的相关介绍请参看指针相关章节。

2. 自动变量 auto

函数内部或复合语句中的局部变量，如果没有指定存储类别，或使用 auto 说明符，则系统认为所定义的变量具有自动类别，自动类型的数据存储在动态存储区中。函数中的形参和在函数中定义的变量（包括在复合语句中定义的变量），都属此类，在调用该函数时系统会给它们分配存储空间，在函数调用结束时就自动释放这些存储空间。这类局部变量称为自动变量。自动变量用关键字 auto 作存储类别的声明。auto 可以省略。

例如：

```
auto int b,c=3;
```

等价于

```
int b,c=3;
```

本书 7.4 节前的所有例题中定义的变量都属于此类变量。

自动变量具有以下特点：

（1）内存分配：调用函数或执行复合语句时在动态存储区为其分配存储单元，函数或复合语句执行结束，即刻释放所占内存空间。

（2）变量的初值：定义变量时若没有赋初值，则变量的初值是不确定的；如果赋初值，则每次函数调用都执行一次赋初值操作。

（3）生存期：自动变量的存储单元是在程序执行进入到这些变量所在的函数体（或复合语句）时分配的，退出其所在函数（或复合语句）时释放。所以，自动变量的生存期就是函数或复合语句的执行时间。

（4）作用域：从变量定义位置到函数（或复合语句）结束。

3. 静态局部变量 static

有时希望函数中的局部变量的值在函数调用结束后不消失而保留原值，这时就应该指定局部变量为“静态局部变量”，用关键字 static 进行声明。

【例 7-19】打印 1～6 的阶乘值。

```
#include <stdio.h>
int fun(int n)
{
```

```
    static int d=1;
    d=d*n;
    return(d);
}
int main()
{
    int i;
    for(i=1;i<=6;i++)
    {
        printf("%d!=%d\n",i,fun(i));
    }
    return 0;
}
```

在 fun()函数中首先定义了一个静态整型变量 d，并赋初值为 1（只在 fun()函数被第一次调用时赋初值），再计算 d 与 n 的乘积，并将结果存入 d 中，返回 d 的值。在主函数中，有一个循环语句，其作用是循环调用 fun()函数，并输出函数的返回值。当循环控制变量 i 为 1 时，函数返回值为 1；当循环控制变量 i 为 2 时，第二次调用 fun()函数，静态变量 d 保留上一回的值 1，与形参 n（即实参 i 的值）相乘结果 d 为 2，函数返回值为 2；当循环控制变量 i 为 3 时，第三次调用 fun()函数，静态变量 d 保留上一回的值 2，与形参 n（即实参 i 的值）相乘结果 d 为 6，函数返回值为 6；当循环控制变量 i 为 4 时，第四次调用 fun()函数，静态变量 d 保留上一回的值 6，与形参 n（即实参 i 的值）相乘结果 d 为 24，函数返回值为 24；当循环控制变量 i 为 5 时，第五次调用 fun()函数，静态变量 d 保留上一回的值 24，与形参 n（即实参 i 的值）相乘结果 d 为 120，函数返回值为 120；当循环控制变量 i 为 6 时，第六次调用 fun()函数，静态变量 d 保留上一回的值 120，与形参 n（即实参 i 的值）相乘结果 d 为 720，函数返回值为 720。因此，程序的运行结果为：

```
1!=1
2!=2
3!=6
4!=24
5!=120
6!=720
```

自动变量是局部变量，静态局部变量也是局部变量的一种，但两者之间还是有明显的区别的，主要体现在以下三点：

（1）内存分配：静态局部变量属于静态存储类别，在静态存储区内分配存储单元。在程序整个运行期间都不释放。而自动变量（即动态局部变量）属于动态存储类别，占动态存储区的空间，函数调用结束后即释放。

（2）赋初值：静态局部变量在编译时赋初值，即只赋初值一次；而对自动变量赋初值是在函数调用时进行，每调用一次函数重新给一次初值，相当于执行一次赋值语句。

（3）如果在定义局部变量时不赋初值的话，则对静态局部变量来说，编译时自动赋初值 0（对数值型变量）或空字符（对字符变量）。而对自动变量来说，如果不赋初值则它的值是一个不确定的值。

4. 寄存器变量 register

为了提高效率，C 语言允许将局部变量的值放在 CPU 中的寄存器中，这种变量叫“寄存器变量”，用关键字 register 作声明。受寄存器长度的限制，寄存器变量只能是 char、int 和指针类型的变量。

只有函数内定义的变量或形参可以定义为寄存器变量，寄存器变量也是自动类变量。它与 auto 变量的区别在于：用 register 说明的变量是建议编译程序将变量的值保留在 CPU 的寄存器中，而不是像一般变量那样占用内存。程序运行时，访问存于寄存器内的值要比访问内存中的值要快得多。因此，当程序对运行速度要求较高时，可把那些频繁引用的少数变量指定为 register 变量，有助于提高程序的运行速度。

【例 7-20】 寄存器变量的使用。

```
#include <stdio.h>
int main()
{
    register int i,s=0;
    for(i=1;i<=1000;i++)
    {
        s+=i;
    }
    printf("s=%d\n",s);
    return 0;
}
```

程序运行结果为：

```
s=500500
```

在函数中，用作循环控制变量的 i 与存放累加和的 s（均被频繁访问到）被定义为 register 变量，以便加快求值速度。

说明：

（1）CPU 中的寄存器数目是有限的，只能定义少量寄存器变量，不能定义任意多个寄存器变量。当没有足够的寄存器用来存放指定的变量时，编译系统将其按自动变量来处理。

（2）由于寄存器变量是存放在寄存器中的，所有寄存器变量没有内存地址，故不能对其求地址运算。

（3）只有局部自动变量和形式参数可以作为寄存器变量；静态局部变量不能定义为寄存器变量。

5. 全局变量 extern

全局变量（即外部变量）是在函数的外部定义的，它的作用域为从变量定义处开始，到本程序文件的末尾。

（1）如果外部变量不在文件的开头定义，其有效的作用范围只限于定义处到文件末尾。如果在定义处之前的函数想引用该外部变量，则应该在引用之前用关键字 extern 对该变量作“外部变量声明”。表示该变量是一个已经定义的外部变量。有了此声明，就可以从“声明”处起，合法地使用该外部变量。

【例 7-21】 用 extern 声明外部变量，扩展程序文件中的作用域。

```
#include <stdio.h>
int max(int x,int y)
{
    int z;
    z=x>y?x:y;
    return z;
}
int main()
```

```
{
    extern int A,B;
    printf("%d\n",max(A,B));
    return 0;
}
int A=13, B=-8;
```

程序运行结果为：

```
13
```

在本程序文件的最后一行定义了外部变量A、B，但由于外部变量定义的位置在函数main()之后，因此本来在main()函数中不能访问外部变量A、B。现在main()函数中用extern对A和B进行“外部变量声明”，就可以从“声明”处起，合法地使用该外部变量A和B。

（2）若在源程序的两个文件中出现同名全局变量，这样程序在运行时就会相互干扰而出错。为了解决这一问题，适当限制全局变量的作用域，就出现了静态全局变量。静态外部变量的作用域局限在当前源程序文件（而不是程序集）。这种变量是外部变量（定义在函数之外），定义时类似一般的全局变量的定义方法，只是需要在前面加上关键字static。

这里的static与前面提到的静态局部变量的意义不同。在静态局部变量中static的意义是全程存在，一次初始化；而静态全局变量中static的意义是只在其定义的源文件里有效，在其他的源文件里无效。

全局变量具有以下几个特点：

（1）内存分配：编译时，为其在静态存储区分配空间，程序运行结束时释放存储单元。

（2）变量的初值：若定义变量时没有赋初值，在编译时系统自动赋初值为0。

（3）生存期：整个程序的执行期间。

（4）作用域：从变量定义处到本文件结束。此外可以用extern来进行声明，扩展作用域。

7.5 预处理命令

在本篇前面章节中，已多次使用过以“#”开头的预处理命令（又称编译预处理行）。如包含命令#include，宏定义命令#define等。在源程序中这些命令都放在函数之外，而且一般都放在源文件的前面，它们称为编译预处理部分。这些“#”开头的命令都是ANSI C统一规定的，不是C语言本身的组成部分，更不是C语句。

在C语言中，编译预处理是指在进行编译的第一遍扫描（词法扫描和语法分析）之前所做的工作。预处理是C语言的一个重要功能，它由预处理程序负责完成。当对一个源文件进行编译时，系统将自动引用预处理程序对源程序中的预处理部分作处理，处理完毕自动进入对源程序的编译。

C语言的预处理功能主要有宏定义、文件包含和条件编译。

7.5.1 宏定义

在C语言源程序中允许用一个标识符来表示一个字符串，称为“宏”。被定义为“宏”的标识符称为“宏名”。在编译预处理时，对程序中所有出现的“宏名”，都用宏定义中的字符串去代换，这称为“宏替换”或“宏展开”。

宏定义是由源程序中的宏定义命令完成的。宏替换是由预处理程序自动完成的。

在C语言中，“宏”分为有参数和无参数两种。下面分别讨论这两种“宏”的定义和调用。

1. 不带参数的宏定义

（1）不带参数的宏定义的格式

不带参数的宏定义的宏名后不带参数，其定义的一般形式为：

```
#define  宏名 替换文本
```

其中，“#”表示这是一条预处理命令，define 为宏定义命令。宏名为所定义的宏名，通常用大写字母命名，以便于常量相区别。替换文本可以是常数、表达式、格式串等。

在前面介绍过的符号常量的定义就是一种无参宏定义。此外，常对程序中反复使用的表达式进行宏定义。

例如：

```
#define M (y*y+3*y)
```

它的作用是指定标识符 M 来代替表达式(y*y+3*y)。在编写源程序时，所有的(y*y+3*y)都可由 M 代替，而对源程序作编译时，将先由预处理程序进行宏替换，即用(y*y+3*y)表达式去置换所有的宏名 M，然后再进行编译。

【例 7-22】不带参数的宏定义实例。

```
#include<stdio.h>
#define M (y*y+3*y)
int main()
{
    int s,y;
    printf("input a number: ");
    scanf("%d",&y);
    s=3*M+4*M;
    printf("s=%d\n",s);
    return 0;
}
```

程序运行结果为：

```
input a number: 3↙
s=126
```

程序中首先进行宏定义，定义 M 来替代表达式(y*y+3*y)，在 s=3*M+4*M 中作了宏调用。在预处理时经宏展开后该语句变为：

```
s=3*(y*y+3*y)+4*(y*y+3*y);
```

但要注意的是，在宏定义中表达式(y*y+3*y)两边的括号不能少。否则会发生错误。如当作以下定义后：

```
#difine M y*y+3*y
```

在宏展开时将得到下述语句：

```
s=3*y*y+3*y+4*y*y+3*y;
```

显然与原题意要求不符。计算结果当然是错误的。因此，在使用宏定义时必须十分注意。应保证在宏代换之后不发生错误。

（2）对于宏定义的几点声明

① 在#define、宏名、替换文本三者之间用空格隔开。

② 在 C 程序中，宏定义的定义位置一般在程序的开头。

③ 宏定义不是说明或语句，在行末不必加分号，如加上分号则连分号也一起置换。

④ 宏定义必须写在函数之外，其作用域为宏定义命令起到源程序结束。如要终止其作用

域可使用#undef命令。

⑤ 宏定义是用宏名来表示一个字符串，在宏展开时又以该字符串取代宏名，这只是一种简单的代换，字符串中可以含任何字符，可以是常数，也可以是表达式，预处理程序对它不作任何检查。如有错误，只能在编译已被宏展开后的源程序时发现。

⑥ 宏名在源程序中若用引号括起来，则预处理程序不对其作宏替换。

⑦ 可用宏定义表示数据类型，使书写方便。如#define DB double，这样在程序中可用 DB 替换数据类型 double。

2. 带参数宏定义

（1）带参数的宏定义的格式

C 语言允许宏带有参数。在宏定义中的参数称为形式参数，在宏调用中的参数称为实际参数。对于带参数的宏，在调用中不仅要宏展开，而且要用实参去代换形参。

带参宏定义的一般形式为：

```
#define  宏名(形参表)  替换文本
```

带参数宏调用的一般形式为：

```
宏名(实参表);
```

例如：

```
 #define M(y) y*y+3*y        //宏定义
 k=M(5);                     //宏调用
```

在宏调用时，用实参 5 去代替形参 y，经预处理宏展开后的语句为：

```
k=5*5+3*5
```

【例 7-23】 带参数的宏定义实例。

```
#include <stdio.h>
#define MAX(a,b)  (a>b)?a:b
int main()
{
    int x,y,max;
    printf("input two numbers: ");
    scanf("%d%d",&x,&y);
    max=MAX(x,y);
    printf("max=%d\n",max);
    return 0;
}
```

程序运行结果为：

```
input two numbers: 23 45↙
max=45
```

上例程序的第 2 行进行带参宏定义，用宏名 MAX 表示条件表达式(a>b)?a:b，形参 a、b 均出现在条件表达式中。程序第 8 行 max=MAX(x,y)为宏调用，实参 x、y 将替换形参 a、b。宏展开后该语句为：

```
max=(x>y)?x:y;
```

（2）带参的宏定义的几点说明

① 带参数的宏定义中，宏名和形参表左圆括号之间不能有空格出现。否则，编译系统会把空格以后的所有字符均看做替换文本，而将该宏视为无参宏。各形参之间用逗号隔开。

② 在带参宏定义中，形式参数不分配内存单元，因此不必作类型定义。而宏调用中的实参有具体的值。要用它们去代换形参，因此必须作类型说明。这是与函数中的情况不同的。在

函数中，形参和实参是两个不同的量，各有自己的作用域，调用时要把实参值赋予形参，进行“值传递”。而在带参宏中，只是符号代换，不存在值传递的问题。

③ 在宏定义中的形参是标识符，而宏调用中的实参可以是表达式。

（3）带参的宏与带参函数的区别

① 在函数调用时，是先求出实参表达式的值，再传递给形参。而宏定义中只是简单的替换。

② 函数调用是在程序运行过程中处理的，并分配存储单元。而宏展开（调用）是在编译预处理阶段进行的，展开时不分配内存单元，不进行值传递，没有返回值的概念。

③ 对函数的实参与形参都要定义类型，而宏不存在类型，宏定义时的替换文本可以是任何类型的数据，宏名也没有类型，只是一个符号。

④ 定义带参数的宏，可以实现一些简单的函数功能，如例 7-23 所示。

7.5.2 文件包含

文件包含是 C 预处理程序的另一个重要功能。它是指一个文件将另一个文件的全部内容包含进来。C 语言用预处理命令#include 行来实现文件包含的功能。

文件包含命令行的一般形式为：

```
#include <文件名>
```

或

```
#include "文件名"
```

两种格式的区别在于：使用尖括号表示在包含文件目录中去查找（包含目录是由用户在设置环境时设置的），而不在源文件所在目录去查找；使用双引号则表示首先在当前的源文件目录中查找，若未找到才到包含文件目录中去查找。用户编程时可根据自己文件所在的目录来选择某一种命令形式。

文件包含命令的功能是把指定的文件插入该命令行位置取代该命令行，从而把指定的文件和当前的源程序文件连成一个源文件。

在程序设计中，文件包含是很有用的。一个大的程序可以分为多个模块，由多个程序员分别编程。有了文件包含预处理功能，就可以将多个模块共用的数据（如符号常量或宏定义、数据结构）或函数集中到一个独立文件中。这样，凡是要使用这其中的某些数据或调用某个函数，只要使用包含命令包含该文件即可使用。这样，可避免在每个文件开头都去书写那些公用量，从而节省时间，减少重复劳动，并减少出错。

但一个#include 命令只能指定一个被包含文件，若有多个文件要包含，则需用多个#include 命令。文件包含允许嵌套，即在一个被包含的文件中又可以包含另一个文件。

【例 7-24】文件包含实例。

```
//file1.c 中的内容
#include <stdio.h>
#include "file2.c"
void  main()
{
   printf("in file1\n");
   printf("file2 include\n");
   fun();            //在 file2.c 中定义的函数
}
```

```
//file2.c 中的内容
void  fun()
{
   printf("in file2\n");
}
```

程序运行结果为:

```
in file1
file2 include
in file2
```

7.5.3 条件编译

条件编译也是一种预处理形式。它允许只编译源程序中满足条件的程序段，即可以按不同的条件去编译不同的程序部分，因而产生不同的目标代码文件。这对于程序的移植和调试是很有用的，被广泛应用在商业软件中，为一个程序提供各种不同的版本。

经常使用的条件编译有三种形式，下面分别介绍：

1. 第一种形式

```
#ifdef  标识符
   程序段 1
[#else
   程序段 2]
#endif
```

它的功能是，如果标识符已被#define 命令定义过，则对程序段 1 进行编译；否则对程序段 2 进行编译。本格式中的“[]”括起来的内容可以没有，即可以写为:

```
#ifdef  标识符
   程序段
#endif
```

2. 第二种形式

```
#ifndef 标识符
   程序段 1
#else
   程序段 2
#endif
```

与第一种形式的区别是将 ifdef 改为 ifndef。它的功能是，如果标识符未被#define 命令定义过，则对程序段 1 进行编译，否则对程序段 2 进行编译。这与第一种形式的功能正好相反。

3. 第三种形式:

```
#if 常量表达式
   程序段 1
#else
   程序段 2
#endif
```

它的功能是，如果常量表达式的值为真（非 0），则对程序段 1 进行编译，否则对程序段 2 进行编译。因此，可以使程序在不同条件下，完成不同的功能。

【例 7-25】条件编译的使用实例。

```
#include <stdio.h>
#define PI 3.14159
```

```
void main()
{
    float r,s;
    printf("input a number:  ");
    scanf("%f",&r);
    #ifdef PI
        s=PI*r*r;
    #else
        s=3.14*r*r;
    #endif
        printf("area of square is: %f\n", s);
}
```

上面介绍的条件编译当然也可以用条件语句来实现。但是用条件语句将会对整个源程序进行编译，生成的目标代码程序很长。而采用条件编译，则根据条件只编译其中的程序段 1 或程序段 2，生成的目标程序较短。如果条件选择的程序段很长，采用条件编译的方法是十分必要的。

7.6 函数应用举例

【例 7-26】编程实现，输出图 1-7-7 所示的由 8 行星号所构成的等腰三角形。

图 1-7-7 等腰三角形

解题思路：观察图形，由第 2～8 行看出，星号之间有空格，所以每行间隔输出星号与空格。每行第一个星号之前又有若干空格，随着行数的增加，空格数逐渐减少。所以利用外循环控制行数，循环体中先循环输出每行第一个星号之前的空格，再循环输出若干星号与空格的组合。

源程序：

```
#include <stdio.h>
void star(int);                    //函数原型声明
void main()
{
    star(8);                       //函数调用
}
void star(int n)                   //函数定义
{
    int i,j;
    for(i=1;i<=n;i++)
    {
        for(j=1;j<=n-i;j++)
            printf(" ");           //输出一个空格
        for(j=1;j<=i;j++)
            printf("%c ",'*');     //%c之后有一个空格
        putchar('\n');
    }
}
```

程序运行结果如图 1-7-7 所示。

【例 7-27】输入圆的半径，求圆的面积，area = $\pi \times r^2$。要求定义和调用函数 circle(r)计算

圆的面积。

源程序：

```
#include <stdio.h>
double circle(double r)
{
    double result;
    result=3.14159*r*r;
    return result;
}
void main()
{
    double radius,area;
    double circle(double r);
    printf("请输入半径: ");
    scanf("%lf",&radius);
    area=circle(radius);
    printf("%f\n",area);
}
```

【例 7-28】给定某个年份，求出此年二月份的天数。要求编写判断闰年的函数及计算二月份天数的函数。

源程序：

```
#include <stdio.h>
int isleapyear(int year)        //定义判断闰年的函数
{
    return(year%4==0&&year%100!=0||year%400==0);
}
int febdays(int year)           //计算二月份天数
{
    return isleapyear(year)?29:28;
}
void main()
{
    int year;
    printf("请输入一个年份: ");
    scanf("%d",&year);
    printf("%d 年 2 月的天数是%d 天\n",year,febdays(year));
}
```

【例 7-29】将数组的元素逆序存储。

要求在操作时不能借助另一个数组，只能借助一个临时存储单元。

解题思路：逆序存储的意思是第一个和最后一个对换存储位置，第二个和倒数第二个对换存储位置，……，所以可以用两个变量分别记录从头开始的下标，和从尾开始的下标。若用 i 表示头起的下标，j 表示尾起的下标，则 i 和 j 的初值分别为 0 和 n-1（n 为数组长度），下标的变化分别为 i++和 j--。直到 i 与 j 来到数组的中间位置为止，即循环的条件应定为 i<j。

源程序：

```
#include <stdio.h>
void reverse(int a[],int n);
void main()
```

```
{
    int a[10]={1,2,3,4,5,6,7,8,9,0};
    int i;
    printf("before reverse\n");
    for(i=0;i<10;i++)
    {
        printf("%4d",a[i]);
    }
    printf("\n");
    reverse(a,10);
    printf("after reverse\n");
    for(i=0;i<10;i++)
    {
        printf("%4d",a[i]);
    }
    printf("\n");
}
void reverse(int a[],int n)
{
    int i,j,temp;
    for(i=0,j=n-1;i<j;i++,j--)
    {
        temp=a[i];
        a[i]=a[j];
        a[j]=temp;
    }
}
```

程序运行结果为：

```
before reverse
   1   2   3   4   5   6   7   8   9   0
after reverse
   0   9   8   7   6   5   4   3   2   1
```

【例 7-30】在一个已排序的整型数组中插入一个整数。

解题思路：为了把一个数按大小插入到已排序的数组中，应首先确定排序是从大到小还是从小到大进行的。设排序是从大到小排序的，则可把欲插入的数与数组中各个数逐个比较，当找到第一个比插入数小的元素 p 时，该元素所在位置即为插入位置；再将数组从最后一个元素到该元素为止，依次逐个后移一个位置；最后把欲插入的数存入原 p 所在位置即可。如果欲插入数比所有的元素值都小，则在所有数的末尾插入。

源程序：

```
#include <stdio.h>
void insert(int b[],int n,int x)
                              //将 x 插入到已有 n 个元素并按从大到小排序的数组 b 中
{
    int i,j;
    for(i=0;i<n;i++)          //遍历数组
    {
        if(x>b[i])            //满足条件则找到插入位置
        {
```

```
            for(j=n-1;j>=i;j--)
            {
               b[j+1]=b[j];       //后移一个位置
            }
            break;
         }
      }
      b[i]=x;                     //插入 x
   }
   void main()
   {
      int a[12]={189,124,121,100,89,56,34,23,10,5};//10 个数从大到小
      int i,n=10;                 //插入前数组中存有 10 个元素
      int x;

      printf("before insert\n");
      for(i=0;i<n;i++)
      {
         printf("%4d",a[i]);
      }
      printf("\nplease input a number: ");
      scanf("%d",&x);             //输入欲插入的数，存在 x 中

      insert(a,n,x);
      n=n+1;                      //数组元素个数加 1

      printf("after insert\n");
      for(i=0;i<n;i++)
      {
         printf("%4d",a[i]);
      }
      printf("\n");
   }
```

程序运行结果为：

```
before insert
 189 124 121 100  89  56  34  23  10   5
please input a number: 67↙
after insert
 189 124 121 100  89  67  56  34  23  10   5
```

不难看出，上述程序中 insert()函数的时间复杂度为 $O(n^2)$。现在考虑换一种算法来实现插入操作。假设排序是从大到小排序的，倒序遍历数组元素，依次与欲插入的数与进行比较，只要比插入数 x 小，则将该元素后移一个位置；若出现某数组元素的值不小于插入数 x，则找到插入位置，即为该数组元素下标加 1。最后把欲插入的数 x 存入找到的插入位置即可。即使欲插入数比所有的元素值都大，上述算法也同样适用。此算法对应的 insert()函数如下所示：

```
   void insert(int b[],int n,int x)
                              //将 x 插入到已有 n 个元素并按从大到小排序的数组 b 中
   {
      int i;
      for(i=n-1;i>=0;i--)         //倒序遍历数组
```

```
    {
        if(x>b[i])                  //满足条件则后移一个位置
            b[i+1]=b[i];
        else
            break;                  //第一个不满足条件的位置为 i，而插入位置为 i+1
    }
    b[i+1]=x;                       //插入 x
}
```

此例中的 insert()函数的时间复杂度为 $O(n)$，明显优于上述 insert()函数。

小　　结

（1）关于函数

C 语言中关于函数的定义形式为：

```
类型标识符 函数名( 类型名形式参数名 1,类型名形式参数名 2,…)
{
    定义部分
    语句部分
}
```

函数原型声明仅仅是对编译系统的说明，不含具体的执行动作。在程序中，函数的定义只能有一次，但函数的原型声明可以有多次。函数原型声明的形式有以下两种形式：

```
类型标识符 函数名(类型名 1 参数名 1,类型名 2 参数名 2,类型名 3 参数名 3,…);
类型标识符 函数名(类型名 1,类型名 2,类型名 3,…);
```

函数不允许嵌套定义，但允许嵌套调用，还可以递归调用。函数调用的形式为：

```
函数名(实参 1,实参 2,…)
```

调用函数时要注意实参与形参个数相同、类型一致（或赋值兼容）。数据传递的方式是从实参到形参的单向传递。

在调用一个函数的过程中，又调用另一个函数，称为函数的嵌套调用。可以有多层的嵌套调用。在调用一个函数的过程中又出现直接或间接地调用该函数本身，称为函数的递归调用。C 语言的特点之一就在于允许函数递归调用。要注意分析与区分函数的嵌套调用和函数的递归调用。

用数组元素作为函数实参，其用法与用普通变量作为实参时相同，向形参传递的是数组元素的值。用数据名作为函数实参，向形参传递的是数组首元素的地址，而不是数组全部元素的值。如果形参也是数组名，则形参数组首元素与实参数组首元素具有同一地址，两个数组共占同一段内存空间。利用这一特性，可以在调用函数期间改变形参数组元素的值，从而改变实参数组元素的值。

（2）关于变量作用域和存储方法

从变量的作用域角度来分，有局部变量和全局变量。它们采用的存储类别如下：

局部变量：
- 自动变量（离开函数，值就消失）
- 静态局部变量（离开函数，值保留）
- 寄存器变量（离开函数，值消失）
- （形式参数可以定义为自动变量或寄存器变量）

全局变量：
- 静态外部变量（仅限本文件引用）
- 外部变量（即非静态的外部变量，允许其他文件引用）

从变量的生存期来分，有动态存储和静态存储两种。静态存储是在程序整个运行期间都存在，而动态存储则是在函数调用时存在。

动态存储：
- 局部变量（本函数内有效）
- 寄存器变量（本函数内有效）
- 形式参数（本函数内有效）

静态存储：
- 静态局部变量（程序整个运行期间都有效）
- 静态外部变量（程序整个运行期间都有效）
- 外部变量（程序整个运行期间都有效）

static对局部变量和全局变量的作用是不同的。对局部变量来说，它使变量有动态存储改为静态存储。而对全局变量来说，它使全局变量局部化（局限于本文件），但仍为静态存储方式从作用域角度来看，static声明的，其作用域都是局部的，或者局限于本函数内（静态局部变量）或局限于本文件内（静态外部变量）。

（3）关于预处理命令

预处理功能是C语言特有的功能，它是在对源程序正式编译前由预处理程序完成的。程序员在程序中用预处理命令来调用这些功能。使用预处理功能便于程序的修改、阅读、移植和调试，也便于实现模块化程序设计。

① 宏定义是用一个标识符来表示一个字符串，这个字符串可以是常量、变量或表达式。在宏调用中将用该字符串替换宏名。宏定义可以带有参数，宏调用时是以实参代换形参。而不是“值传送”。为了避免宏代换时发生错误，宏定义中的字符串应加括号，字符串中出现的形式参数两边也应加括号。

② 文件包含是预处理的一个重要功能，它可用来把多个源文件连接成一个源文件进行编译，结果将生成一个目标文件。

③ 条件编译允许只编译源程序中满足条件的程序段，使生成的目标程序较短，从而减少了内存的开销并提高了程序的效率。

习　　题

1．简答题

（1）设计一个函数需要考虑哪几个方面的问题？

（2）形参与实参的区别是什么？在什么情况下实参的改变会影响到形参？

2．写出下列每个函数的首部

（1）函数hyperfun()有两个float型的参数side1和side2，返回一个float型的结果。

（2）函数smallest()带有三个整型参数x、y、z，返回一个整型结果。

（3）函数IntToFloat()有一个整型参数number，返回一个float型的结果。

3．编程题

（1）输出100以内的素数，要求定义和调用函数prime(n)判断n是否为素数，如果是素数，返回1，否则返回0。

（2）输入10个学生5门课的成绩，分别利用函数实现计算每个学生的平均分；计算每门课的平均分；找出每门课的最高分。

（3）给出年、月、日，利用函数计算该日是该年的第几天。

（4）编写一个递归函数和一个非递归函数，分别实现求 1+2+3+…+n。体会两者的区别。

（5）编写一个函数，求 $f(x)=x^2-5x+4$ 的值。编写主函数调用此函数，求 $y1=2^2-5\times 2+4$，输入 x，计算 $y2=(x+15)^2-5\times(x+15)+4$，$y3=(\sin x)^2-5\times\sin x+4$。

（6）找出 11 ~ 999 之间的数 m，它满足 m、m^2、m^3 均为回文数。所谓回文数是指其各位数字左右对称的整数，例如 121、676、95659 等。满足上述条件的数如 $m=11$，$m^2=121$，$m^3=1331$ 皆为回文数。判断某数是否是回文数的功能利用函数实现。

（7）已知 e^x 可以用下面的公式表示：

$$e^x = 1+\frac{x}{1!}+\frac{x^2}{2!}+\frac{x^3}{3!}+\frac{x^4}{4!}+\dots$$

编写函数求 e^x，要求最后一项不小于 10^{-4}。利用该函数求 e、e^2、$e^{-0.5}$。

第8章 指针及其应用

【本章学习重点】

（1）理解指针的概念，包括什么是指针、指针的表示、指针的赋值和指针的运算。

（2）重点掌握指针在数组方面和函数方面的应用。

本章将向读者介绍C语言的“灵魂”——指针。指针是C语言中最复杂、最重要的一种数据类型。同时，它也是C语言区别于其他程序设计语言的重要特点。指针极大地丰富了C语言的功能。C语言中各种数据类型的变量、数组、函数等都与指针有着密不可分的关系。通过灵活地使用指针，可以得心应手地使用复杂的数据结构，能够有效地使用数组，方便地实现动态内存分配，灵活地驾驭函数，并且还可以像汇编语言一样处理内存地址，从而编出精练而高效的程序。

学习指针是学习C语言中最重要的一环，能否正确理解和使用指针是是否掌握C语言的一个标志。同时，指针也是C语言中最为困难的一部分。指针在打开一扇方便之门的同时，也设置了一个个陷阱。不当地使用指针会使程序错误百出，甚至导致系统崩溃。所谓“入门容易得道难”，在学习中除了充分理解和全面掌握指针的概念和使用特点，还必须要多编程，上机调试。

8.1 地址和指针的概念

在前面的学习中，已提到访问某个变量值的实质是先找到存放这个值的存储单元（地址），然后再找到这个地址中所存储的数据。有了指针这个概念后就可以先使指针变量指向这个变量的地址，然后通过对指针的操作实现对这个变量的操作。引入指针后，可以使程序简洁化、紧凑化和高效化；为函数之间提供了简单而便利的参数传递方法；可以实现动态分配内存；还可以使程序员浏览整个内存空间从而能够改变内存中的数据。

8.1.1 地址的概念

为便于读者理解，首先介绍什么是内存单元的“地址”，数据在内存中是如何存储的，以及数据又是如何从内存中读取的。

1. 内存单元的“地址”

在计算机内存中，往往用一个字节表示一个存储单元，内存为了方便管理，必须为每一个存储单元编号，这个编号就是存储单元的“地址”，如图1-8-1所示。

图中描述了6个内存单元，它们的编号分别为0x1000～0x1005，而0x1000～0x1005就是这6个内存单元的地址。

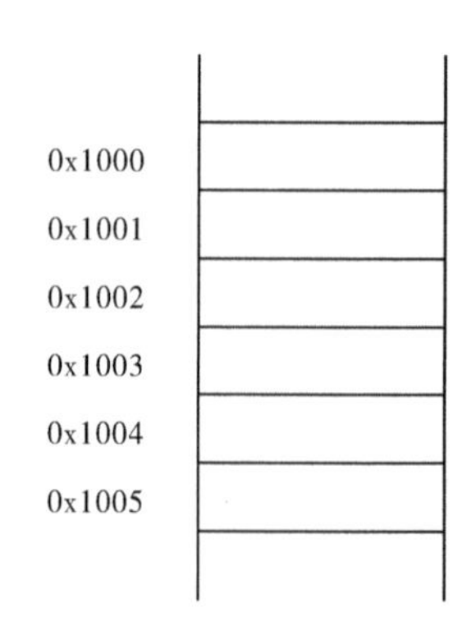

图1-8-1 内存单元的“地址”

内存单元的地址与内存单元中的数据是两个完全不同的概念。就像教学楼中，每一个教室就是内存单元，教室号就是内存单元的“地址”，教室中的人员就是内存单元的内容。

2. 数据在内存中的存储

如果在程序中定义了一个变量，那么编译时系统就为这个变量分配一定数量的内存单元。例如，为一个字符型的变量分配1字节的存储空间，为整型变量分配4字节的存储空间，为单精度型变量分配4字节的存储空间，为双精度型变量分配8字节的存储空间。

【例 8-1】变量在内存中的存储。

```
#include <stdio.h>
void main()
{
    int i;              //定义变量
    char c;
    i=1;                //为变量赋初值
    c='a';
}
```

假设系统从内存起始地址为0x1000开始为变量分配存储空间。则系统为i变量分配的存储空间是地址为0x1000～0x1003的4个字节，存储的值为1。为变量c分配的存储空间为地址0x1004的一个字节，存储的值为'a'对应的ASCII码值。这两个变量在内存中的存储如图1-8-2所示。

C语言又规定，“变量的地址”是指变量占用的存储空间中由小到大的第一个字节的地址。例如，i变量的地址就是0x1000，c变量的地址就是0x1004。

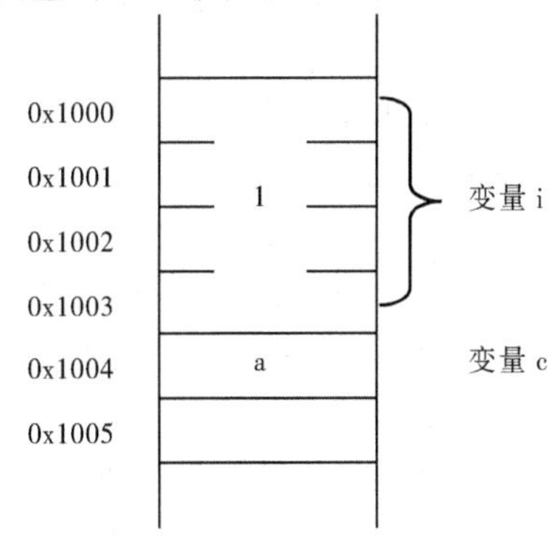

图 1-8-2　变量在内存中的存储

3. 数据从内存中读取的方式

C语言中有两种内存单元的访问（读取）方式，分别是内存单元直接访问和内存单元间接访问。

（1）直接访问：内存单元直接访问是直接根据变量的地址来访问变量的值（即内存中存储的数据）。

例如，语句printf("%d", i);中要访问变量i的值，只需根据变量名与地址对应关系找到变量i的地址0x1000，从0x1000开始的4个字节（由格式控制符%d决定是4个字节）中取出i的值1，然后执行printf()函数。

（2）间接访问：内存单元间接访问就是将变量i的地址存放到另一个变量p中，也就是说，这个变量p（系统也为其分配存储空间）的值是变量i的地址，然后通过变量p来访问变量i的值。

如图 1-8-3 所示，变量 p 的地址是 0x2000，变量 p 的值为 0x1000。例如，执行语句 printf("%d", *p);的过程为：先取得变量 p 的地址 0x2000，再从地址 0x2000 中取得变量 i 的地址 0x1000，最后从地址 0x1000 中取得变量 i 的值 1。

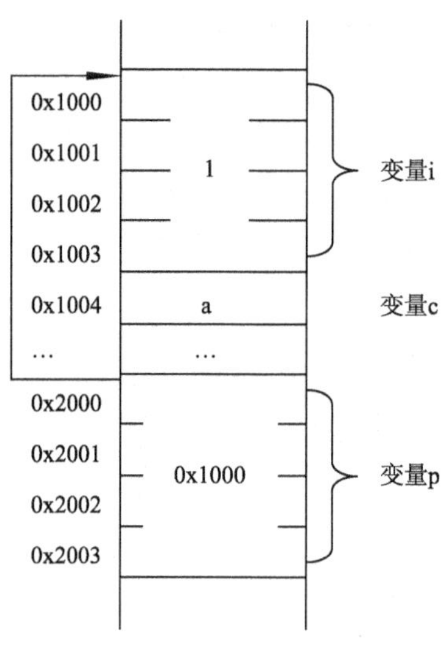

图 1-8-3　变量 p 的地址与值

8.1.2　指针的概念

其实，指针的本质就是地址，也就说通过指针可以找到以它为地址的内存单元。一个变量的地址称为该变量的指针。

由于一个变量的地址（指针）也是一个值（只不过是一个内存地址值，而不是普通变量的数值），因此就可以把这个地址值存放到另一个变量中来保存。这种专门用来存储另一个变量地址的特殊变量就称为指针变量。换句话说就是，指针变量的值是另一个变量的“指针”。

另外，一个变量的地址（指针）还隐含了该变量的类型信息，所以不能随意把一个地址值存到任何一个指针变量中，而只能把具有相同类型的变量的地址存放到这个指针变量中。可见，指针变量也有自己的类型，这个类型与存放在它里面的地址所隐含的类型要相同。

至此，读者应该要区别变量指针与指针变量这两个概念。在 C 语言中，“指针”和“地址”是两个等价的概念。变量指针是指变量的指针（即地址），而指针变量是指存放另一个变量指针（地址）的变量，用来指向另一个变量，故指针变量亦称为指向变量的指针变量。指针变量在不混淆的情况下又简称指针。

8.2　指 针 变 量

本小节主要介绍指针变量的定义，以及对指针变量的常用操作如赋值、运算等。还将介绍指针变量作为函数参数的情况。

8.2.1　指针变量的定义

在 C 语言中允许使用指针类型的数据。与基本数据类型的变量相同，指针变量在使用前必须要定义。系统会按照定义来分配内存单元。指针变量的一般定义形式为：

```
类型名   *指针变量名 1,*指针变量名 2,…,*指针变量名 n;
```

与一般变量的定义相比，只是指针变量名的前面多了一个星号“*”（指针变量的定义标识符），定义指针变量时应注意以下几点：

（1）星号“*”只起到一个标识的作用，不是指针变量名的一个组成部分。

（2）声明多个同类型指针变量时每个指针变量名的前面都要有“*”，不能省略。

（3）星号“*”与类型名之间、星号“*”与指针变量名之间都可以有不止一个空格。

（4）类型名即为指针变量所指向的变量的数据类型，称为“基类型”，就是说这个类型名决定了指针变量所能存放的只能是此类型变量的地址。

（5）指针变量名的命名同标识符的命名。

例如：

```
int *ip;                //定义了一个指向整型变量的指针变量 ip
char *cp1, *cp2;        //定义了两个指向字符型变量的指针变量 cp1 和 cp2
double *dp;             //定义了一个指向双精度型变量的指针变量 dp
```

其中，int、char 和 double 是数据类型名，在这里 ip 只能存放 int 类型变量的地址，称 int 是指针变量 ip 的基类型。同样，cp1 和 cp2 只能存放 char 类型变量的地址，称 char 是指针变量 cp1 和 cp2 的基类型；dp 只能存放 double 类型变量的地址，称 double 是指针变量 dp 的基类型。

指针变量也是一种变量，编译系统也为其分配存储空间。无论基类型是什么，在 32 位系统中，编译系统分配给指针变量的存储空间都是 4 字节。若用 sizeof 运算符来测试上述指针变量占用的字节数，则表达式 sizeof(ip)、sizeof(cp1)和 sizeof(dp)的值都是 4。

任何一个指针变量都用于存放它所指向变量的地址，那么只要能存放地址就可以了，为何还要区别不同的基类型呢？也就是说，基类型在指针的定义中有什么意义呢？

在 C 语言中，不同数据类型的变量，系统为它们分配的存储空间的字节数是不同的，如 int 类型占 4 字节，double 类型占 8 字节，等等。系统表示每一个存储空间的地址时，都取该存储空间的第一个字节的地址作为该变量存储空间的地址，即首地址作为变量的地址。当一个基类型为 int 类型的指针变量 p 指向了一个 int 类型变量 i 时，是将变量 i 所占的 4 字节存储空间的第 1 个字节的地址存入指针变量 p 中，如图 1-8-3 所示。

所以，根据指针变量 p 中存放的“地址”只能找到变量 i 第 1 个字节的内存单元，如果只提取变量 i 所占用存储空间第 1 个字节的数据，显而易见不是 int 型变量 i 的数据，因为 int 型变量 i 是通过 4 个字节来存储数据的。此时可以通过指针变量 p 的基类型来解决这个问题。知道了变量 i 的第 1 个字节的地址，再根据变量 p 的基类型为 int 类型，系统就将从变量 i 的第 1 个字节所在的地址开始，连续提取 4 字节的数据，此时提取到的数据就是 int 型变量 i 的原值。

同理，基类型为 double 类型的指针变量，根据指针变量中存放的 double 类型变量的地址值，可以找到其存储空间的第 1 个字节的地址，然后再根据基类型为 double 类型，连续提取 8 字节的数据，作为被访问的数据，这才是 double 类型变量中存放的真实数据。

由此可见，指针变量在定义时，其基类型是非常重要的。因此，定义什么样的基类型指针变量，该指针变量只能存放什么样的类型变量的地址，两者必须一致。

8.2.2　指针变量的操作

通过上一节的学习，读者知道了如何定义指针变量。但还未给这些指针变量赋初值，所以这些指针并未指向具体的变量（称指针是悬空的）。悬空指针很容易导致系统错误，甚至崩溃。

所以必须给指针变量初始化。

1. 指针运算符

与一般变量一样，指针变量也可以通过指针运算符进行相应的运算。指针运算符主要有两种：取地址运算符“&”和取内容运算符“*”。

（1）取地址运算符“&”

取地址运算符“&”使用的一般格式是：

<变量名>

“&”是单目运算符，其结合性为右结合。功能是取变量的地址（变量存储空间第1个字节的地址）。

例如：

```
int i,*ip;           //定义了一个整型变量 i 与一个指向整型变量的指针变量 ip
char c,*cp;          //定义了一个字符型变量 c 与一个指向字符型变量的指针变量 cp
double d,*dp;        //定义了一个双精度型变量 d 与一个指向双精度型变量的指针变量 dp
ip=&i;               //将变量 i 的地址赋给指针变量 ip，使 ip 指向 i
cp=&c;               //将变量 c 的地址赋给指针变量 cp，使 cp 指向 c
dp=&d;               //将变量 d 的地址赋给指针变量 dp，使 dp 指向 d
```

（2）取内容运算符“*”

取内容运算符“*”又称指针间接访问运算符，它使用的一般格式是：

*<指针变量名>

“*”是单目运算符，其结合性为右结合。功能是用来表示指针变量所指向的变量，在“*”运算符之后跟的变量必须是指针变量。

```
int i,*ip;           //定义了一个整型变量 i 与一个指向整型变量的指针变量 ip
char c,*cp;          //定义了一个字符型变量 c 与一个指向字符型变量的指针变量 cp
double d,*dp;        //定义了一个双精度型变量 d 与一个指向双精度型变量的指针变量 dp
ip=&i;               //将变量 i 的地址赋给指针变量 ip，使 ip 指向 i
cp=&c;               //将变量 c 的地址赋给指针变量 cp，使 cp 指向 c
dp=&d;               //将变量 d 的地址赋给指针变量 dp，使 dp 指向 d
*ip=1;               //将 1 存储在 ip 所指向的地址中，也就是 i 的地址
*cp='A';             //将'A'存储在 cp 所指向的地址中，也就是 c 的地址
*dp=3.14;            //将 3.14 存储在 dp 所指向的地址中，也就是 d 的地址
```

其中，语句*ip = 1;、*cp = 'A';和*dp = 3.14;的等价语句是 i = 1;、c = 'A';和 d = 3.14;。前一种采用的是间接访问内存操作，后一种则是直接访问内存操作。

但指针变量的取内容运算符“*”与指针变量的定义标识符“*”不是一回事，在指针变量定义中，“*”是类型说明符，说明其后的变量是指针类型的变量；而表达式中出现的“*”则是一个运算符，用以表示指针变量所指向的变量。

【例 8-2】指针运算符的使用。

```
#include <stdio.h>
void main()
{
    int i,*ip;        //定义整型变量 i 与指向整型变量的指针变量 ip
    i=10;             //对变量 i 赋初值为 10
    ip=&i;            //将变量 i 的地址赋给指针变量 ip，使 ip 指向 i
    printf("*ip=%d,i=%d\n",*ip,i);
    *ip=20;           //将 20 存储在 ip 所指向的地址中，也就是 i 的地址
    printf("*ip=%d,i=%d\n",*ip,i);
```

```
}
```

程序运行结果为：

```
*ip=10,i=10
*ip=20,i=20
```

当指针变量指向变量后，可以通过指针变量对所指向的存储单元进行数据的存取，这种间接访问方式的结果与直接访问方式相同。

因为指针变量本身也是一种变量，系统也为其分配内存单元，故指针变量本身也是有地址的，但读者应该区别指针变量的地址与指针变量的值。上例中指针变量 ip 的地址是&ip，而指针变量 ip 的值为&i。

2. 指针变量的初始化

指针变量在使用之前必须对其初始化，使指针变量指向一个确定的内存单元，否则相同就会让指针指向一个随机的存储单元，如果该地址正被系统使用着，那么就会带来很大的灾难。指针变量初始化的一般格式是：

```
类型名  *指针变量名=初始化地址值
```

例如：

```
char ch;
char *p_ch=&ch; //定义一个 char 类型的指针变量，并初始化为字符变量 ch 的地址
```

其中，语句 char *p_ch = &ch;亦等价于 char *p_ch; 和 p_ch = &ch;这两条语句。

【例 8-3】使用指针变量输入变量的值。

```
#include <stdio.h>
void main()
{
    int number1,number2;
    int *pn1=&number1,*pn2=&number2;
    scanf("%d %d",pn1,pn2);
    printf("number1=%d,number2=%d\n",number1,number2);
}
```

分析上述程序：main()函数体中，第 1 行语句定义两个整型变量 number1 与 number2，第 2 行语句定义两个整型指针变量，并分别赋初值为 number1 和 number2 的地址，第 3 行语句则利用指针变量 pn1 与 pn2 来输入两个整型值，第 4 行语句输出指针变量所指向的变量的值，以此来判断前两行语句操作的意义。

在使用指针变量时应注意以下三点：

（1）任意类型的指针变量都要遵循“先定义，再初始化，后使用”的原则。未经初始化的指针是禁止使用的。

（2）必须使用同一类型变量的地址对指针进行初始化。

（3）不能把一个整数赋给指针变量。如 int *p_i = 100; 试图用 100 这个内存单元的地址给指针初始化，但实际是做不到的。

对指针变量进行赋值的目的是使指针变量指向一个对象。赋值的情况主要有以下三种：

（1）通过取地址运算符“&”把一个变量的地址赋给指针变量。

（2）同类型指针变量之间可以直接赋值，也可以把指针变量的值赋给指针变量，但一定要确保两个指针变量的类型是相同的。

例如：

```
int i;
int *p1,*p2;
p1=&i;          //将变量 i 的地址赋给指针变量 p1，即 p1 指向变量 i
p2=p1;          //通过赋值，将指针变量 p1 的值赋给 p2，此时 p2 也指向变量 i
```

执行上述语句后，指针变量 p1 与 p2 同时指向变量 i。

（3）给指针变量赋空值，因为指针变量在使用前必须进行初始化，当指针变量没有指向任何一个有意义的对象，也可以给指针变量赋 NULL 值，即空值。

例如：

```
int *p1;
p1=NULL;        //表示指针变量的值为空
```

因为 NULL 是在头文件 stdio.h 中定义的预定义符，所以在使用 NULL 时，应该在程序的前面包含头文件 stdio.h。NULL 的代码值为 0，因此语句 p1=NULL;就等价于 p1=0;，都表示 p1 是个空指针，没有指向任何对象，就是说空指针是指这个指针没有指向一块有意义的内存。在 C 语言中，我们无法对一个空指针进行取内容的操作。只有当这个空指针真正指向了一块有意义的内存后，我们才能对它取内容。

指针变量定义后，没有给它赋值并不等于它没有指向一个存储单元，而是指向是随机，为确保指针变量不指向任何一个存储单元，就可以赋空值。若用 NULL 值给指针变量赋初值，则在程序中用户就可以用 NULL 值去检测一个指针变量是否已经有指向。

【例 8-4】通过指针判断两个数中的较小者。

```
#include <stdio.h>
void main()
{
    int m,n,*p,min;
    p=&m;                       //对指针变量初始化，是 p 指向 m
    scanf("%d%d",p,&n);         //从键盘输入两个整数，分别存入 m，n 中
    min=*p;
    if(*p>n)                    //若 n 的值比 p 所指向的变量的值小
    {
        p=&n;                   //令 p 指向 n
        min=n;                  //min 保存 n 的值，即较小值
    }
    printf("min=%d\n",min);     //通过直接访问方式输出变量 min 中的值
    printf("*p=%d\n",*p);       //通过间接访问方式输出 p 所指向的变量的值
}
```

当程序运行时输入：

```
20 10↙
```

程序运行结果为：

```
min=10
*p=10
```

同例 8-2 一样，两种方式对数据进行存取。只要指针变量 p 指向了一个具体的对象，如 i，则*p（间接访问方式）和 i（直接访问方式）结果是相同的。

8.2.3 指针变量作为函数参数

在本篇第 7 章学习函数的时候，函数的参数以及函数的返回值都是常见的数据类型，如整型、字符型等。在这一节中，将介绍怎样指针来传递函数参数。

指针变量既可以作为函数的形参，也可以作函数的实参。指针变量作实参时，与普通变量

一样，也是“值传递”，即将指针变量的值（一个地址）传递给被调用函数的形参（必须是一个指针变量）。

先来看一个实例。

【例 8-5】利用函数实现两个整型变量的自加。

```
#include <stdio.h>
void  addInt(int x,int y);//声明
void main()
{
    int m,n;
    scanf("%d%d",&m,&n);
    printf("m=%d,n=%d\n",m,n);
    addInt(m,n);
    printf("m=%d,n=%d\n",m,n);
}
void addInt(int x,int y)
{
    x=x+x;
    y=y+y;
}
```

假设从键盘上输入：

```
12 13↙
```

程序运行结果为：

```
m=12,n=13
m=12,n=13
```

读者会发现这不是所期望的结果，分析一下程序：在调用函数 addInt()时，由于参数的传递是值传递，也就是将实参 m 和 n 的值分别传给形参 x 和 y。实参与形参是独立的存储单元。函数调用过程中，形参 x 与 y 进行了自加，如图 1-8-4 所示。但当函数调用结束时局部变量生存期结束，依旧是形参 x 和 y 所占用的存储单元被释放掉。在函数调用前、调用过程中、调用结束后，m 和 n 这两个变量所占用内存单元的内容没有发生变化（即 m 和 n 的值没有发生变化）。所以没有得到预想的结果。

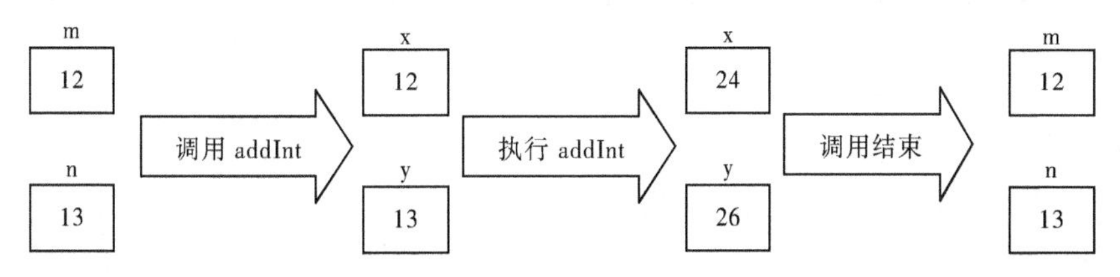

图 1-8-4　普通形参

而程序的目的是要改变 m 和 n 的值，这正是本节要介绍的指针变量作为函数的形参，即通过传递变量的地址，在函数中通过指针变量这种间接访问方式去改变相应变量的值。再看下一个实例。

【例 8-6】利用函数通过地址传递实现两个整型变量的自加。

```
#include <stdio.h>
void  addInt(int *px,int *py);//声明
void main()
{
```

```
    int m,n;
    scanf("%d%d",&m,&n);
    printf("m=%d,n=%d\n",m,n);
    addInt(&m,&n);                          //实参是m和n的地址
    printf("m=%d,n=%d\n",m,n);
}
void addInt(int *px,int *py)
                        //形参是两个指针变量，px、py是指针变量名，即形参名是px与py
{
    *px=*px+*px;                            //三个*皆为取内容运算符
    *py=*py+*py;                            //三个*皆为取内容运算符
}
```

假设从键盘上输入：

```
12 13↙
```

程序运行结果为：

```
m=12,n=13
m=24,n=26
```

这样就得到了想要的结果，分析一下程序：函数 addInt()的两个形参是两个指针变量 px 和 py，指针变量的值是其他变量的地址值，所以只能将变量的地址值作为实参传递给 px 与 py。而在 main()函数中，确实是将 m 和 n 的地址值作为被调函数 addInt()的实参传递给 px 与 py，这样 px 与 py 就分别指向 m 与 n，如图 1-8-5 所示。在 addInt()函数执行过程中，通过指针 px 和 py 采用间接访问方式去改变指针所指向变量 m 和 n 的值。函数调用结束，释放形参即两个指针所占用的空间。而此时 main()函数中的局部变量 m 和 n 的值实现自加。

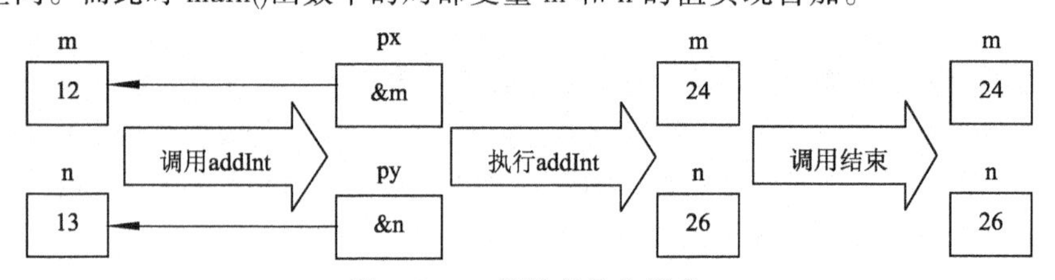

图 1-8-5　指针变量为形参

所以，通过此例可以看出，通过向函数传递变量的地址可以改变相应内存单元的内容。有人说这样的参数传递是“址传递”，其实实参到形参的传递都是单向值传递，只不过这里传递的值比较特殊，是变量的“地址”而已。

接下来再看一个实例。

【例 8-7】利用指针实现两个数的交换。

```
#include <stdio.h>
void  exchange(int *px,int *py)
{
    int t;
    t=*px;                       //以下三条语句中的*皆为取内容运算符
    *px=*py;
    *py=t;
}
void main()
{
    int m,n;
    scanf("%d%d",&m,&n);
```

```
    printf("m=%d,n=%d\n",m,n);
    exchange(&m,&n);          //实参是 m 和 n 的地址
    printf("m=%d,n=%d\n",m,n);
}
```

假设从键盘上输入：

```
12 13↙
```

程序运行结果为：

```
m=12,n=13
m=13,n=12
```

通过上述两个实例，不难看出当利用指针作为函数的形参时，在函数中对指针所指向的变量的值进行修改后，结果会反应到实参中。

8.3　指针指向数组

既然指针变量的值是一个地址，那么这个地址不仅可以是变量的地址，也可以是其他数据结构的地址。在一个指针变量中存放一个数组或一个函数的首地址有何意义呢？因为数组或函数都是连续存放的。通过访问指针变量取得了数组或函数的首地址，也就找到了该数组或函数。这样一来，凡是出现数组、函数的地方都可以用一个指针变量来表示，只要该指针变量中赋予数组或函数的首地址即可。这样做，将会使程序的概念十分清楚，程序本身也精练、高效。在 C 语言中，一种数据类型或数据结构往往都占有一组连续的内存单元。用“地址”这个概念并不能很好地描述一种数据类型或数据结构，而“指针”虽然实际上也是一个地址，但它却是一个数据结构的首地址，它是“指向”一个数据结构的，因而概念更为清楚，表示更为明确。这也是引入“指针”概念的一个重要原因。

本小节主要介绍一维数组和指针之间的关系。

8.3.1　指向数组元素的指针

数组的地址是指数组在内存中的起始地址，数组元素的指针是数组元素在内存中的起始地址。一个数组是由连续的一块内存单元组成的，数组名就是这块连续内存单元的起始地址（即首地址）。一个数组包含若干元素（下标变量），每个数组元素都在内存中占用存储单元，它们都有相应的地址，每个数组元素的地址就是该数组元素所占用的存储单元的首地址。

定义一个指向数组元素的指针变量的方法，与以前介绍的指针变量相同。

一个指针变量既可以指向一个数组元素，也可以指向一个数组。指向数组元素的指针变量的定义，与指向普通变量的指针变量的定义方法相同。

若已定义了相同数据类型的指针 p 和数组 a，则可以把数组中任何一个元素的地址赋给这个指针，形式如 p = &a[i]。

例如：

```
int a[4]={1,2,3,4};           //定义一个包含 4 个元素的整型数组
int *pa1,*pa2;                //定义两个整型指针变量
pa1=&a[2];                    //把数组元素 a[2]的地址赋给指针 pa1
pa2=&a[0];                    //把数组的第一个元素 a[0]的地址赋给 pa2
```

它们的内存示意如图 1-8-6 所示。

在前面已经介绍过，数组名就是数组的首地址，也就是第 0 个元素 a[0]的地址，所以语句 pa2 = &a[0];与 pa2 = a;是等价的。

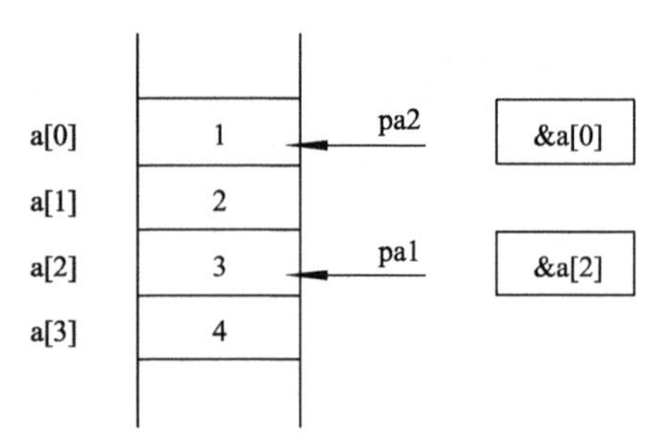

图 1-8-6　指针与数组内存示意图

pa2、a、&a[0]均指向同一单元，它们是数组 a 的首地址，也是第 0 号元素 a[0]的首地址。应该说明的是，pa2 是变量，而 a、&a[0]都是常量。在编程时应予以注意。

8.3.2　指针的运算

指针就是地址，C 语言中的地址都是无符号整数。对于指针变量，允许的运算主要是指针变量的赋值、指针与整数的加减运算、指针之间的比较和指针之间的减法运算。

指针之间的比较是比较指针变量的值的大小，即比较的是指针变量所指向变量的地址的大小，可以说指针大就表示它所指向的变量在内存的存储位置靠后面一点，指针小的则在前面一点。指针变量的赋值运算请参看指针变量的初始化相关内容。这里主要介绍指向数组元素的指针与整数的加减运算与指针之间的减法运算。

1．加\减一个整数，如 p+1、p-1

“指针移动”是通过对指针变量加减一个整数，使指针指向相邻的存储单元。它是以它指向的变量所占用的内存单元的字节数为单位进行运算的。

例如：

```
int a[6]={0,1,2,3,4,5};
int *p;
p=a;
```

如果 a 的值为 0x1000,则 a 数组所占用的是从 0x1000 到 0x1017 这 24 个字节的连续内存单元，将 a 的值赋给 p，所以 p 的值为 0x1000。而 p 本身也占用内存，根据前面的介绍指针是占用 4 个字节的内存，此处假设 p 占用的是 0x2000～0x2003 这 4 个字节，如图 1-8-7 所示。

&a[0]	0x1000	0	a[0]
&a[1]	0x1004	1	a[1]
&a[2]	0x1008	2	a[2]
&a[3]	0x100C	3	a[3]
&a[4]	0x1010	4	a[4]
&a[5]	0x1014	5	a[5]
	…	…	
&p	0x2000	0x1000	p
	0x2004		

图 1-8-7　指针与数组

如果 p 的值为 0x1000，那么 p+1 的值是多少呢？是否 p+1 的值与 p 的值相差 1 呢？

先看下面这段程序：

```
int a[6]={0,1,2,3,4,5};
int *p;
p=a;
printf("%x,%x",p,p+1);
printf("%x,%x",a,a+1);
```

上述程序段中 p 指针赋的初值是数组的首地址，即 p 指向数组的首元素，而第 4、5 行的 printf 语句在运行过程中的输出结果均为：18ff30, 18ff34。从这个结果可以看出 p 与 p+1 的值并不是相差 1，而是相差 4。a 与 a+1 也是相差 4。这是因为 p 是整型的指针，p+1 实际上是 p 加上了一个整型内存单元，即加的是 4(字节)。从图 1-8-7 中可以看出，若 a=0x1000，则 p=0x1000，a+1 的值 0x1004，p+1 的值为 0x1004，而 0x1004 正好是 a[1]的地址，也就是说 a+1 与 p+1 均指向了数组元素 a[1]。还可以继续推导 a+2，p+2，a+3，p+3，…。可以得出这样一个结论：如果指针变量 p 已指向数组中的某一个元素，则 p+1 指向同一数组中的下一个元素，p–1 指向同一数组中的上一个元素。

所以，如果 p 的初值为&a[0]，则 p+i 和 a+i 就是 a[i]的地址，即 p+i 和 a+i 均指向数组 a 的第 i 号元素。

由上述分析，我们知道可以对指向数组元素的指针变量进行加减一个整数的操作。因为 p 是个变量，所以指向数组元素的指针变量可以进行自增、自减运算，如 p++、++p、p--、--p。因为 a 是数组名，是个常量，所以不能进行自增、自减运算。

2. 两指针相减，如 p1–p2

只有 p1 和 p2 都指向同一数组中的元素时，两个指针相减才有意义。

例如：

```
int a[6]={0,1,2,3,4,5};
int *p1,*p2;
p1=a[1];
p2=a[2];
```

则 p2–p1 的值为 1。

8.3.3 通过指针引用数组元素

在前面提到，不能够对数组名进行赋值运算，但是由于数组名也是一个地址，因此可以对数组名加上一个整数来对指针进行移动。

若已有数组 a，引入指针变量 p，且 p 指向第 0 号元素 a[0]，因为 p+i 和 a+i 就是 a[i]的地址，所以用取内容运算符“*”就可以访问第 i 号元素 a[i]，即*(p+i)或*(a+i)就是 p+i 或 a+i 所指向的数组元素 a[i]。例如，*(p+5)或*(a+5)就是 a[5]。另外，C 语言允许指向数组的指针变量也可以带下标，如 p[i]与*(p+i)等价。

总结可得，一维数组元素及其地址的表示方式可以有 4 种（前提：a 是数组名，p 是指向数组的指针变量，其值 p=a），如表 1-8-1 所示。

表 1-8-1　一维数组元素 a[i]及其地址的表示方式

序　号	数 组 元 素	数组元素的地址
1	a[i]	&a[i]

续表

序　号	数 组 元 素	数组元素的地址
2	*(a+i)	a+i
3	*(p+i)	p+i
4	p[i]	&p[i]

进一步，可以将数组元素的 4 种表示方法分成两类：

（1）下标法，即用 a[i]或 p[i]形式访问数组元素。在前面介绍数组时都是采用这种方法。

（2）指针法，即采用*(a+i)或*(p+i)形式，用间接访问的方法来访问数组元素。

在使用指针变量访问数组元素时，应注意以下三点：

（1）指针变量可以实现本身的值的改变。如 p++是合法的；而 a++是非法的。因为 a 是数组名，它是数组的首地址，是一个常量。

（2）要注意指针变量的当前值。

（3）要保证指针指向有效的数组元素。

【例 8-8】以不同方式输出数组元素。

```
#include <stdio.h>
void main()
{
    int i;
    int a[6]={0,1,2,3,4,5};
    int *p;
    p=a; //对指针进行初始化，指向第 0 号元素
    printf("a[i]形式的输出结果\n");
    for(i=0;i<6;i++)                        //1
    {
       printf("%3d",a[i]);
    }
    printf("\np[i]形式的输出结果\n");
    for(i=0;i<6;i++)                        //2
    {
       printf("%3d",p[i]);
    }
    printf("\n*(a+i)形式的输出结果\n");
    for(i=0;i<6;i++)                        //3
    {
       printf("%3d",*(a+i));
    }
    printf("\n*(p+i)形式的输出结果\n");
    for(i=0;i<6;i++)                        //4
    {
       printf("%3d",*(p+i));
    }
    printf("\n指针移动形式的输出结果\n");
    for(p=a;p<a+6;p++)                      //5
    {
       printf("%3d",*p);
    }
```

```
    printf("\n");
}
```

程序运行结果为：

```
a[i]形式的输出结果
  0  1  2  3  4  5
p[i]形式的输出结果
  0  1  2  3  4  5
*(a+i)形式的输出结果
  0  1  2  3  4  5
*(p+i)形式的输出结果
  0  1  2  3  4  5
指针移动形式的输出结果
  0  1  2  3  4  5
```

程序分析：

（1）第 1 个 for 循环通过 a[i]形式访问数组元素。第 2 个 for 循环通过 p[i]形式访问数组元素。这两种方式采用的是“下标法”对数组元素进行引用。

（2）第 3 个 for 循环通过*(a+i)形式访问数组元素。第 4 个 for 循环通过*(p+i)形式访问数组元素。这两种方式采用的是“指针法”对数组元素进行引用。

（3）第 2 个与第 4 个 for 循环都是通过指针变量 p 来访问数组元素，且循环过程中和循环结束 p 的值始终是数组的首地址，即 p 值未作任何改变，只是通过改变 i 的值来达到不同数组元素的引用。而第 5 个 for 循环通过 p=a，使指针指向第 0 号元素后，随着指针的移动（自增 1），使得 p 分别指向数组中的每一个元素，从而来访问数组中的所有元素。这是数组名所无法做到的。

【例 8-9】分析以下程序。

```
#include <stdio.h>
void main()
{
    int i;
    int a[6];
    int *p=a;
    for(i=0;i<6;i++)
        scanf("%d",p++);
    for(i=0;i<6;i++)
        printf("%4d ",*(p++));
}
```

运行程序，输入 012345 后回车，得到的结果为：

```
0 1 2 3 4 5
   0 1638280 4199145    1 7409296 7409056
```

输出结果显然不是预想的结果。问题出在第 2 个 for 循环。第 1 个 for 循环结束后指针变量 p 指向数组末元素所占内存单元的下一个内存单元。所以第 2 个 for 循环初始指针变量 p 的值并不是指向数组的第 0 号元素，导致错误的输出结果。只需在第 1 个 for 循环之后且第 2 个 for 循环之前加上语句 p=a;即可得到正确的输出结果。也可以在第 2 个 for 循环的表达式 1 中添加表达式 p=a，即 for(i=0, p = a;i<6;i++)。

8.3.4 指向二维数组元素的指针

指向二维数组元素的指针变量的定义与一般的指针变量的定义是相同的。

例如:

```
int a[3][4];
int *p;
p=&a[0][0]; //p 指向元素 a[0][0]
```

其中，p 可以指向数组 a 中的任意一个元素。

【例 8-10】使用指针变量输出二维数组元素的值。

```
#include <stdio.h>
void main()
{
    int a[3][4]={
        { 1,3,5,7 },
        { 9,11,13,15 },
        { 17,19,21,23 }
    };                  //二维数组 a 看出是由 3 个一维数组构成
    int *p;
    int i,j;
    p=a[0];             //等价于 p=&a[0][0]
    for(i=0;i<3;i++)
    {
        for(j=0;j<4;j++)
            printf("%d\t",p[i*4+j]);
        printf("\n");
    }
}
```

二维数组 a 可以看做由若干一维数组组成，再定义一个指针，使指针指向第一个一维数组，则可以用 p 完成对二维数组元素的引用，但必须通过二维下标向一维下标转化，如:

```
p[k]=a[i][j]
```

则

```
k=i*nCol+j
```

所以程序的运行结果为:

```
1       3       5       7
9       11      13      15
17      19      21      23
```

8.4 指针指向字符串

在 C 语言中，对于字符串是没有专门的字符串类型来定义说明的。一般都是使用字符型的数组来存储字符串。但是，有时使用字符数组处理起来会比较麻烦，因此可以使用指针来对字符串进行运算。本节中将逐步引导读者学会灵活地运用指针来对字符串进行处理，并且将演示使用字符指针和字符数组对字符串进行操作的区别。

8.4.1　字符指针与字符串指针

与整型指针的定义方式相同，字符指针变量的定义形式为：

```
char *<字符指针变量名>;
```

例如：

```
char c,*p=&c;
```

表示 p 是一个指向字符变量 c 的指针变量。

字符串指针变量的定义说明与指向字符变量的指针变量说明是相同的。只能按对指针变量的赋值不同来区别。

例如：

```
char *s="C Language";
```

则表示 s 是一个指向字符串的指针变量，把字符串的首地址赋予 s。且 char *s="C Language";等价于 char *s; s="C Language";。

8.4.2　字符串的表示形式

字符串可以有以下两种表示形式：

1．字符数组存放字符串

在数组章节，介绍字符串可以存放在一个数组中，即用字符数组来存放一个字符串，如 char string[]="China!";。

2．字符串指针指向字符串

由前面介绍，指针可以指向数组，则指针当然可以指向一个字符串，如 char *pstr=" China! ";。

现在看一下上述两种表示方式在内存中存储的情形，以方便读者区分它们。

对于上述字符数组，系统为其分配 7 个字节的存储空间，如图 1-8-8（a）所示。系统为指针变量 pstr 分配一个存储指针变量的存储空间(4 个字节)，假设此存储空间的首地址是 0x3000，与此同时，系统也为常量字符串"China!"分配 7 个字节的存储空间，假设此存储空间的首地址是 0x1000，如图 1-8-8（b）所示。

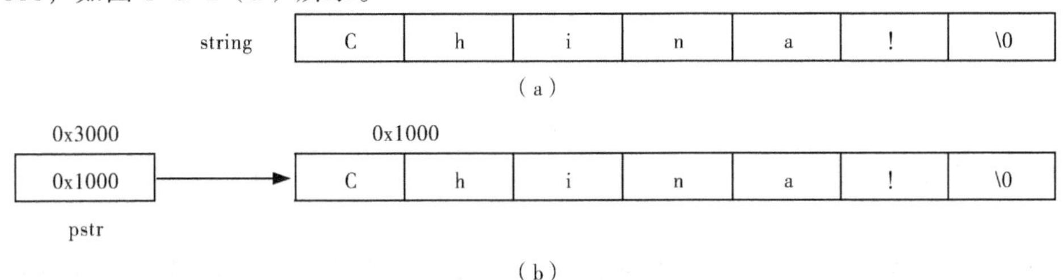

图 1-8-8　字符串的存储形式

从图中可以看到，指针变量 pstr 的地址是 0x3000，其值为 0x1000，也就是说内存地址是 0x3000 的内存单元中存储的是 0x1000，而 0x1000 又是字符串"China!"的首地址。

【例 8-11】 输出字符串中 n 个字符后的所有字符。

```
#include <stdio.h>
void main()
{
   char *ps="this is a book";
```

```
    int n=10;
    ps=ps+n;
    printf("%s\n",ps);
}
```

程序运行结果为：

```
book
```

在程序中对 ps 初始化时，即把字符串首地址赋予 ps，当 ps= ps+10 之后，ps 指向字符'b'，因此输出为"book"。

【例 8-12】在输入的字符串中查找有无's'字符。

解题思路：将输入的字符串存放在字符数组中，然后遍历字符数组，判断每个数组元素是否是's'字符，如果是，则说明输入的字符串中有's'字符，也就不再需要继续遍历下去，所以此时可以跳出循环。

源程序：

```
#include <stdio.h>
void main()
{
    char str[20],*ps;
    int i;
    printf("input a string:\n");
    ps=str;
    scanf("%s",ps);
    for(i=0; ps[i]!='\0';i++)
    {
        if(ps[i]=='s')
        {
            printf("there is a 's' in the string\n");
            break;
        }
    }
    if(ps[i]=='\0')
        printf("There is no 's' in the string\n");
}
```

8.4.3 字符指针作为函数参数

【例 8-13】自定义函数 copystring()实现库函数 strcpy()的功能，但函数体中不能使用库函数 strcpy()。

解题思路：库函数 strcpy(str1, str2)函数的功能是将 str2 指向的源字符串包括'\0'一个字符一个字符复制到目标 str1 指向内存的对应位置。所以，要实现这个功能，只需遍历源字符串 str2，将每个字符复制到目标字符串 str1 的相同位置即可。由于遍历字符串时往往用字符串结束符'\0'作为循环控制条件，所以最后得将'\0'复制到目标字符串的末尾。

源程序：

```
#include <stdio.h>
void copystring(char *pds,char *pss)//pss 指向源字符串，pds 指向目标字符串
{
    while(*pss!='\0')
    {
```

```
        *pds=*pss;
        pds++;
        pss++;
    }
    *pds='\0';
}
void main()
{
    char *pa="CHINA",b[10],*pb;
    pb=b;
    copystring(pb,pa);
    printf("sourse string a=%s\ndest string b=%s\n",pa,pb);
}
```

本例是把字符串指针作为函数参数的使用，函数 copystring()的功能是将 pss 指向的源字符串，赋值到 pds 指向目标字符串中。做法是先判断后赋值，即先判断 pss 指向的所要赋值的字符是否为'\0'，若是'\0'，则表示源字符串结束，不再循环。若不是则进行赋值操作，pds 和 pss 都加 1，指向下一字符。循环结束后，目标字符串赋予字符串结束标志'\0'。在主函数中，以已经赋值的指针变量 pa、pb 为实参调用 copystring()函数，将实参的值赋给形参，所以实参 pa 与形参 pss 指向同一个字符串"CHINA",实参 pb 与形参 pds 指向同一个字符数组 b,故在 copystring()函数中对 pds 的赋值最终影响到了 pb 这个实参指向的字符数组。所以程序输出结果为：

```
sourse string a=CHINA
dest string b=CHINA
```

也可以将赋值语句与循环条件的判断合并到一起，这样的做法是先赋值后判断，所以就不需要在最后有给目标字符串赋予字符串结束标志'\0'的操作。因为赋'\0'的操作已经含在赋值语句中。

```
void copystring(char *pds,char *pss)
{
    while((*pds=*pss)!='\0')
    {
        pds++;
        pss++;
    }
}
```

还可以把指针的移动和赋值合并在一个语句中，进一步分析还可发现'\0'的 ASCII 码为 0，对于 while 语句只看表达式的值为非 0 就循环，为 0 则结束循环，因此也可省去“!='\0'”这一判断部分，故函数 copystring()可以简化为如下形式：

```
void copystring(char *pds,char *pss)
{
    while(*pds++=*pss++)
        ;
}
```

此函数中 while 循环条件表达式的意义可理解为：先源字符向目标字符赋值，再移动指针，若所赋值为非 0 则循环，否则结束循环。但显然可读性较前一个 copystring()函数降低了。

8.4.4　对使用字符指针变量和字符数组的讨论

用字符数组和字符指针变量都可实现字符串的存储和运算。但是两者是有区别的。在使用时应注意以下几个问题：

（1）字符串是存放在以某地址为首的一块连续的内存空间中并以'\0'作为串的结束。而字符数组是由于若干数组元素组成的，它可用来存放整个字符串。字符串指针变量本身是一个变量，用于存放某字符串的首地址。

（2）对字符串指针的赋值与对字符数组的赋值方式不同。

对于字符指针，语句 char *ps="C Language";可以写成 char *ps;ps="C Language";这两条语句。而对于字符数组，char st[]={"C Language"};则不能写成如 char st[20];st={"C Language"};这样的等价语句(因为 st 是数组名，是一个常量，所以不能对 st 直接赋值)，但可以写成 char st[20]; strcpy(st, "C Language");。

（3）对字符数组元素可以逐个赋值，但不能对字符串指针进行类似的赋值操作。

对字符数组的各元素可以逐个赋值，如 char st[20]; st[0] = 'L'; st[1] = 'O'; st[2] = 'V'; st[3] = 'E'; 等。但不能对字符串指针进行类似的操作，如 char *ps; ps[0] = 'L'; ps[1] = 'O'; ps[2] = 'V'; ps[3] = 'E'; 中的 4 个赋值语句是非法的，因为此时 ps 未指向任何内存单元。

（4）当字符串指针 ps 已指向某字符数组（无论字符数组是否已赋值）时，才能以 ps[i]方式进行逐个元素赋值。若指针 ps 已指向某个常量字符串，则不能以 ps[i]方式对常量字符串进行修改。

【例 8-14】字符串指针与字符数组。

```
#define P 1
#include <stdio.h>
void main()
{
#if P
    char *ps="LOVE";
    ps[0]='D';
    puts(ps);
#else
    char *ps,a[10]="LOVE";
    ps=a;
    ps[0]='D';
    puts(ps);
#endif
}
```

无论宏定义 P 为 0 还是非 1，程序都能编译通过，但当 P 为 0 是，程序输出结果为 DOVE，而当 P 为 1 时，则程序不能正常运行。

从以上几点可以看出字符串指针变量与字符数组在使用时的区别，同时也可看出使用指针变量更加方便。前面说过，当一个指针变量在未取得确定地址前使用是危险的，容易引起错误。但是对指针变量直接赋值是可以的。因为 C 系统对指针变量赋值时要给以确定的地址。

【例 8-15】通过指针数组访问多维字符数组。

```
#include <stdio.h>
void main()
{
    char *str[]={"tj","ustb","edu","cn" };
    int i;
    for(i=0;i<3;i++)
```

```
    {
        printf("%s.",str[i]);
    }
    puts(str[i]);
}
```

程序运行结果为：

```
tj.ustb.edu.cn
```

8.5　指针数组和二级指针

本节将介绍一类特殊的数组——指针数组。数组的元素都是指针。还将介绍一种指向指针的指针变量，即二级指针。

8.5.1　指针数组

一个数组的元素均为指针变量则这个数组是指针数组。指针数组是一组有序的指针变量的集合。指针数组的所有元素都必须是具有相同存储类型和指向相同数据类型的指针变量。

1．指针数组的定义

指针数组说明的一般形式为：

```
类型说明符 *指针数组名[数组长度]
```

其中，类型说明符为指针值所指向的变量的类型。

例如：

```
int *pa[3];
```

表示 pa 是一个指针数组，它有三个数组元素，分别为 pa[0]、pa[1]、pa[2]，每个元素都是一个指针，指向整型变量。

【例 8-16】指针数组实例。

```
#include <stdio.h>
void main()
{
    int a[3][3]={1,2,3,4,5,6,7,8,9};
    int *pa[3]={a[0],a[1],a[2]};
    int *p= a[0];
    int i;
    for(i=0;i<3;i++)
        printf("%d,%d,%d\n",a[i][i],*a[i],*(*(a+i)+i));
    printf("\n");
    for(i=0;i<3;i++)
        printf("%d,%d,%d\n",*pa[i],p[i],*(p+i));
}
```

程序运行结果为：

```
1,1,1
5,4,5
9,7,9

1,1,1
4,2,2
```

```
7,3,3
```

通常可用一个指针数组来指向一个二维数组。指针数组中的每个元素被赋予二维数组每一行的首地址，因此也可理解为指向一个一维数组。

本程序中，pa是一个指针数组，三个元素分别指向二维数组a的各行。然后用循环语句输出指定的数组元素。其中，*a[i]表示i行0列元素值；*(*(a+i)+i)表示i行i列的元素值；*pa[i]表示i行0列元素值；由于p与a[0]相同，故p[i]表示0行i列的值；*(p+i)表示0行i列的值。读者可仔细领会元素值的各种不同的表示方法。

2．指针数组的用法

（1）指针数组常用来表示一组字符串，这时指针数组的每个元素被赋予一个字符串的首地址。指向字符串的指针数组的初始化更为简单。

例如：

```
char *day[]={"illagal day","Monday","Tuesday","Wednesday","Thursday", "Friday",
"Saturday","Sunday"};
```

完成这个初始化赋值之后，day[0]即指向字符串"illegal day"，day[1]指向"Monday"，……。day数组在内存中的存储形式如图1-8-9所示。

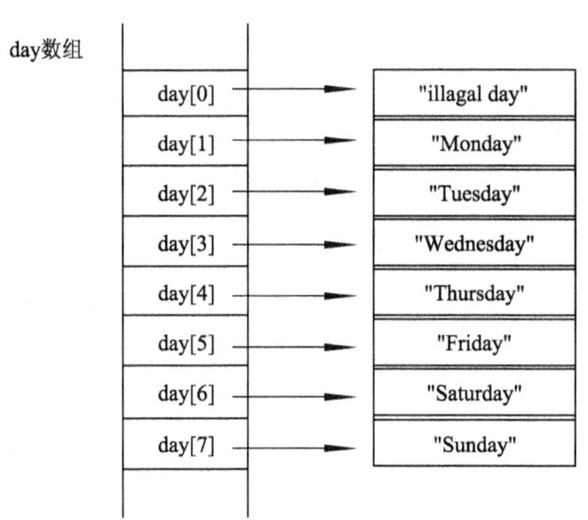

图1-8-9 字符指针数组的存储形式

从图中可以看出day数组在内存中是连续存放的，而day数组的初值这8个字符串实际在内存中是8个独立的存储空间，8个空间不一定在相邻的内存单元中。

（2）指针数组也可以用作函数参数。

【例8-17】指针数组作函数的参数。

```
#include <stdio.h>
char *day_name(char *name[],int n);
void main()
{
   char *day[]={"illegal day","Monday","Tuesday","Wednesday",
      "Thursday","Friday","Saturday","Sunday"};
   char *ps;
   int i;
   printf("input Day No:\n");
   scanf("%d",&i);
   ps=day_name(day,i);
```

```
        printf("Day No:%2d --> %s\n",i,ps);
    }
    char *day_name(char *name[],int n)
    {
        if(n<1||n>7)
            returnname[0];//等价于 pp1=*name; → "illegal day"
        else
            return name[n];//等价于 pp2=*(name+n);
    }
```

上述程序实现输入一个星期的序号，输出对应英文星期。在主函数中，定义了一个指针数组 name，并对 name 作了初始化赋值，每个元素都指向一个字符串，其中第一个字符串为"illegal day"。然后又以 name 作为实参调用指针型函数 day_name()，在调用时把数组名 name 赋予形参变量 name，输入的整数 i 作为第二个实参赋予形参 n。在 day_name()函数中先判断形参的值，如果 n<1 或 n>7，则返回 name[0]，即"illegal day"，否则返回 name[n]。最后输出 i 和 ps 的值。

8.5.2　二级指针

如果一个指针变量存放的又是另一个指针变量的地址，则称这个指针变量为指向指针的指针变量，又称二级指针。

在前面已经介绍过，通过指针访问变量称为间接访问。由于指针变量直接指向变量，所以称为“单级间址”。而如果通过指向指针的指针变量来访问变量则构成“二级间址”。

图 1-8-10（a）中的指针变量就是我们前面介绍过的指针变量，而图 1-8-10（b）中的指针变量 2 就是一个二级指针。

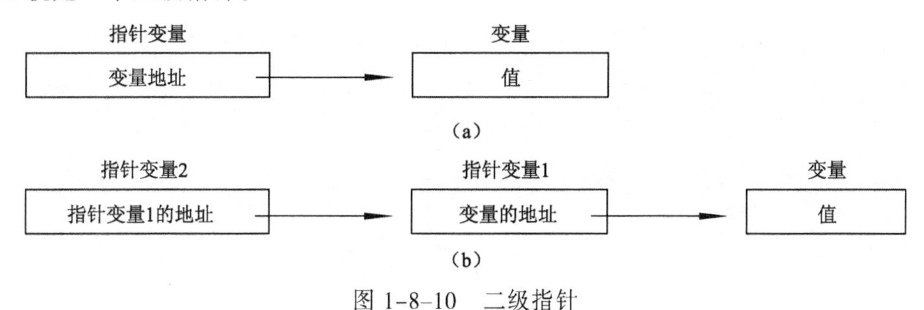

图 1-8-10　二级指针

那么怎样定义一个指向指针型数据的指针变量呢？定义指向指针类型数据的指针变量的一般形式为：

```
类型说明符 **<二级指针变量名>;
```

例如：

```
char **p;
```

p 前面有两个*号，相当于*(*p)。显然*p 是指针变量的定义形式，如果没有前面的*，那就是定义了一个指向字符数据的指针变量。现在它前面又有一个*号，表示指针变量 p 是指向一个字符指针型变量的。*p 就是 p 所指向的那一个字符指针变量。

【例 8-18】二级指针实例。

```
#include <stdio.h>
void main()
{
    int i;
```

```
    char *sent[]={"Do","one","thing","at","a","time","and","do","well"};
    char **p;
    p=sent;
    for(i=0;i<9;i++,p++)
        printf("%s ",*p);
}
```

程序运行结果为：

```
Do one thing at a time and do well
```

上述程序中 sent 是一个字符指针数组，它的每一个元素是字符指针，元素的值为一个字符串常量的首地址。数组名 sent 代表该字符指针数组的首地址。还定义了一个二级指针变量 p，并将 sent 作为初值赋予 p，这样使 p 指向指针数组 sent[0]元素，则*p 就指向 sent[0]所指向的字符串常量。然后利用循环，移动指针 p，输出一组字符串。

【例 8-19】整型二级指针变量的实例。

```
#include <stdio.h>
void main()
{
    int a[5]={1,3,5,7,9};
    int *pa[5];
    int **pp,i;
    for(i=0;i<5;i++)
    {
        pa[i]=&a[i];
    }
    pp=pa;
    for(i=0;i<5;i++)
    {
        printf("%d\t",**pp);
        pp++;
    }
    printf("\n");
}
```

本程序中先定义了一个整型数组 a，并赋初值。又定义了一个整型指针数组 pa，及一个二级指针 pp。再利用 for 循环将数组 a 的各元素地址逐个赋给数组 pa。将数组名 pa 赋给 pp，则 pp 就指向 pa[0]，所以*pp 就是 pa[0]。而 pa[0]又指向 a[0]，所以*pa[0]（[ ]优先级比*的高，所以先取数组元素再取内容）就是 a[0]，即**pp 就是 a[0]。这样通过循环，移动指针，输出了 a 数组各元素的值。

8.6 动态内存分配与指向它的指针变量

在数组一章中，曾介绍过数组的长度是预先定义好的，在整个程序中固定不变。C 语言中不允许动态数组类型。

例如：

```
int n;
scanf("%d",&n);
int a[n];
```

用变量表示长度，想对数组的大小作动态说明，这是错误的。但是在实际的编程中，往往会发生这种情况，即所需的内存空间取决于实际输入的数据，而无法预先确定。对于这种问题，用数组的办法很难解决。为了解决上述问题，C 语言提供了一些内存管理函数，这些内存管理函数可以按需要动态地分配内存空间，也可把不再使用的空间回收待用，为有效地利用内存资源提供了手段。

8.6.1　什么是内存的动态分配

在本篇第 7 章中介绍过全局变量和局部变量，也介绍过用户存储空间，它可以分为 4 部分：程序区、静态存储区、栈区和堆区。全局变量存放在静态存储区，非静态的局部变量（包括形参）是存放在栈区的。还有一些数据不必在程序的声明部分定义、也不必等到函数调用结束时才释放，而是需要时随时分配，不需要时随时释放。这些数据是临时存放在一个特别的自由存储区，称为堆区。根据需要，向系统申请所需大小的空间，再不需要时又将这些申请到的空间释放，以退还给系统。由于未在声明部分定义它们为变量或数组，因此不能通过变量名或数组名去引用这些数据，只能通过指针来引用。

8.6.2　如何实现动态的分配与释放

对内存的动态分配是通过系统提供的库函数来实现的，常用的内存管理函数有 malloc()、calloc()、free()、realloc()。

1. 分配内存空间函数 malloc()

malloc()函数原型为：`void * malloc(unsignedintsize);`

调用形式：`(类型说明符*)malloc(size)`

功能：在内存的动态存储区中分配一块长度为 size 字节的连续区域。函数的返回值为该内存区域的首地址；如果 malloc()函数未能成功地执行（例如内存空间不足），则返回空指针（NULL）。“类型说明符”表示把该区域用于存储何种数据类型的数据。(类型说明符*)表示把返回值强制转换为该类型指针。

例如：

```
char * pc;
pc=(char *)malloc(100); //表示分配 100B 的内存空间，第 1 个字节的地址赋给了变量 pc
```

注意指针的基类型是 void，此处强制转换为字符指针类型。

2. 分配内存空间函数 calloc()

calloc()函数原型为：`void * calloc (unsignedint n, unsignedint size);`

调用形式：`(类型说明符*)calloc(n,size)`

功能：在内存动态存储区中分配 n 块长度为 size 字节的连续区域，这 n 块区域是连续的内存。函数的返回值为该区域的首地址，如果分配不成功，则返回 NULL。

calloc()函数与 malloc()函数的区别仅在于一次可以分配 n 块区域。用 calloc()函数可以为一维数组开辟动态存储空间，n 为数组长度，每个元素所占内存长度为 size 个字节。

例如：

```
pi=(int *) calloc(100,sizeof(int));
ps=(struct student*)calloc(50,sizeof(struct student));
```

第一条语句的作用是开辟 100 个整型数据的存储空间，首地址赋给整型指针变量 pi，此时可以将 pi 看成是包含 100 个整型数据元素的数组名，之后就可以以 pi[i]形式访问数组元素。第二条语句的作用是开辟 50 个 student 数据的存储空间，首地址赋给 student 结构体类型的指针变量 ps，其中 sizeof(struct student)是求 student 的结构长度。结构体的相关知识请查阅相关章节。

3. 释放内存空间函数 free()

free()函数原型为：`void free(void *ptr)`

调用形式：`free(指针变量名 ptr);`

功能：释放 ptr 所指向的一块内存空间，ptr 是一个任意类型的指针变量，它指向被释放区域的首地址。被释放区应是由 malloc()或 calloc()函数所分配的区域。free()函数没有返回值。

在动态内存分配时，当内存不再使用时，应使用 free()函数将内存释放。

4. 分配内存空间函数 realloc()

realloc()函数原型为：`void * realloc(void *ptr, unsigned int newsize)`

如果已经通过 malloc()或 calloc()函数获得了一定大小的存储空间，想改变此存储空间的大小，则可以利用 realloc()函数进行重分配。将 ptr 指向的存储空间的大小改变为 newsize。

功能：先判断当前的指针 ptr 指向的内存空间是否存在足够的后序连续空间，如果有，扩大 ptr 指向的内存空间，并且将 ptr 的值返回；如果空间不够，先按照 newsize 指定的大小分配存储空间，将原 ptr 指向的内存原有数据从头到尾复制到新分配的内存区域，而后释放原来 ptr 所指内存区域（注意：原来指针是自动释放，不需要使用 free），同时返回新分配的内存区域的首地址，即重新分配存储器块的地址。

返回值：如果重新分配成功则返回指向被分配内存的指针，否则返回 NULL。

注意

这里原始内存中的数据还是保持不变的。

以上 4 个函数的声明都在 stdlib.h 头文件中，在用到这些函数时应当用#include <stdlib.h> 预处理命令把 stdlib.h 头文件包含到源程序文件中。

【例 8-20】分配一块区域，输入 10 个学生成绩，输出平均成绩。

```
#include <stdio.h>
#include <stdlib.h>
void main()
{
    int *pi,i,sum=0;
    pi=(int *) calloc(10,sizeof(int));      //分配 10 个整型数据存储空间
    for( i=0;i<10;i++)
    {
        scanf("%d",pi+i);                   //pi+i 等价于&pi[i]
        sum=sum+pi[i];
    }
    printf("the average value is %.2f",sum*1.0/10);
    free(pi);
}
```

本例中，定义了整型指针变量 pi。然后分配一块内存区，并把首地址赋予 pi，即 pi 指向该区域。再利用 pi 对各元素赋值，并统计求和，再用 printf()函数输出平均值。最后用 free()函数释放 pi 指向的内存空间。整个程序包含了申请内存空间、使用内存空间、释放内存空间三个步骤，实现存储空间的动态分配。

8.7　指针应用举例

【例 8-21】利用指针形参，将主函数中输入的字符串中的小写字母全部转成大写字母。

源程序：

```
#include <stdio.h>
void trans(char * str)//功能：将字符串中的小写字母转大写字母
{
    while(*str)
    {
        if(*str>='a'&&*str<='z')
            *str=*str-('a'-'A');    //等价于*str=*str-32;
        str++;
    }
}
void main()
{
    char string[20];
    puts("please input a string");
    gets(string);
    trans(string);
    puts(string);
}
```

当程序运行时输入 I Love China!，则运行结果为：

```
please input a string
I Love China!↙
I LOVE CHINA!
```

【例 8-22】编写函数 fun()实现两个字符串的连接（不要使用库函数）。

解题思路：字符串的连接可以使用库函数 strcat(s1, s2)，该函数的功能是将 s2 指向的源字符串包括'\0'接到目标 s1 字符串的末尾，去除 s1 的结束符'\0'。要实现这个功能，只需遍历源字符串，将每个字符复制到目标字符串的对应位置即可。故应先确定目标字符串的第一个对应位置：设定一个字符指针 str1，遍历 s1 字符串，移动指针，使字符指针 str1 指向 s1 的结束符'\0'的位置，即找到第一个对应位置。再设定一个字符指针 str2，指向 s2 字符串。遍历 s2 字符串，将每个字符*str2 复制到*str1 中，并同时移动 str1 与 str2 两个指针，最后在 str1 的末尾添加'\0'，即能实现连接。

源程序：

```
#include <stdio.h>
void fun(char *str1,char *str2)     //将 str2 指向的字符串连接到 str1 的末尾
{
    while(*str1)                    //等价于*str1!='\0'
        str1++;
    while(*str2)                    //等价于*str2!='\0'
    {
        *str1=*str2;
        str1++;
        str2++;
    }
```

```
    *str1='\0';
}

void main()
{
    char s1[80],s2[40];

    printf("input a string\n");
    scanf("%s",s1);
    printf("input a string again\n");
    scanf("%s",s2);
    printf("s1=%s\n",s1);
    printf("s2=%s\n",s2);
    fun(s1,s2);
    printf("the result:\n%s\n",s1);
}
```

程序运行结果为：

```
input a string
ni↙
input a string again
hao↙
s1=ni
s2=hao
the result:
nihao
```

【例 8-23】编写函数实现将一个整数转换成对应的逆序数字字符串，如输入 12345678，转换成 87654321。

解题思路：面对这类问题，一般需要用到“/”除法和“%”求余这两种运算符，其中“/”运算符主要用于屏蔽低位来求高位的值，而“%”则刚好相反。例如，一个整数 n 与 10 相余（即 n%10）就能得到该整数个位上的数字，一个整数 n 与 10 相除（即 n/10）就能将该整数个位数字屏蔽掉，将该整数的位数减少 1 位。将“%”与“/”配套使用，就能将某整数从低位到高位逐位数字分离出来，分离后的数字即是逆序的。题意是转成逆序数字字符串，则只需将分离出来的每位数字与字符'0'相加即得对应数字字符，并依此存放到字符数组中，且在最后加上字符串结束符'\0'即可。

源程序：

```
#include <stdio.h>
void reverse(int n,char *pns)
{
while(n!=0)
    {
        *pns=n%10+'0';          //个位数与'0'相加，转成对应的数字字符
        pns++;                  //指针后移
        n=n/10;
    }
    *pns='\0';                  //加字符串结束符'\0'
}
void main()
```

```
{
    int n;
    char ns[10];
    printf("input an integer number\n");
    scanf("%9d",&n);              //最大只能输入一个 9 位数
    reverse(n,ns);
    printf("the reverse string \n");
    printf("%s",ns);
}
```

小　　结

本章介绍了 C 语言的“精华”——指针。C 语言的各种数据类型的变量、数组、函数都与指针有着密不可分的关系。在 C 语言中允许使用指针类型的数据。与基本数据类型的变量相同，指针变量在使用前必须要定义。系统会按照定义来分配内存单元。指针变量的一般定义形式为：

类型名　*指针变量名 1;*指针变量名 2,…,*指针变量名 n;

与一般变量的定义相比，只是指针变量名的前面多了一个星号“*”（指针变量的定义标识符）。另外，指针变量在使用之前必须对其进行初始化，使指针变量指向一个确定的内存单元，否则系统会让指针指向一个随机的内存单元，如果该地址正在被系统使用着，那么会带来很大的麻烦，甚至灾难。

有关指针的数据类型的小结如表 1-8-2 所示。

表 1-8-2　有关指针的数据类型的小结

定　　义	含　　义
int i;	定义整型变量 i
int *p	p 为指向整型数据的指针变量
int a[n];	定义整型数组 a，它有 n 个元素
int *p[n];	定义指针数组 p，它由 n 个指向整型数据的指针元素组成
int **p;	P 是一个指针变量，它指向一个指向整型数据的指针变量

对于指针变量，允许的运算主要是指针变量的赋值、指针与整数的加减运算、指针之间的比较和指针之间的减法运算。现把全部指针运算列出如下：

（1）指针变量赋值：将一个变量的地址赋给一个指针变量。

```
p=&a;                //将变量 a 的地址赋给 p
p=array;             //将数组 array 的首地址赋给 p
p=&array[i];         //将数组 array 第 i 个元素的地址赋给 p
p=max;               //max()为已定义的函数，将 max()的入口地址赋给 p
p1=p2;               //p1 和 p2 都是指针变量，将 p2 的值赋给 p1
```

注意，不能如下：

```
p=1000;
```

（2）指针变量可以有空值，即该指针变量不指向任何变量：

```
p=NULL;
```

（3）指针变量加（减）一个整数：

例如：p++、p--、p+i、p-i、p+=i、p-=i

一个指针变量加（减）一个整数并不是简单地将原值加（减）一个整数，而是将该指针变量的原值（是一个地址）和它指向的变量所占用的内存单元字节数加（减）。

（4）两个指针变量可以相减：如果两个指针变量指向同一个数组的元素，则两个指针变量值之差是两个指针之间的元素个数。

（5）两个指针变量比较：如果两个指针变量指向同一个数组的元素，则两个指针变量可以进行比较。指向前面的元素的指针变量“小于”指向后面的元素的指针变量。

通过指针可以引用数组元素，对数组进行相应的操作，这不仅是对于一维数组而言，对于二维数组也是一样的。指针的使用可极大地提高操作数组的能力。

指针变量还可以作为函数的参数，通过向函数传递变量的地址改变相应内存单元的内容，还可以返回一个地址值。

总之，指针是C语言的重点，也是C语言的难点必须充分理解和全面掌握指针的概念和使用方法。

习　题

要求用指针方法处理以下各题。

1. 编写一个函数，是一个字符串按逆序存放，在主函数中输入和输出字符串。

2. 编写一个函数，由实参传来一个字符串，统计此字符串中字母、数字、空格和其他字符的个数，在主函数中输入字符串以及输出上述的结果。

3. 输入多个字符串，输出其中最大的字符串。

4. 在字符串中删除指定的字符（该字符可能出现多次），如把字符串student中的t删除，得到suden。要求使用子函数和字符指针。

5. 输入10个整数，将其中最小的数与第一个数对换，把最大的数与最后一个数对换。编写三个函数，分别实现输入10个数、进行处理、输出处理后的10个数。

6. 有n个整数，编写一个函数，使n个整数顺序后移m个位置，最后m个数变成最前面m个数。在主函数中输入n个整数和后移位置数m的值，然后输出调整后的n个数。

7. 有n个人围城一圈，顺序排号。从第1个人开始报数（从1到3报数），凡是报到3的人退出圈子，问最后留下的是原来第几号的那位。

第 9 章　结构体与枚举

【本章学习重点】

（1）掌握声明结构体类型和定义结构体变量的方法。

（2）掌握结构体数组的使用。

（3）掌握结构体指针及指向结构体指针变量的应用。

（4）了解枚举类型及其使用。

（5）了解类型定义符及其使用。

在实际问题中，一组数据往往具有不同的数据类型。例如，在学生登记表中，姓名应为字符型，学号可为整型或字符型，年龄应为整型，性别应为字符型，成绩可为整型或实型。显然不能用一个数组来存放这一组数据。因为数组中各元素的类型必须一致。为了解决这个问题，C 语言允许用户根据需要自己创建一些数据类型，并用它来定义变量，例如结构（structure）或称结构体。

9.1　结构体类型与结构体变量

9.1.1　结构体类型的声明

"结构体"是一种构造类型，它是由若干"成员"组成的。每一个成员可以是一个基本数据类型或者又是一个构造类型。

定义结构体的一般形式为：

```
struct 结构体名
{
    类型说明符 成员名;
};
```

实际操作中，如果需要处理表格形式的数据时，可以定义相应的结构体类型，如表 1-9-1 所示。每一行中数据的类型各不相同，所以定义符合该表数据的结构体类型。

表 1-9-1　职工工资表

工号	姓名	性别	年龄	基本工资	岗位工资	奖金	税金	住房基金	实发工资
10501	Lihua	F	34	500	1000	300	20	200	1580
10502	Tony	M	29	600	1100	400	50	300	1750

例如：

```
struct Employee
{
```

```
    char num[10];                 //职工号
    char name[20];                //职工姓名
    char sex;                     //性别
    int age;                      //年龄
    float base_salary;            //基本工资
    float post_salary;            //岗位工资
    float bonus;                  //奖金
    float fund;                   //住房基金
    float tax;                    //税金
    float fact_salary;            //实发工资
};
```

其中，struct Employee 是结构体类型名；花括号里括起来的若干变量是结构体类型的成员。可以看出，结构体类型的定义也可以看做是表格结构中的表头信息。

定义结束时，应注意在花括号后的分号是不可少的。

例如，在解决实际问题时有这样的表格结构，如表 1-9-2 所示。

表 1-9-2　通 信 录 表

姓名	性别	年龄	通信地址				联系电话	电子邮箱
			城市	街道	门牌号	邮编		

那在定义结构体类型时，应先定义表示通信地址的结构体类型，例如：

```
struct Address
{
    char city[10];
    char street[20];
    int code;
    int zip;
};
```

再定义整体的结构体类型，例如：

```
struct Friendslist
{
    char name[10];
    char sex;
    int age;
    struct Address addr;
    char telephone[13];
    char email[50];
};
```

在定义嵌套的结构体类型时，必须先定义成员的结构体类型，再定义主结构体类型。

9.1.2　结构体变量的定义

在制作职工工资表时，首先填写表头信息，相当于结构体类型定义过程；接下来应该是依据表头信息添加一行，向对应的单元格中填写信息，相当于为结构体变量定义和赋值过程。本小节介绍三种方法定义结构体类型变量。

1．先声明结构体类型，再定义该类型的变量

```
struct Employee employee_1,employee_2;
```

其中，employee_1 和 employee_2 为 struct Employee 类型的变量，这样两个变量就具有了 struct Employee 类型的结构。

在定义了结构体变量后，系统会根据结构体类型中包含的成员情况，为其分配内存单元。

2．在声明类型的同时定义变量

```
struct 结构体名
{
   成员列表
}变量名列表;
```

例如：

```
struct  Employee
{
   char num[10];
   char name[20];
   char sex;
   …
}employee_1,employee_2;
```

这种定义结构体变量的方式，能直接看到结构体的结构，比较直观。

3．不指定类型名而直接定义结构体类型变量

```
struct
{
   char num[10];
   char name[20];
   char sex;
   …
   float fact_salary;
}employee_1,employee_2;
```

指定了一个无名的结构体类型，使用不够灵活，这种方式用得不多。

9.1.3　结构体变量的引用

1．在定义结构体变量时，可以对它初始化，即赋予初始值

```
struct  Friends_list
{
   char name[10];
   int age;
   char telephone[15];
};
struct  Friends_list  friend1={"Zhang",26,"0571-85171880"};
```

2．结构体变量的整体赋值

```
struct  Friends_list  friend2=friend1;
```

3．结构体变量成员的引用

引用形式为：结构体变量名 .成员名

例如：

```
friend1.age=26;
strcpy(friend1.name,"Zhang San");
```

【例 9-1】结构体的使用实例。

```
#include <stdio.h>
int main()
{
    //结构体类型及变量的定义
    struct stu
    {
        int num;
        char *name;
        char sex;
        float score;
    } boy1,boy2;
    //结构体变量成员的赋值
    boy1.num=102;
    boy1.name="Zhang ping";
    printf("input sex and score\n");
    scanf("%c %f",&boy1.sex,&boy1.score);   //输入成员的值
    boy2=boy1;                              //变量的整体赋值
    //结构体变量成员值的输出
    printf("Number=%d\nName=%s\n",boy2.num,boy2.name);
    printf("Sex=%c\nScore=%.2f\n",boy2.sex,boy2.score);
    return 0;
}
```

程序运行结果为：

```
input sex and score
M  78.5↙                (输入)
Number=102              (输出)
Name=Zhang ping
Sex=M
Score=78.50
```

如果要输入成员 name 的值，输入语句应写成 scanf("%s",boy1.name);，boy1.name 前面没有&，因为 name 是数组名，本身就代表地址，故不再加&。

9.2 结构体数组

一个结构体变量只能表示一个实体的信息，如果有许多相同类型的实体，就需要使用结构体数组。结构体数组是结构体与数组的结合，与普通数组的不同之处在于每个数组元素都是一个结构体类型的数据，包括各个成员项。

9.2.1 结构体数组的定义

结构体数组的定义方法与结构体变量相同，也可以有三种形式。如：

```
struct Friends_list
{
    char name[10];
    int age;
    char telephone[13];
} friends[10];
```

结构数组 friends 有 10 个数组元素，为 friends[0]～friends[9]，每个数组元素都是结构体类型 struct Friends_list。

若已经定义结构体类型 struct Friends_list，也可以采用 struct Friends_list friends[10];形式来定义结构体数组。

9.2.2 结构体数组的初始化

若要在定义结构体数组时初始化，则采用如下形式：

```
struct  Friends_list  friends[10]={
   { "zhang san",26,"0571-85271880"},
   { "Li Si",30,"13605732436"}
   …
 };
```

相当于如图 1-9-1 所示。

friends[0]	Zhang San	26	0571-85271880
friends[1]	Li Si	30	13605732436
…	…	…	…
friends[9]	…	…	…

图 1-9-1 结构体数组

9.2.3 结构体数组的引用

结构体数组元素的成员引用形式：

```
结构体数组名[下标].结构体成员名
```

使用方法与同类型的变量完全相同，例如：

```
friends[5].age=26;
strcpy(friends[5].name,"Zhang San");
friends[4]=friends[1];
```

9.2.4 结构体数组应用举例

【例 9-2】输入并保存 n 个学生的信息（学号、姓名、数学成绩等），计算输出数学平均分，并按照成绩从高分到低分的顺序输出他们的信息。

解题思路：用结构体数组存放学生信息，采用选择法对各元素进行排序（进行比较的是各元素中的成绩）。

源程序：

```
#include <stdio.h>
#define  N  3
struct  student
{
   int  num;
   char  name[20];
   int   score;
};
int main( )
```

```
{
    struct  student  stud[N];  //定义结构数组
    int i,j,index;
    struct student temp;
    //输入N个学生的记录，并累加成绩
    for(i=0;i<N;i++)
    {
        printf("No %d: ",i+1);
        scanf("%d%s%d",&stud[i].num,stud[i].name,&stud[i].score);
    }
    //按照分数从高到低排序，使用选择排序法
    for(i=0;i<N-1;i++)
    {
        index=i;
        for (j=i+1;j<N;j++)
            if (stud[j].score>stud[index].score)   //比较成绩的大小
            index=j;
            //交换数组元素
        temp=stud[index];
        stud[index]=stud[i];
        stud[i]=temp;
    }
    //输出成绩
    for(i=0;i<N;i++)
        printf("%6d %8s %6d\n",stud[i].num,stud[i].name,stud[i].score);
    printf("\n");
    return 0;
}
```

程序运行结果为：

```
No 1: 15001  Lisa  89↙      (输入)
No 2: 15003  Jackie  76↙
No 3: 15021  Lee  94↙
15021      Lee      94      (输出)
15001     Lisa      89
15003   Jackie      76
```

9.3 结构体指针

一个结构体变量的起始地址就是这个结构体变量的指针。如果把一个结构体变量的起始地址存放在一个指针变量中，则这个指针变量就指向该结构体变量。

指向结构体的指针变量既可以指向结构体变量，也可以用来指向结构体数组中的元素。

9.3.1 指向结构体变量的指针

指针变量的基类型必须与结构体变量的类型相同。例如：

```
struct friends_list *p,friend1;
```

```
p=&friend1;
```

有了结构体指针变量，就能更方便地访问结构体变量的各个成员，可以通过以下形式进行成员的访问。

（1）用*p 访问结构体成员

```
(*p).age=36;
```

应该注意，(*p)两侧的括号不可少，因为成员符“.”的优先级高于“*”。若去掉括号写作*p.age，则等效于*(p.age)，这样，意义就完全不对了。

（2）用指向运算符“->”访问指针指向的结构体成员

```
p->age=36;
```

以上两种形式完全等价于：

```
friend1.age=36;
```

9.3.2　指向结构体数组的指针

指针变量可以指向一个结构体数组，这时结构体指针变量的值是整个结构体数组的首地址。

设 ps 为指向结构体数组的指针变量，则 ps 也指向该结构数组的 0 号元素，ps+1 指向 1 号元素，ps+i 则指向 i 号元素。这与普通数组的情况是一致的。可以通过以下方式访问结构体数组中的元素成员。

```
for(ps=friends;ps<friends+10;ps++)
printf("%s\t%d\t%s\n",ps->name,ps->age,ps->telephone);
```

一个结构体指针变量虽然可以用来访问结构体变量或结构体数组元素的成员，但是，不能使它指向一个成员。也就是说不允许取一个成员的地址来赋予它。因此，下面的赋值是错误的。

```
ps=&friends[1].age;
```

而只能是：

```
ps=friends;(赋予数组首地址)
```

或者是：

```
ps=&friends[0];(赋予 0 号元素首地址)
```

当指针指向结构体数组时，要分清以下几种形式的含义。

```
p->n          //p 指向的结构体变量中的成员 n 的值
p->n++        //先求得 p->n 的值，然后再使 n 加 1
++p->n        //先求得 p 指向的元素中的 n 值自加 1，然后再使用 n
(++p)->n      //先使 p 加 1，然后得到 p 指向的元素中的 n 值
(p++)->n      //先求得 p->n 的值，然后再使 p 加 1
```

9.4　结构体类型数据在函数间的传递

9.4.1　结构体变量作为函数参数

【例 9-3】在一个职工工资管理系统中，工资项目包括编号、姓名、基本工资、奖金、保险、实发工资。输入一个正整数 n，再输入 n 个职工的前 5 项信息，计算并输出每位职工的实发工资。实发工资=基本工资+奖金-保险。

解题思路：依据题目给出结构体类型，定义结构体变量用于循环存储职工信息。

源程序：

```
#include <stdio.h>
struct employee{
   int num;
   char name[20];
   float jbgz,jj,bx,sfgz;
};
int main(void)
{
   int i,n;
   struct employee e;
   printf("请输入职工人数n: ");
   scanf("%d", &n);
   for(i=1;i<=n;i++){
      printf("请输入第%d个职工的信息: ",i);
      scanf("%d%s",&e.num,e.name);
      scanf("%f%f%f",&e.jbgz,&e.jj,&e.bx);
      e.sfgz=e.jbgz+e.jj-e.bx;
      printf("编号:%d\t姓名:%s\t实发工资:%.2f\n",e.num,e.name,e.sfgz);
   }
   return 0;
}
```

程序运行结果为：

```
请输入职工人数n: 2↙                                  (输入)
请输入第1个职工的信息: 1  Tina  1500  500  200↙      (输入)
编号: 1    姓名: Tina    实发工资: 1800              (输出)
请输入第2个职工的信息: 2  Lisa  2500  300  300↙      (输入)
编号: 2    姓名: Lisa    实发工资: 2500              (输出)
```

9.4.2 结构体指针变量作为函数参数

【例 9-4】计算一组学生的平均成绩和不及格人数。用结构指针变量作函数参数编程。

解题思路：将学生数据存入结构体数组。定义函数实现不同功能：

（1）用 ave()函数计算学生的平均成绩。

（2）用 count()函数找出不及格人数。

在主函数中先后调用这两个函数，分别用结构体指针和结构体数组作为实参，最后得到结果。

源程序：

```
#include <stdio.h>
struct stu{
   int num;
   char name[20];
   char sex;
   float score;
}student[5]={
   {101,"Li ping",'M',45},
```

```
    {102,"Zhang ping",'M',62.5},
    {103,"He fang",'F',92.5},
    {104,"Cheng ling",'F',87},
    {105,"Wang ming",'M',58}
};
int main()
{
    struct stu *ps;
    float ave(struct stu *ps);
    int count(struct stu s[]);
    ps=student;
    printf("平均分数为%.2f\n 不及格人数为%d 人\n",ave(ps),count(student));
    return 0;
}
float ave(struct stu *ps)
{
    int i;
    float s=0;
    for(;ps<student+5;ps++)
    {
        s+=ps->score;
    }
    return s/5;
}
int count(struct stu s[])
{
    int n=0,i;
    for(i=0;i<5;i++)
        if(s[i].score<60)
            n++;
    return n;
}
```

程序分析：student 被定义为外部结构数组，因此在整个源程序中有效。本程序中定义了函数 ave(),其形参为结构体指针变量 ps。在 main()函数中定义说明了结构指针变量 ps,并把 student 的首地址赋予它，使 ps 指向 student 数组。然后以 ps 作实参调用函数 ave()。

虽然函数 count()形参为结构体数组 s，实际上，该函数的实参是数组起始地址，函数间传递的是地址，这时形参势必是指针。所以 count()函数实际也是结构体指针作为函数参数。

9.5　枚举类型的使用

在实际问题中，有些变量的取值被限定在一个有限的范围内。例如，一个星期只有 7 天，一年只有 12 个月，一个班每周有 6 门课程，等等。如果把这些量说明为整型、字符型或其他类型显然是不妥当的。

为此，C 语言提供了一种称为“枚举”的类型。“枚举”就是一一列举。在“枚举”类型的定义中列举出所有可能的取值，被说明为该“枚举”类型的变量取值不能超过定义的范围。应该说明的是，枚举类型是一种基本数据类型，而不是一种构造类型，因为它不能再分解为任何基本类型。

9.5.1 枚举类型和枚举变量

1. 枚举类型的定义

枚举（enum）是一个具有有限个整型符号常量的集合，其定义的一般形式为：

```
enum 枚举类型名
{ 枚举常量取值表};
```

在枚举常量取值表中应罗列出所有可用值。这些值又称枚举元素。

例如：

```
enum weekday
{ sun,mon,tue,wed,thu,fri,sat };
```

该枚举类型名为weekday，枚举值共有7个，即一周中的7天。凡被说明为weekday类型变量的取值只能是7天中的某一天。

2. 枚举变量的说明

如同结构一样，枚举变量也可用不同的方式说明，即先定义后说明，同时定义说明或直接说明。

设有变量a、b、c被说明为上述的weekday，可采用下述任一种方式：

```
enum weekday
{ sun,mon,tue,wed,thu,fri,sat };
enum weekday a,b,c;
```

或者为：

```
enum weekday
{ sun,mon,tue,wed,thu,fri,sat }a,b,c;
```

或者为：

```
enum
{ sun,mon,tue,wed,thu,fri,sat }a,b,c;
```

9.5.2 枚举类型变量的赋值和使用

枚举类型在使用中有以下规定：

（1）枚举值是常量，不是变量。不能在程序中用赋值语句再对它赋值。

例如，对枚举weekday的元素再作以下赋值：

```
sun=5;
mon=2;
sun=mon;
```

都是错误的。

（2）枚举元素本身由系统定义了一个表示序号的数值，从0开始顺序定义为0，1，2，…。例如，在weekday中，sun值为0，mon值为1，…，sat值为6。

```
enum weekday
{ sun,mon,tue,wed,thu,fri,sat};
```

等价于

```
enum weekday
{ sun=0,mon=1,tue=2,wed=3,thu=4,fri=5,sat=6};
```

【例 9-5】枚举的使用。

```
#include <stdio.h>
int main()
{
    enum weekday
    { sun,mon,tue,wed,thu,fri,sat } a,b,c;
    a=sun;
    b=mon;
    c=tue;
    printf("%d,%d,%d",a,b,c);
    return 0;
}
```

说明：只能把枚举值赋予枚举变量，不能把枚举元素的数值直接赋予枚举变量。例如：

```
a=sun;
b=mon;
```

是正确的。而

```
a=0;
b=1;
```

是错误的。若一定要把数值赋予枚举变量，则必须用强制类型转换。

例如：

```
a=(enum weekday)2;
```

其意义是将顺序号为 2 的枚举元素赋予枚举变量 a，相当于：

```
a=tue;
```

还应该说明的是，枚举元素不是字符常量也不是字符串常量，使用时不要加单、双引号。

9.6　类型定义符 typedef

C 语言不仅提供了丰富的数据类型，而且还允许由用户自己定义类型说明符，也就是说允许由用户为数据类型取“别名”。类型定义符 typedef 即可用来完成此功能。例如，有整型变量 a 和 b，其说明如下：

```
int a,b;
```

其中，int 是整型变量的类型说明符。int 的完整写法为 integer，为了增加程序的可读性，可把整型说明符用 typedef 定义为：

```
typedef int INTEGER
```

以后就可用 INTEGER 来代替 int 作整型变量的类型说明了。

例如：

```
INTEGER a,b;
```

它等效于：

```
int a,b;
```

用 typedef 定义数组、指针、结构等类型将带来很大的方便，不仅使程序书写简单而且使意义更为明确，因而增强了可读性。

例如：

```
typedef char NAME[20];
```

表示 NAME 是字符数组类型，数组长度为 20。然后可用 NAME 说明变量，例如：

```
NAME a1,a2,s1,s2;
```

完全等效于：

```
char a1[20],a2[20],s1[20],s2[20]
```

又如：

```
typedef struct stu
{
    char name[20];
    int age;
    char sex;
} STU;
```

定义 STU 表示 stu 的结构类型，然后可用 STU 来说明结构变量：

```
STU body1,body2;
```

typedef 定义的一般形式为：

```
typedef 原类型名 新类型名
```

其中，原类型名中含有定义部分，新类型名一般用大写表示，以便于区别。

有时也可用宏定义来代替 typedef 的功能，但是宏定义是由预处理完成的，而 typedef 则是在编译时完成的，后者更为灵活方便。

小　　结

（1）C 语言中的数据类型分为两类：一类是系统已经定义好的标准数据类型（如 int、double、float、char 等），编程者不必自己定义，可以直接用它们去定义变量。另一类是用户根据需要在一定的框架范围内自己建立的类型，先要向系统做出声明，然后才能用它们定义变量。其中最常用是结构体类型。

（2）结构体类型是把若干数据有机地组成一个整体，这些数据可以是不同类型的。声明结构体类型的一般形式是：

```
struct 结构体名
{
    成员列表;
};
```

注 意

struct 是声明结构体类型必写的关键字。结构体类型名应该是“struct +结构体名”，如 struct Student。声明结构体类型时，系统并不对其分配存储空间，只有在用结构体类型定义结构体变量时才对变量分配存储空间。结构体类型常用于事务管理领域，把属于同一个对象的若干属性（如学生的姓名、性别、年龄、成绩）放在同一个结构体变量中，符合客观情况，便于处理。

（3）同类结构体变量可以互相赋值，但不能用结构体变量名对结构体变量整体输入和输出。引用结构体变量中的成员的方式有：

- 结构体变量.成员名，如 friend1.age。
- (*指针变量).成员名，如(*p).age，其中 p 指向结构体变量。
- p->成员名，如 p->age，其中 p 指向结构体变量。

（4）结构体变量的指针就是结构体变量的起始地址，可以定义指向结构体变量的指针变量，这个变量的值是结构体变量的起始地址。

（5）枚举类型是把可能的值全部一一列出，枚举变量的值只能是其中之一。

（6）类型定义符 typedef 允许用户给已有的数据类型取别名。

习　题

1. 输入一个学生的 C 语言期中和期末的成绩，计算并输出平均成绩。

2. 输入某班 10 个学生的姓名及数学成绩、英语成绩、C 语言成绩，计算每位学生的平均分，然后输出平均分最高的学生的姓名及其三门课程成绩。

3. 有三个候选人竞选同一个职位，现要民主选举，每个选民只能投票给一个人。编写统计选票的程序，输入被选人的姓名，输出候选人的姓名和个人得票结果。

4. 定义一个结构体变量，计算该日在本年是第几天。本题的关键是判断出所给日期所在月份之前的每月所包含的天数，注意闰年问题。

第10章 文　　件

【本章学习重点】

（1）掌握文件及文件类型指针的含义。

（2）掌握文件的打开与关闭方法。

（3）了解文件的顺序读写函数。

（4）了解文件的随机读写函数。

在学习本章之前，所有C语言程序所操作的数据皆存储在内存中，随着程序运行的结束，这些在内存中的数据所占的空间被操作系统系统回收，其中的数据也不再可用，更无法保存下来。若想把程序结果或其他数据长久保存，或者程序中用到的数据不是通过键盘等终端输入到程序中的，而是事先准备好的，则要使用另一种存储区域——外存。平时常见的硬盘、U盘、光盘等都是外部存储介质，而数据存储的形式是文件，即数据是以文件的形式保存在外存中的。

10.1　文 件 概 述

10.1.1　文件的概念

所谓“文件”，是指一组相关数据的有序集合，可以是程序文件、可执行文件，也可以是是原始数据文件或一组输出结果。这个数据集有一个名称，叫做文件名。文件通常是驻留在外存（如磁盘等）上的，在使用时才调入内存中。

C语言程序中的数据可以从文件中读入或输出到文件中。C语言对文件的处理主要依赖于标准输入/输出函数。

10.1.2　文件的分类

从文件编码的方式来看，文件可分为ASCII码文件和二进制码文件两种。ASCII文件又称文本文件（.txt），这种文件在磁盘中存放时每个字符对应1字节，用于存放对应的ASCII码。二进制文件是把内存中的数据按其在内存中的存储形式原样输出到磁盘上存放。

整型数5678的ASCII码存储形式为：

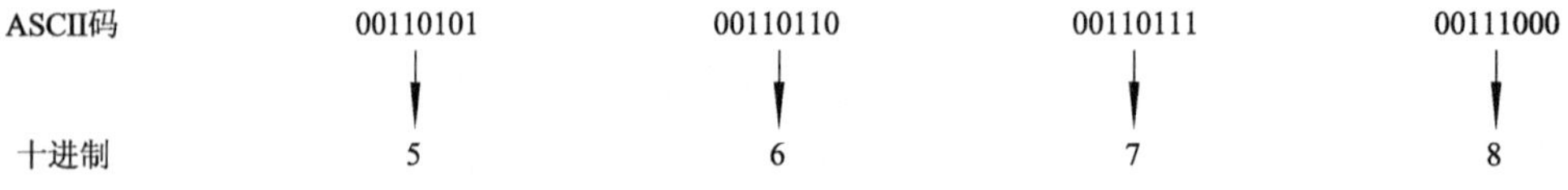

共占了4字节。

二进制的存储形式为：

00010110　00101110

共占了2字节。

用 ASCII 码形式输出与字符一一对应，一个字节代表一个字符，因而便于对字符进行逐个处理，也便于输出字符。但一般占存储空间较多，而且要花费转换时间（二进制形式与 ASCII 码间的转换）。用二进制形式输出数值，可以节省外存空间和转换时间，但一个字节并不对应一个字符，不能直接输出字符形式。程序运行过程中产生的中间数据或结果数据，如果要保存在磁盘上，以后需要时再从磁盘输入到内存的，常用二进制文件保存。

10.1.3　文件缓冲区

ANSI C 标准采用“缓冲文件系统”处理文件，所谓缓冲文件系统是指系统自动地在内存区为每一个正在使用的文件开辟一个文件缓冲区。从内存向磁盘输出数据必须先送到内存中的缓冲区，装满缓冲区后才一起送到磁盘去。如果从磁盘向内存读入数据，则一次从磁盘文件将一批数据输入到内存缓冲区，然后再从缓冲区逐个地将数据送到程序数据区，如图 1-10-1 所示。缓冲区大小由各个具体的 C 版本确定。

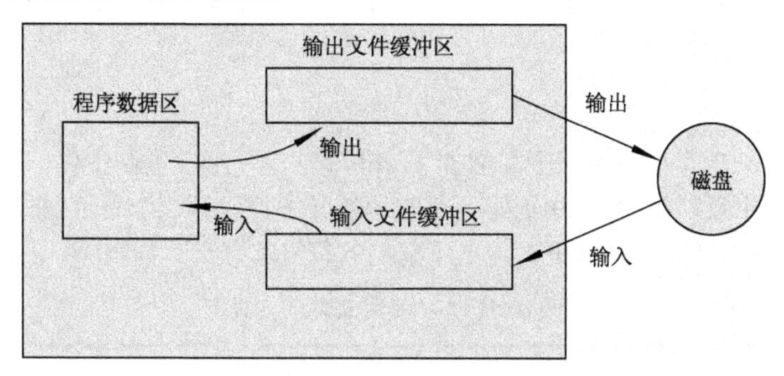

图 1-10-1　文件缓冲区

10.1.4　文件类型指针

在 C 语言中用一个指针变量指向一个文件，这个指针称为文件指针。通过文件指针就可对它所指的文件进行各种操作。

定义说明文件指针的一般形式为：

```
FILE  *指针变量标识符;
```

其中，FILE 应为大写，它实际上是由系统定义的一个结构，该结构中含有文件名、文件状态和文件当前位置等信息。在编写源程序时不必关心 FILE 结构的细节。例如：

```
FILE  *fp;
```

表示 fp 是指向 FILE 结构的指针变量，通过 fp 即可找存放某个文件信息的结构变量，然后按结构变量提供的信息找到该文件，实施对文件的操作。习惯上也笼统地把 fp 称为指向一个文件的指针。

10.2　文件的打开与关闭

文件在进行读写操作之前要先打开，使用完毕要关闭。所谓打开文件，实际上是为文件建立相应的信息区（用来存放有关文件的信息）和文件缓冲区（用来暂时存放输入/输出的数据），并使文件指针指向该文件，这样就可以对文件进行读写了。关闭文件则断开指针与文件之间的联系，也就禁止再对该文件进行操作。

在C语言中，文件操作都是由库函数来完成的。

10.2.1 打开文件

fopen()函数用来打开一个文件，其调用的一般形式为：

```
文件指针名=fopen(文件名,使用文件方式);
```

其中：

（1）“文件指针名”必须是被说明为FILE 类型的指针变量。

（2）“文件名”是被打开文件的文件名，是字符串常量或字符串数组。

（3）“使用文件方式”是指文件的类型和操作要求。

例如：

```
FILE *fp;
fp=("f1","r");
```

其意义是在当前目录下打开文件f1，只允许进行“读”操作，并使fp指向该文件。

又如：

```
FILE *fp2;
Fp2=("c:\\newfile","rb");
```

其意义是打开C磁盘的根目录下的文件newfile，这是一个二进制文件，只允许按二进制方式进行读操作。两个反斜线“\\”中的第一个表示转义字符，第二个表示根目录。

使用文件的方式共有12种，下面给出了它们的符号和意义，如表1-10-1所示。

表1-10-1 使用文件的方式

文件使用方式	含 义
r（只读）	只读打开一个文本文件，只允许读数据
w（只写）	只写打开或建立一个文本文件，只允许写数据
a（追加）	追加打开一个文本文件，并在文件末尾写数据
rb（只读）	只读打开一个二进制文件，只允许读数据
wb（只写）	只写打开或建立一个二进制文件，只允许写数据
ab（追加）	追加打开一个二进制文件，并在文件末尾写数据
r+（读写）	读写打开一个文本文件，允许读和写
w+（读写）	读写打开或建立一个文本文件，允许读写
a+（读写）	读写打开一个文本文件，允许读，或在文件末追加数据
rb+（读写）	读写打开一个二进制文件，允许读和写
wb+（读写）	读写打开或建立一个二进制文件，允许读和写
ab+（读写）	读写打开一个二进制文件，允许读，或在文件末追加数据

对于文件使用方式有以下几点说明。

（1）文件使用方式由r、w、a、t、b、+共6个字符拼成，各字符的含义是：

r(read)：读。

w(write)：写。

a(append)：追加。

b(banary)：二进制文件；

+：读和写。

（2）凡用"r"打开一个文件时，该文件必须已经存在，且只能从该文件读出。

（3）用"w"打开的文件只能向该文件写入。若打开的文件不存在，则以指定的文件名建立该文件，若打开的文件已经存在，则将该文件删去，重建一个新文件。

（4）若要向一个已存在的文件追加新的信息，只能用"a"方式打开文件。但此时该文件必须是存在的，否则将会出错。

（5）在打开一个文件时，如果出错，fopen()将返回一个空指针值 NULL。在程序中可以用这一信息来判别是否完成打开文件的工作，并作相应的处理。因此，常用以下程序段打开文件：

```
if((fp=fopen("c:\\newfile","r")==NULL)
{
   printf("cannot open this file!\n");
   exit(0);
}
```

这段程序的意义是，如果返回的指针为空，表示不能打开 C 盘根目录下的 newfile 文件，则给出提示信息 cannot open this file!，然后执行 exit(0)退出程序。

10.2.2　关闭文件

文件一旦使用完毕，应用关闭文件函数把文件关闭，以避免文件的数据丢失等错误。

fclose()函数调用的一般形式是：

```
fclose(文件指针);
```

例如：

```
fclose(fp);
```

正常完成关闭文件操作时，fclose()函数返回值为 0。否则返回 EOF（即-1）。

10.3　文件的顺序读写

对文件的读和写是最常用的文件操作。在 C 语言中提供了多种文件读写的函数：

（1）格式化读写函数：fscanf()和 fprinf()。

（2）字符读写函数：fgetc()和 fputc()。

（3）数据块读写函数：fread()和 fwrite()。

（4）字符串读写函数：fgets()和 fputs()。

下面分别予以介绍。使用以上函数都要求包含头文件 stdio.h。

10.3.1　格式化读写函数 fscanf()和 fprintf()

fscanf()、fprintf()函数与前面使用的 scanf()和 printf()函数的功能相似，都是格式化读写函数。两者的区别在于 fscanf()和 fprintf()函数的读写对象不是键盘和显示器，而是磁盘文件。

这两个函数的调用格式为：

```
fscanf(文件指针,格式字符串,输入表列);
fprintf(文件指针,格式字符串,输出表列);
```

例如：

```
int i;
char s[10];
fscanf(fp,"%d,%s",&i,s);
```

它的作用是从磁盘文件中读取一个整型数存入变量 i，一个字符串存入 s 中。若磁盘文件中有以下字符：

```
5,China
```

则变量 i 的值为 5，s 数组中存有 China。

```
fprintf(fp,"%d%c",j,s[0]);
```

它的作用是将变量 j 和 s[0]的值按%d 和%c 的格式输出到 fp 指向的文件中。

【例 10-1】运行程序，查看结果。

```
#include <stdio.h>
int main()
{
    FILE *fp;
    int i=3;
    float t=4.04;
    fp=fopen("2.txt","r+");
    fprintf(fp,"%d,%6.2f",i,t);
    fscanf(fp,"%d,%6.2f",&i,&t);
    printf("%d %f",i,t);
    fclose(fp);
    return 0;
}
```

程序运行结果为：

```
3  4.040000
```

程序分析：由于文件的读写方式为“r+”，所以要求 2.txt 已经存在，对该文件进行读写操作，程序执行后，2.txt 里的内容为 3， 4.04。

10.3.2 字符方式读写函数 fgetc()和 fputc()

字符读写函数是以字符（字节）为单位的读写函数。每次可从文件读出或向文件写入一个字符。

1. 读字符函数 fgetc()

fgetc()函数的功能是从指定的文件中读一个字符，函数调用的形式为：

```
字符变量=fgetc(文件指针);
```

例如：

```
ch=fgetc(fp);
```

其意义是从打开的文件 fp 中读取一个字符并送入 ch 中。

对于 fgetc()函数的使用有以下几点说明：

（1）在 fgetc()函数调用中，读取的文件必须是以读或读写方式打开的。

（2）读取字符的结果也可以不向字符变量赋值。例如，fgetc(fp);，但是读出的字符不能保存。

（3）在文件内部有一个位置指针。用来指向文件的当前读写字节。在文件打开时，该指针总是指向文件的第一个字节。使用 fgetc()函数后，该位置指针将向后移动一个字节。因此，可连续多次使用 fgetc()函数，读取多个字符。应注意文件指针和文件内部的位置指针不是一回事。文件指针是指向整个文件的，须在程序中定义说明，只要不重新赋值，文件指针的值是不变的。文件内部的位置指针用以指示文件内部的当前读写位置，每读写一次，该指针均向后移动，它不需在程序中定义说明，而是由系统自动设置的。

【例 10-2】读取文件 c1.txt，在屏幕上输出。

```
#include <stdio.h>
#include <stdlib.h>
int main()
{
   FILE *fp;
   char ch;
   if((fp=fopen("d:\\example\\c1.txt","r"))==NULL)
   {
      printf("\nCannot open file!");
      exit(0);
   }
   ch=fgetc(fp);
   while(ch!=EOF)
   {
      putchar(ch);
      ch=fgetc(fp);
   }
   fclose(fp);
   return 0;
}
```

本例程序的功能是从文件中逐个读取字符，在屏幕上显示。程序定义了文件指针 fp，以读文本文件方式打开文件 d:\\example\\c1.txt，并使 fp 指向该文件。如打开文件出错，给出提示并退出程序。程序中先读出一个字符，然后进入循环，只要读出的字符不是文件结束标志（每个文件末有一结束标志 EOF）就把该字符显示在屏幕上，再读入下一字符。每读一次，文件内部的位置指针向后移动一个字符，文件结束时，该指针指向 EOF。执行本程序将显示整个文件。

2. 写字符函数 fputc()

fputc()函数的功能是把一个字符写入指定的文件中。函数调用的形式为：

```
fputc( 字符量,文件指针 );
```

其中，待写入的字符量可以是字符常量或变量，例如：

```
fputc('a',fp);
```

其意义是把字符 a 写入 fp 所指向的文件中。

对于 fputc()函数的使用也要说明几点：

（1）被写入的文件可以用写、读写、追加方式打开，用写或读写方式打开一个已存在的文件时将清除原有的文件内容，写入字符从文件首开始。如需保留原有文件内容，希望写入的字符以文件末开始存放，必须以追加方式打开文件。被写入的文件若不存在，则创建该文件。

（2）每写入一个字符，文件内部位置指针向后移动一个字节。

（3）fputc()函数有一个返回值，如写入成功则返回写入的字符，否则返回一个 EOF。可用此来判断写入是否成功。

【例 10-3】从键盘输入一些字符，逐个把它们送到磁盘上去，直到用户输入一个“#”为止。

解题思路：用 fgetc()函数从键盘逐个输入字符，然后用 fputc()函数写到磁盘文件即可。

源程序：

```
#include <stdio.h>
```

```
#include <stdlib.h>                          //用 exit()函数时加
int main()
{
    FILE *fp;
    char ch,filename[10];
    printf("请输入所用的文件名: ");
    scanf("%s",filename);                    //输入文件名
    if((fp=fopen(filename,"w"))==NULL)
    {
        printf("无法打开此文件\n");
        exit(0);
    }
    getchar();                               //接收最后输入的回车符
    printf("请输入一个字符串(以#结束): ");
    ch=getchar();
    while(ch!='#')
    {
        fputc(ch,fp);
        putchar(ch);
        ch=getchar();
    }
    fclose(fp);
    putchar('\n');
    return 0;
}
```

程序运行结果为:

```
请输入所用的文件名: abc.txt↙
请输入一个字符串(以#结束): file content#↙
file content
```

10.3.3 数据块读写函数 fread()和 fwrite()

C 语言还提供了用于整块数据的读写函数。可用来读写一组数据，如一个数组元素，一个结构体变量的值等。

读数据块函数调用的一般形式为:

```
fread(buffer,size,count,fp);
```

写数据块函数调用的一般形式为:

```
fwrite(buffer,size,count,fp);
```

其中:

(1) buffer: 是一个指针，在 fread()函数中，它表示存放输入数据的首地址。在 fwrite()函数中，它表示存放输出数据的首地址。

(2) size: 表示数据块的字节数。

(3) count: 表示要读写的数据块块数。

(4) fp: 表示文件指针。

例如:

```
fread(fa,4,5,fp);
```

表示从 fp 所指的文件中，每次读 4 个字节（一个实数）送入数组 fa 中，连续读 5 次，即读 5

个数到 fa 中。

```
fwrite(stu,36,10,fp1);
```

表示从 stu 所代表的数组元素的首地址开始，以 36 个字节为一个单位长度，共复制 10 个学生的数据，存放到文件指针 fp1 所指向的文件中。

【例 10-4】 从键盘输入 10 个学生的有关数据，然后把它们转存到磁盘文件中。

```
#include <stdio.h>
#define SIZE 10
struct student_type
{
   char name[10];
   int num;
   int age;
   char addr[15];
}stud[SIZE];
void save()
{
   FILE *fp;
   int i;
   if((fp=fopen("stu_dat","wb"))==NULL)
   {
      printf("cannot open file\n");
      return;
   }
   for(i=0;i<SIZE;i++)
      if(fwrite(&stud[i],sizeof(struct student_type),1,fp)!=1)
         printf("file write error\n");
   fclose(fp);
}
int main()
{
   int i;
   printf("enter data of students:\n");
   for(i=0;i<SIZE;i++)
      scanf("%s%d%d%s",stud[i].name,&stud[i].num,&stud[i].age,stud[i].
        addr);
   save();
   return 0;
}
```

为了验证在磁盘文件 stu_dat 中是否已存在此数据，可以用以下程序从 stu_dat 文件中读入数据，然后在屏幕上输出。

```
int main()
{
   int i;
   FILE *fp;
   if((fp=fopen("stu_dat","rb"))==NULL)
   {
      printf("cannot open file\n");
      return;
   }
```

```
    for(i=0;i<SIZE;i++)
    {
       fread (&stud[i],sizeof(struct student_type),1,fp);
       printf("%-10s%4d%4d%-15s\n",stud[i].name,stud[i].num,stud[i].
         age,stud[i].addr);
    }
    fclose (fp);
    return 0;
}
```

10.3.4 字符串读写函数 fgets()和 fputs()

1. 读字符串函数 fgets()

函数的功能是从指定的文件中读一个字符串到字符数组中，函数调用的形式为：

```
fgets(字符数组名,n,文件指针);
```

其中，n 是一个正整数。表示从文件中读出的字符串不超过 n-1 个字符。在读入的最后一个字符后加上串结束标志'\0'。例如：

```
fgets(str,n,fp);
```

的意义是从 fp 所指的文件中读出 n-1 个字符送入字符数组 str 中。执行成功后，返回 str 数组首地址，如果一开始就遇到文件尾或读数据错，返回 NULL。

2. 写字符串函数 fputs()

函数的功能是向指定的文件写入一个字符串，其调用形式为：

```
fputs(字符串,文件指针);
```

其中，字符串可以是字符串常量，也可以是字符数组名，或指针变量，例如：

```
fputs("abcd",fp);
```

其意义是把字符串"abcd"写入 fp 所指的文件之中。字符串末尾的'\0'不输出，输出成功，函数值为 0；失败，函数值为 EOF。

【例 10-5】从键盘读入若干字符串，对它们按字母大小的顺序排序，然后把排好序的字符串送到磁盘文件中保存。

解题思路：为解决问题，可分为三个步骤。

（1）从键盘读入 n 个字符串，存放在一个二维字符数组中，每一个一维数组存放一个字符串。

（2）对字符数组中的 n 个字符串按字母顺序排序，排好序的字符串仍存放在字符数组中。

（3）将字符数组中的字符串顺序输出。

源程序：

```
#include <stdio.h>
#include <stdlib.h>
#include <string.h>
int main()
{
   FILE *fp;
   char  str[3][10],temp[10];
   int i,j,k,n=3;
   printf("Enter strings:\n");
   for(i=0;i<n;i++)
      gets(str[i]);
```

```
    for(i=0;i<n-1;i++)
    {
       k=i;
       for(j=i+1;j<n;j++)
          if(strcmp(str[k],str[j])>0)
             k=j;
          if(k!=i)
          {
             strcpy(temp,str[i]);
             strcpy(str[i],str[k]);
             strcpy(str[k],temp);
          }
    }
    if((fp=fopen("f:\\abc.txt","w"))==NULL)
    {
       printf("can't open file!\n");
       exit(0);
    }
    printf("\nThe new sequence:\n");
    for(i=0;i<n;i++)
    {
       fputs(str[i],fp);
       fputs("\n",fp);
       printf("%s\n",str[i]);
    }
    return 0;
}
```

程序运行结果为：

```
Enter strings:
China↙
America↙
Korea↙

The new sequence:
America
China
Korea
```

程序分析：

（1）在打开文件时，指定了文件路径，本来应该写成 f:\abc.txt，但由于 C 语言中把“\”作为转义字符的标志，因此在字符串或字符中要表示“\”时，应写为“\\”，即 f:\\abc.txt。

（2）在向磁盘文件写数据时，输出的字符串不包括'\0'，前后几次输出的字符串之间无间隔，这样在以后从磁盘文件读回数据时就无法区分各个字符串。因此，在输出一个字符串后，人为地输出一个“\n”，作为字符串之间的间隔。

为了验证输出到磁盘文件中的内容，可以编写出以下的程序，从该文件中读回字符串，并在屏幕上显示。

```
#include <stdio.h>
#include <stdlib.h>
int main()
```

```
{
    FILE *fp;
    char  str[3][10];
    int i=0;
    if((fp=fopen("f:\\abc.txt","r"))==NULL)
    {
        printf("can't open file!\n");
        exit(0);
    }
    while(fgets(str[i],10,fp)!=NULL)
    {
        printf("%s",str[i]);
        i++;
    }
    fclose (fp);
    return 0;
}
```

程序运行结果为:

```
America
China
Korea
```

说明:

（1）在打开文件时注意，指定的文件路径和文件名必须和输出时指定的一致，否则找不到该文件。读写方式要改为"r"。

（2）指定一次读入 10 个字符，但按 fgets()函数的规定，如果遇到'n'结束输入，'\n'作为最后一个字符读入到字符数组。

（3）由于读入到字符数组中的每个字符串后都有一个'\n'，因此在向屏幕输出时不必再加'\n'，而只写 printf("%s",str[i]);即可。

10.4　文件的定位与随机读写

为了对读写进行控制，系统为每个文件设置了一个位置指针，用来指示当前的读写位置。一般情况下，在对字符文件进行顺序读写时，文件标记指向文件开头，进行读的操作时，就读第一个字符，然后文件标记向后移一个位置，在下一次读操作时，就将位置标记指向的第二个字符读入。依此类推，直到遇文件尾，结束。

如果是顺序写文件，则每写完一个数据后，文件标记顺序向后移一个位置，然后在下一次执行写操作时把数据写入指针所指的位置。直到把全部数据写完，此时文件位置标记在最后一个数据之后。

可以根据读写的需要，人为地移动了文件标记的位置。文件标记可以向前移、向后移，移到文件头或文件尾，然后对该位置进行读写——随机读写。随机读写可以在任何位置写入数据，在任何位置读取数据。

对文件进行顺序读写比较容易理解，也容易操作，但有时效率不高。

随机访问不是按数据在文件中的物理位置次序进行读写，而是可以对任何位置上的数据进行访问，显然这种方法比顺序访问效率高得多。

10.4.1　文件指针重定位函数 rewind()

rewind()函数的作用是使文件指针重新返回文件的开头，此函数没有返回值。

【例 10-6】有一个磁盘文件，第一次将它的内容显示在屏幕上，第二次把它复制到另一文件上。

解题思路：因为在第一次读入完文件内容后，位置指针已指到文件的末尾，如果再接着读数据，就遇到文件结束标志，feof()函数的值等于 1（真），无法再读数据。必须在程序中用 rewind()函数使位置指针返回文件的开头。

源程序：

```
#include <stdio.h>
int main()
{
    FILE *fp1,*fp2;
    fp1=fopen("file1.dat","r");
    fp2=fopen("file2.dat","w");
    while(!feof(fp1))
    putchar(getc(fp1));
    putchar(10);
    rewind(fp1);
    while(!feof(fp1))
    putc(getc(fp1),fp2);
    fclose(fp1);
    fclose(fp2);
    return 0;
}
```

程序分析：

（1）feof(fp1)是检查 fp1 所指向的文件中当前的位置指针是否已指向文件末尾，如果是，feof(fp1)为真，此时!feof(fp1)的值为假。它是 while 语句执行循环的条件，当!feof(fp1)的值为假（即位置指针指向文件尾时），不再执行 while 循环。

（2）putc(getc(fp1),fp2);的作用是：先从 file1 文件中读入一个字符，然后马上输出到屏幕上。

（3）第 1 次从 file1.dat 文件逐个字节读入内存，并显示在屏幕上，在读完全部数据后，文件 file1.dat 位置指针已指到文件末尾，feof(fp1)的值为-1（真），!feof(fp1)的值为 0（假），while 循环结束。执行 rewind()函数，使文件 file1.dat 的位置指针重新定位于文件开头，同时 feof()函数的值恢复为 0（假）。

10.4.2　随机读写函数 fseek()

用 fseek()函数移动位置指针，调用形式为：

```
fseek(文件类型指针,位移量,起始点)
```

起始点 0 代表“文件开始”，1 为“当前位置”，2 为“文件末尾”，如表 1-10-2 所示。

表 1-10-2　fseed()函数中的“起始点”的表示方法

起　始　点	名　　字	用数字代表
文件开始	SEEK_SET	0
文件当前位置	SEEK_CUR	1
文件末尾	SEEK_END	2

fseek()函数一般用于二进制文件。如：

```
fseek(fp,100L,0);        //将位置指针移到离文件头100字节处
fseek(fp,50L,1);         //将位置指针移到当前位置后面50字节处
fseek(fp,-10L,2);        //将位置指针从文件末尾处向后退10字节
```

10.4.3 其他相关函数

1. ftell()函数

函数功能是得到当前文件位置读写标记的值，其调用的一般形式为：

```
ftell(文件指针变量);
```

例如：

```
int pos=ftell(fp);
```

该函数成功调用，返回值为正值，否则为-1。当没有打开一个文件，即fp没有指向任何文件时，调用ftell()，返回-1。

2. feof()函数

函数功能是判断文件位置读写标记是否到达文件末尾，其调用的一般形式为：

```
feof(文件指针变量);
```

文件位置读写标记在文件尾，则函数值为非0，否则为0。通常用该函数判断是否将整个文件的数据读取完毕。

3. ferror()函数

函数功能是判断ferror()函数调用之前的文件输入/输出函数是否出现错误，其调用的一般形式为：

```
ferror(文件指针变量);
```

在ferror()之上离其最近的输入输出函数调用成功，则值为0，否则值为非0。

4. clearerr()函数

函数功能是使文件错误标志和文件结束标志位0，其调用的一般形式为：

```
clearerr(文件指针变量);
```

将调用ferror()函数检测的文件访问错误标志置0，即在clearerr()后，再调用ferror()，其值为0。

小　　结

（1）数据文件有两类：ASCII文件和二进制文件。数据在内存中是以二进制形式存储的，如果不加转换地输出到外存，就是二进制文件，可以认为它就是存储在内存的数据的映像，所以也称为映像文件。如果要求在外存上以ASCII代码形式存储，则需要在存储前进行转换。

（2）ANSI C采用缓冲文件系统，为每一个使用的文件在内存开辟一个文件缓冲区，在计算机输入时，先从文件把数据读到文件缓冲区，然后从缓冲区分别送到各变量的存储单元；在输出时，先从内存数据区将数据送到文件缓冲区，待放满缓冲区后一次输出，这有利于提高效率。

（3）文件指针是缓冲文件系统中的一个重要的概念。在文件打开时，在内存建立一个文件信息区，存放文件的有关特征和当前状态。这个信息区的数据组织成结构体类型，命名为FILE类型。文件指针是指向FILE类型数据的，具体说，就是指向某一文件信息区的开头。通过这个指针可以得到文件的有关信息，从而对文件进行操作。这就是指针指向文件的含义。

（4）文件使用前必须“打开”，用完后应当“关闭”。所谓打开，是建立相应的文件信息区，

开辟文件缓冲区。由于建立的文件信息区没有名字，只能通过指针变量来引用，因此一般在打开文件时同时使指针变量指向该文件的信息区，以便程序对文件进行操作。所谓关闭，是撤销文件信息区和文件缓冲区，指针变量不再指向该文件。

（5）有两种对文件的读写方式，顺序读写和随机读写。对于顺序读写而言，对文件读写数据的顺序和数据在文件中的物理顺序是一致的；对于随机读写而言，对文件读写数据的顺序和数据在文件中的物理顺序一般是不一致的。

（6）对文件的操作，要通过文件操作函数实现，如表1-10-3所示。

表1-10-3　常用的文件操作函数

分　类	函　数　名	功　能
打开文件	fopen()	打开文件
关闭文件	fclose()	关闭文件
文件定位	fseek()	改变文件位置指针的位置
	rewind()	使文件位置指针重新置于文件开头
	ftell()	得到文件位置指针的当前值
文件读写	fgetc()	从指定文件取得一个字符
	fputc()	把字符输出到指定文件。
	fgets()	从指定文件读取字符串
	fputs()	把字符串输出到指定文件
	fread()	从指定文件中读取数据块
	fwrite()	把数据块写到指定文件
	fscanf()	从指定文件按格式输入数据
	fprintf()	按指定格式将数据写到指定文件中
文件状态	feof()	若到文件末尾，函数值为真
	ferror()	若对文件操作出错，函数值为真
	clearerr()	使ferror()和feof()函数值置零

习　题

1. 对C文件操作有哪些特点？什么是缓冲文件系统和文件缓冲区？

2. 什么是文件型指针？通过文件指针访问文件有什么好处？

3. 从键盘输入一个字符串，以'!'结束，将其中的小写字母全部转换成大写字母，然后输出到一个磁盘文件test中保存。

4. 在磁盘文件A和B中，各存放一行字母，今要求把这两个文件中的信息合并，输出到一个新文件C中。

5. 有5个学生，每个学生有3门课程的成绩，从键盘输入学生数据（包括学号、姓名、3门课程成绩），计算出平均成绩，将原来数据和计算出的平均分存放在磁盘文件stud中。

第2篇　实 验 指 导

第1章　实验一般步骤及实验环境

1.1　实验的一般步骤

1. 实验目的

C 语言程序设计是一门实践性很强的课程，该课程的学习有其自身的特点，学习者必须通过大量的编程训练，在实践中掌握程序设计语言，培养程序设计的基本能力，并逐步理解和掌握程序设计的思想和方法。具体的说，通过上机实践，应该达到以下几点要求：

（1）使学习者能很好地掌握一种程序设计开发环境的基本操作方法（如 Visual C++ 6.0），掌握应用程序开发的一般步骤。

（2）在程序设计和调试程序的过程中，可以帮助学习者进一步理解第 1 篇各章节的主要知识点，特别是一些语法规则的理解和运用，程序设计中的常用算法和构造及应用，也就是所谓“在编程中学习编程”。

（3）通过上机实践，提高程序分析、程序设计和程序调试的能力。程序调试是一个程序员最基本的技能，不会调试程序的程序员就意味着他即使会一门语言，也不能编制出任何好的软件。通过不断地积累经验，摸索各种比较常用的技巧，可以提高编程的效率和程序代码的质量。

2. 实验准备

上机前需要做好如下准备工作，以提高上机编程的效率。

（1）在计算机上安装一种程序设计开发工具，并学会基本的操作方法。

（2）复习与本次实验相关的教学内容和主要知识点。

（3）准备好编程题程序流程图和全部源程序代码，并且先进行人工检查。

（4）对程序中有疑问的地方做出标记，充分估计程序运行中可能出现的问题，以便在程序调试过程中给予关注。

（5）准备好运行和调试程序所需的数据。

3. 实验步骤

（1）运行程序设计开发工具，进入程序设计开发环境。

（2）新建一个文件，输入准备好的程序。

（3）不要立即进行编译和连接，应该首先仔细检查刚刚输入的程序，如有错误及时改正，保存文件后再进行编译和连接。

（4）如果在编译和连接的过程中发现错误，根据系统的提示找出出错语句的位置和原因，改正后再进行编译和连接。直到成功为止。

（5）运行程序，如果运行结果不正确，修改程序中的内容，直到结果正确为止。

（6）保存源程序和相关资源。

（7）实验后，应提交实验报告，主要内容应包括程序清单，调试数据和运行结果，还应该包括对运行结果的分析和评价等内容。

1.2　实验环境 VC++ 6.0 使用指南

利用 VC++ 6.0 提供的一种控制台操作方式，可以建立 C 语言应用程序，Win32 控制台程序（Win32 Console Application）是一类 Windows 程序，它不使用复杂的图形用户界面，程序与用户交互是通过一个标准的字符窗口，下面对使用 VC++ 6.0 编写简单的 C 语言应用程序作一个初步的介绍。

1. 创建工程项目

用 Visual C++ 6.0 系统建立 C 语言应用程序，首先要创建一个工程项目（project），用来存放 C 程序的所有信息。创建一个工程项目的操作步骤如下：

（1）进入 Visual C++ 6.0 环境后，选择主菜单“文件（File）”→“新建（New）”命令，弹出“新建（New）”对话框，如图 2-1-1 所示。在弹出的对话框中单击“工程（Projects）”选项卡，选择 Win32 Console Application 工程类型，在“工程（Project name）”文本框中填写工程名，例如 MyPro1，在“位置（Location）”文本框中填写工程路径（目录），例如 E:\CTest，然后单击“确定（OK）”按钮继续。

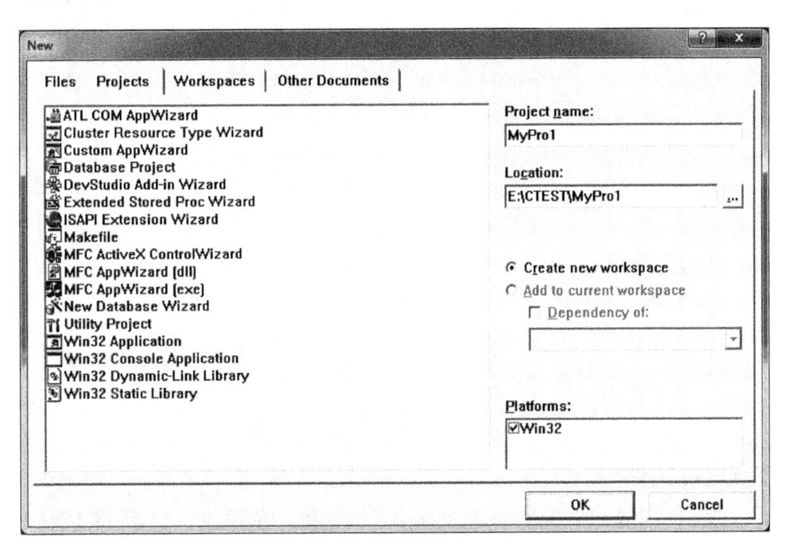

图 2-1-1　创建工程项目

（2）弹出 Win32 Console Application—Step 1 of 1 对话框，如图 2-1-2 所示，选择 An empty project 单选按钮（即创建一个空白的工程项目），然后单击“完成（Finish）”按钮继续。

（3）弹出“新建工程信息（New Project Information）”对话框，如图 2-1-3 所示，单击“确定（OK）”按钮完成工程的创建。创建的工作区文件为 MyPro1.dsw 和工程项目文件 MyPro1.dsp。

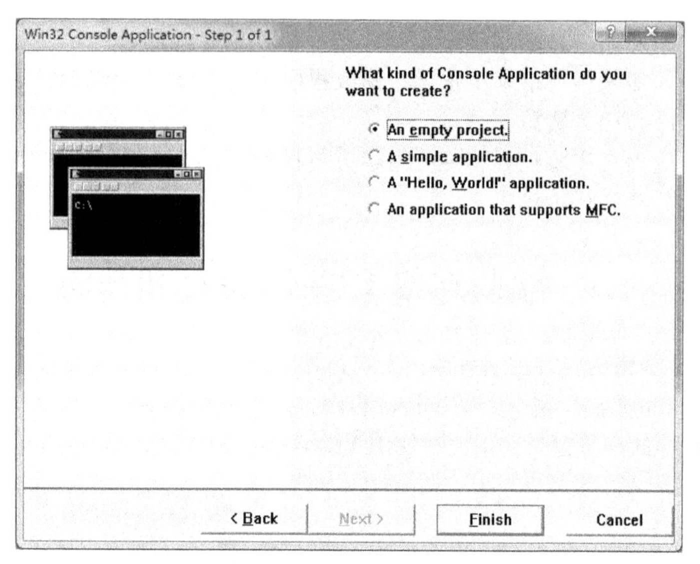

图 2-1-2　Win32 Console Application—Step 1 of 1 对话框

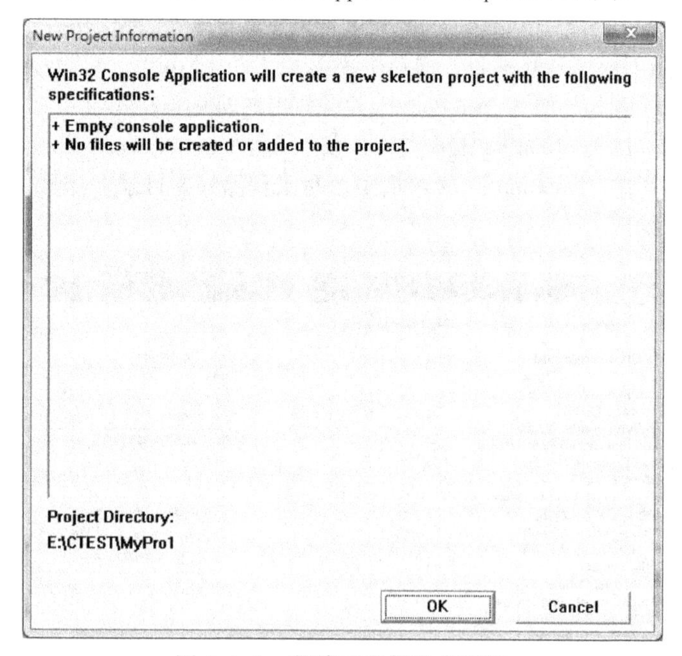

图 2-1-3　新建工程信息对话框

2．新建 C 源程序文件

选择主菜单“文件（File）”→“新建（New）”命令，在弹出的“新建（New）”对话框中单击“文件（Files）”选项卡，选择 C++ Source File 文件类型，选中“添加入工程（Add to project）”复选框，在“文件名（File）”文本框中填写文件名，例如 MyPro1.c，如图 2-1-4 所示，“位置（Location）”保持不变，然后单击“确定（OK）”按钮完成新建空白 C 源程序文件的操作。也可以选择主菜单“工程（Project）”→“添加工程（Add to Project）”→“新建（New）”命令方式为工程添加新的 C 源程序文件。

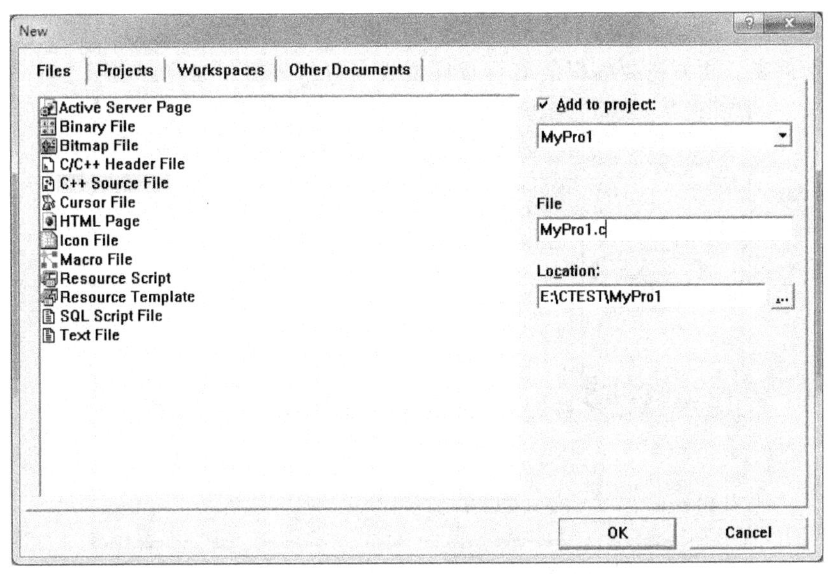

图 2-1-4　新建 C 源程序文件

注意

输入 C 源程序文件名一定要加上扩展名.c，否则系统会为文件添加默认的 C++源程序文件扩展名.cpp。

在文件编辑区输入源程序代码，然后保存工作区文件，再编译连接运行程序。

3. 打开已存在的工程项目，编辑 C 源程序

进入 Visual C++ 6.0 环境后，选择主菜单“文件(File)”→“打开工作区(Open Workspace)”命令，在 Open Workspace 对话框内找到并选择要打开的工作区文件 EX1_1.dsw，如图 2-1-5 所示，单击“确定(OK)”按钮以打开相应工程项目的工作区。

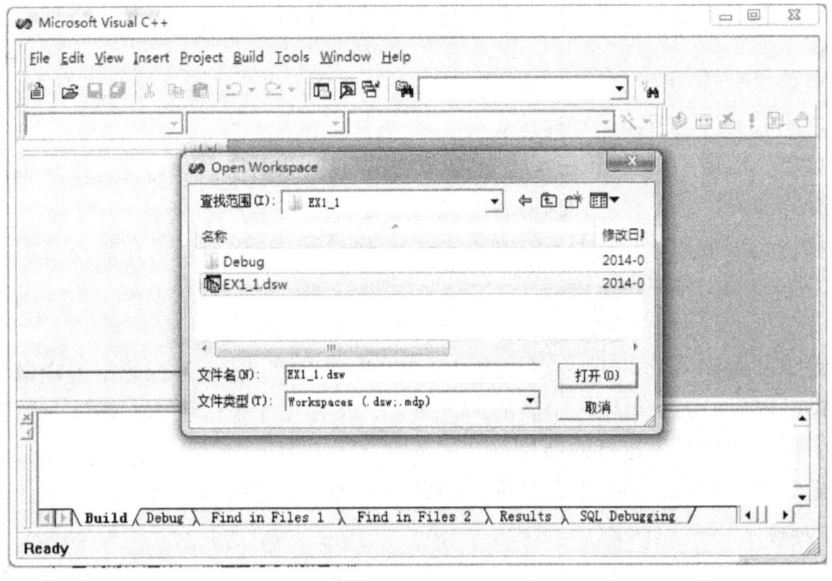

图 2-1-5　打开已存在的工程项目

在左侧的工作区窗口，单击下方的 FileView 选项卡以文件视图显示工程项目内容，打开 Source Files 文件夹，再双击要编辑的 C 源程序文件名进行编辑和修改，如图 2-1-6 所示。

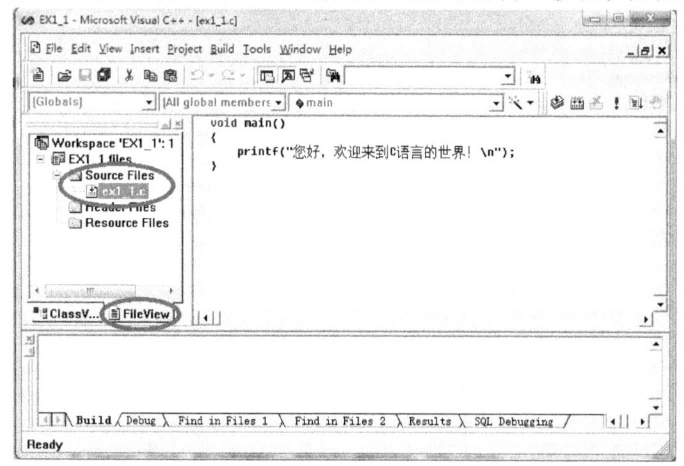

图 2-1-6　打开工程项目中的源程序文件

4. 在工程项目中添加已经存在的 C 源程序文件

将已经存在的 C 源程序文件添加工程到当前打开的工程区文件中，选择主菜单“工程（Project）”→“添加工程（Add to Project）”→“文件（Files）”命令，在 Insert File into Project 对话框内找到已经存在的 C 源程序文件，单击“确定（OK）”按钮完成添加。

5. 编译、连接和运行

（1）编译

选择主菜单“编译（Build）”→“编译（Compile）”命令，或单击编译微型工具条上的图标，系统只编译当前文件而不调用链接器或其他工具。输出（Output）窗口将显示编译过程中检查出的错误或警告信息，在错误信息处双击，可以使输入焦点跳转到引起错误的源代码处大致位置以进行修改。修改好后再编译，直到没有错误或警告，成功生成目标文件（.obj）文件。

（2）构建

选择主菜单“编译（Build）”→“构建（Build）”命令，或单击编译微型工具条上的图标，对最后修改过的源文件进行编译和连接。

选择主菜单“编译（Build）”→“重建全部（Rebuild All）”命令，允许用户编译当前工程项目中的所有源文件，而不管它们何时曾经被修改过。

程序编译构建完成后生成的目标文件（.obj），可执行文件（.exe）存放在当前工程项目所在文件夹的 Debug 子文件夹中。

（3）运行

选择主菜单“编译（Build）”→“执行（Build Execute）”命令，或单击编译微型工具条上的图标 !，执行程序，将会出现一个新的用户窗口，按照程序输入要求正确输入数据后，程序即正确执行，用户窗口显示运行的结果。

对于比较简单的程序，可以直接选择该项命令，编译、连接和运行一次完成。

6. 调试程序

在编写较长的程序时，能够一次成功而不含有任何错误决非易事。对于程序中的错误，系统提供了易用且有效的调试手段。

（1）调试程序环境介绍

选择主菜单“编译（Build）”→“开始调试（Start Debug）”命令，选择下一级提供的调试命令，系统将会进入调试程序界面，如图 2-1-7 所示。同时提供多种窗口监视程序运行，通过单击“调试（Debug）”工具条上的按钮，可以打开/关闭这些窗口。相关调试窗口如表 2-1-1 所示。

表 2-1-1　调试窗口一览表

窗口名称	说　明	按　钮	功　能
Quick Watch	自定义观察窗口		观察变量或者表达式的值
Watch	观察窗口		观察变量的值
Variables	变量窗口		显示所有当前执行上下文中可见的变量的值
Registers	寄存器窗口		显示当前的所有寄存器的值
Memory	内存窗口		显示一片内存的内容，适用于观察数组元素
Call Stack	调用堆栈窗口		当前断点处函数是被哪些函数按照什么顺序调用的

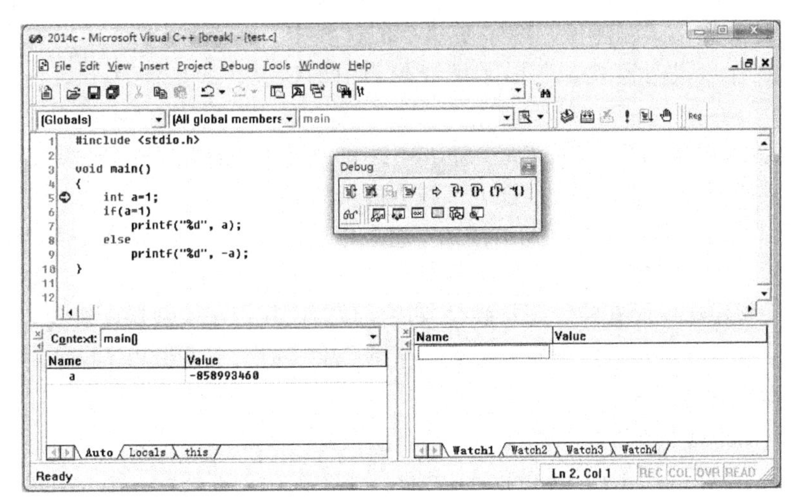

图 2-1-7　调试程序界面

在调试状态下，系统支持查看程序运行到当前指令语句时变量、表达式和内存的值。所有这些观察都必须是在断点中断的情况下进行。观看变量的值最简单，当断点到达时，把光标移动到这个变量上，停留一会就可以看到变量的值。还可以采用系统提供一种被称为 Watch 的机制来观看变量和表达式的值。在断点中断状态下，在变量上右击，选择 Quick Watch 命令，就弹出一个对话框，显示这个变量的值。在该对话框中输入变量或者表达式，就可以观察变量或者表达式的值。

另外，可以通过 Variables 窗口查看所有当前执行上下文中可见的变量的值。特别是当前指令语句涉及的变量（以红色显示）；可以通过 Memory 窗口查看一片内存的内容；也可以通过 Registers 窗口去查看当前的所有寄存器的值；还可以 Call Stack 对话框去查看当前断点处函数是被哪些函数按照什么顺序调用的。

（2）单步执行调试程序

系统提供了多种单步执行调试程序的方法：可以通过单击“调试（Debug）”工具条上的按

钮或按快捷键的方式选择多种单步执行命令。常用调试命令如表 2-1-2 所示。

表 2-1-2　常用调试命令一览表

菜单命令	按　钮	快捷键	说　明
Go		F5	继续运行，直到断点处中断
Step Over		F10	单步，如果涉及子函数，不进入子函数内部
Step Into		F11	单步，如果涉及子函数，进入子函数内部
Run to Cursor		Ctrl+F10	运行到当前光标处
Step Out		Shift +F11	运行至当前函数的末尾。跳到上一级主调函数
Breakpoints		F9	设置/取消断点
Stop Debugging		Shift+F5	结束程序调试，返回程序编辑环境

① 单步跟踪进入子函数（Step Into，F11），每按一次【F11】键，程序执行一条无法再进行分解的程序行，如果涉及子函数，进入子函数内部。

② 单步跟踪跳过子函数（Step Over，F10），每按一次【F10】键，程序执行一行；Watch 窗口可以显示变量名及其当前值，在单步执行的过程中，可以在 Watch 窗口中加入所需观察的变量，辅助加以进行监视，随时了解变量当前的情况，如果涉及子函数，不进入子函数内部。

③ 单步跟踪跳出子函数（Step Out，Shift+F11），按【Shift+F11】组合键后，程序运行至当前函数的末尾，然后从当前子函数跳到上一级主调函数。

④ 运行到当前光标处，当按【Ctrl+F10】组合键后，程序运行至当前光标处所在的语句。

（3）设置断点调试程序

为方便较大规模程序的跟踪，断点是最常用的技巧。断点是调试器设置的一个代码位置。当程序运行到断点时，程序中断执行，回到调试器。调试时，只有设置了断点并使程序回到调试器，才能对程序进行调试。

① 设置\取消断点的方法。可以通过下述方法设置一个断点。首先把光标移动到需要设置断点的代码行上，然后按【F9】或者单击“编译”工具条上的按钮，断点处所在的程序行的左侧会出现一个红色圆点。如果要取消断点，则只需将光标定位在要取消的断点所在代码行处，再次按【F9】键或者单击“编译”工具条上的按钮。

② 程序运行到断点。选择主菜单“编译（Build）”→“开始调试（Start Debug）”→“去（Go）”命令，或者单击“编译（Compile）”工具条上的按钮，程序执行到第一个断点处程序将暂停执行，该断点处所在的程序行的左侧红色圆点上添加一个黄色箭头，如图 2-1-7 所示，此时，用户可方便地进行变量观察。继续执行该命令，程序运行到下一个相邻的断点。

（4）结束程序调试，返回程序编辑环境

选择主菜单“调试（Debug）”→“结束调试（Stop Debugging）”命令，或者单击“调试（Debug）”工具条上的按钮，或者按【Shift+F5】组合键，可结束程序调试，返回程序编辑环境。

第2章　学生成绩管理系统实验案例

2.1　实验案例分析

1. 功能需求分析

本实验案例是学生成绩管理系统，该系统是对学生基本信息及成绩的管理。主要用于对学生的学号、姓名等信息以及C程序设计基础科目的成绩进行增加、删除、修改、查询、排序和保存到文件等操作。系统应给用户提供一个简单的人机界面，使用户可以根据提示输入操作项，调用系统提供的管理功能。

主要功能需求有如下几点：

（1）系统主菜单

允许用户选择想要的操作，包括输入学生信息、显示学生信息、查询学生信息、删除学生信息、对学生信息按照学号排序、计算成绩以及保存，退出等。通过输入相应的序号选择相应的操作。

（2）输入学生信息

用户根据提示输入学生的学号、姓名和成绩。输入完一条学生记录，可根据提示继续输入下一条学生记录。允许输入多条学生信息，输入完的学生信息暂时保存在数组中，等待下一步操作。

（3）显示学生信息

在选择显示学生信息后，将数组中的学生信息显示出来。如果没有数据，则提示无学生记录。

（4）查询学生信息

可以根据学号从数组中对学生信息进行查询，如果没有查询到相关数据信息，系统需给出提示信息。

（5）删除学生信息

首先提示用户输入要删除的学生的学号，系统根据用户输入的信息在数组中查找，如果找到，直接删除该学生全部信息；如果没有找到，则系统需给出提示信息。

（6）排序

对数组中的学生信息按照学号进行排序，排序结果可以利用（3）显示学生信息来查看。

（7）计算

该模块完成三个功能，及平均分、最高分和最低分。选择计算成绩菜单后，程序进行相关计算，然后显示这些计算结果。

（8）保存学生信息

将数组中的学生信息存储到程序目录下的指定文本文件中。

（9）读取学生信息

从程序目录下的指定文本文件中读取学生信息，并保存到数组中。

（10）退出

退出系统。

2. 功能模块设计

学生成绩管理系统主要划分成输入学生信息、显示学生信息、查询学生信息、删除学生信息、对学生信息按照学号排序、计算成绩以及保存，退出等，如图 2-2-1 所示。

（1）输入学生信息

在主菜单程序中调用 Input()函数，输入学生信息，保存到数组中。输入完一条学生记录后提示用户是否继续输入下一条学生记录。如果用户输入 Y 或 y，则实现继续输入学生信息的操作；如果用户输入 N 或 n，则返回到主菜单界面。

（2）显示学生信息

在主菜单程序中调用 Display()函数来显示数组中的学生信息。先判断数组中是否有数据，如果没有则显示没有学生记录；如果有，则先显示学生信息的格式头，然后逐条显示学生信息记录。显示相关信息后，暂停程序的执行，按任意键返回主菜单。

（3）查询学生信息

在主菜单中选择 3 进行学生信息的查询，调用 Query()函数按学号查询学生信息。利用用户输入的学号，对数组中的学生信息逐个查找。如果找到该学生，则显示查询到的该学生的全部信息；如果没有找到，输出提示信息。查询结束后提示用户是否继续查询操作，如果用户输入 Y 或 y，则实现继续按学号查询学生信息的操作；如果用户输入 N 或 n，则返回到主菜单界面。

（4）删除学生信息

在主菜单中调用 Delete()函数，删除某学生信息。首先提示用户输入要删除的学生的学号，然后按学号逐个查询数组中的学生信息，如果没找到该学生，则给出提示信息；如果找到该学生，则先输出该学生的全部信息，然后提示用户是否真的要删除该学生信息。如果用户输入 Y 或 y，则删除该学生全部信息，并给出删除成功的提示信息；如果用户输入 N 或 n，则不执行删除操作。上述操作结束后，提示用户是否继续删除操作，如果用户输入 Y 或 y，则实现继续按学号删除学生信息的操作；如果用户输入 N 或 n，则返回到主菜单界面。

（5）排序

在主菜单中选择 5 选项，调用 Sort()函数对数组中学生信息按照学号非递减的方式进行排序。排序完成后给出排序成功的提示信息，暂停程序的执行，按任意键返回主菜单。本模块不需要显示排序的结果，用户可以主菜单项 2 显示学生信息功能来查看结果。

（6）计算

在主菜单中选择 6 的时候，调用 Calc()函数，先统计所有学生成绩的平均分、最高分和最低分，后显示这三个统计结果。暂停程序的执行，按任意键返回主菜单。

（7）读取学生信息

在主菜单中选择 7 的时候，调用 Read()函数从程序目录下的指定文本文件中逐个读取学生信息，并保存到数组中，并给出“读取成功”的提示信息。如果指定的文本文件不存在，则给出提示信息。

（8）保存学生信息

在主菜单中选择 8 的时候，调用 Write()函数将数组中的学生信息逐个存储到程序目录下的指定文本文件中，并给出“保存成功”的提示信息。

（9）退出

给出退出系统的信息，然后退出系统。

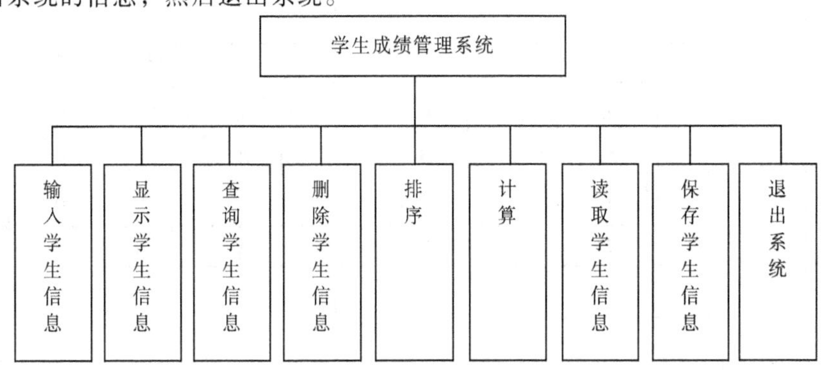

图 2-2-1　学生成绩管理系统的功能模块图

3. 程序流程处理设计

系统的执行应从系统主菜单的选择开始，允许用户输入 1～9 之间的数值来选择要进行的操作，输入其他字符都返回到主菜单，直到输入的是 1～9 之间的数字。

若用户输入 1，则调用 Input()函数，进行输入学生信息的操作。

若用户输入 2，则调用 Display()函数，进行显示学生信息的操作。

若用户输入 3，则调用 Query()函数，进行按学号查询学生信息的操作。

若用户输入 4，则调用 Delete()函数，进行删除学生信息的操作。

若用户输入 5，则调用 Sort()函数，进行对学生信息按学号非递减排序操作。

若用户输入 6，则调用 Calc()函数，对学生信息中的成绩进行统计操作。

若用户输入 7，则调用 Read()函数，对文件中的学生信息进行读取操作。

若用户输入 8，则调用 Write()函数，进行将学生信息保存到文件的操作。

若用户输入 9，则调用 Quit()函数，退出系统。

系统的处理流程如图 2-2-2 所示。

4. 系统实现截图

（1）主菜单

系统运行后，首先进入主菜单界面，允许用户输入 1~9 之间的数字，来实现不同的操作，主菜单界面如图 2-2-3 所示。

（2）输入学生信息

进入主菜单界面后，输入数字 1 进入输入学生信息界面，用户可以根据提示信息输入学生的学号、姓名和成绩，输入完一条信息后提示用户是否继续输入下一条学生信息，如果用户输入 Y 或 y，则继续输入下一条学生信息，否则返回主菜单界面。输入信息界面如图 2-2-4 所示。

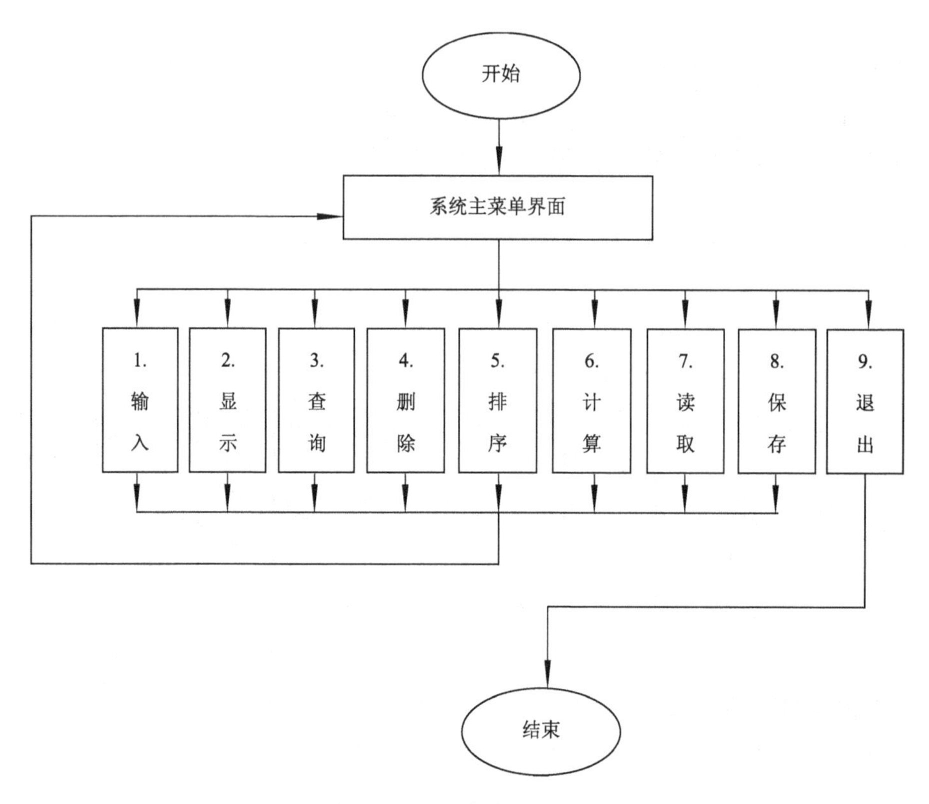

图 2-2-2　程序流程图

```
"E:\CTest\CProject\Debug\CProject.exe"
*****Students' Grade Management System*****
    | 1. Input Records                     |
    | 2. Display All Records               |
    | 3. Query a Record                    |
    | 4. Delete a Record                   |
    | 5. Sort                              |
    | 6. Calculate                         |
    | 7. Add Records from a Text File      |
    | 8. Write to a Text file              |
    | 9. Quit                              |
*******************************************
Give your Choice(1-9):_
```

图 2-2-3　学生成绩管理主界面

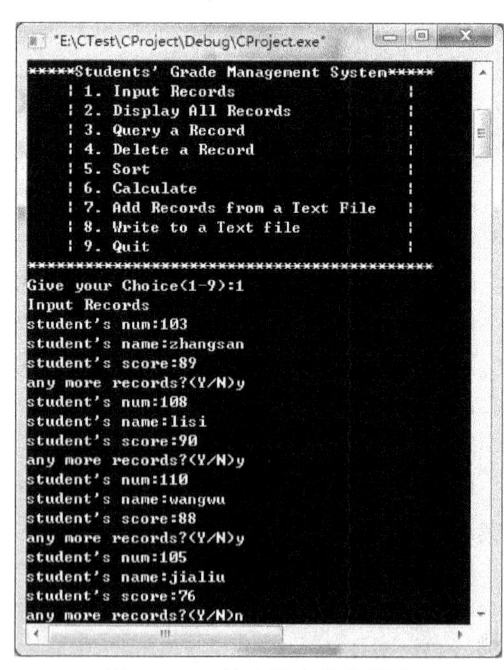

图 2-2-4　输入学生信息界面

（3）显示学生信息

在主菜单界面中如果输入数字 2，则进入显示学生信息界面，系统会将刚才输入的学生信息按照预定格式显示出来，如图 2-2-5（a）所示。如果没有学生信息，系统给出提示信息，如图 2-2-5（b）所示。

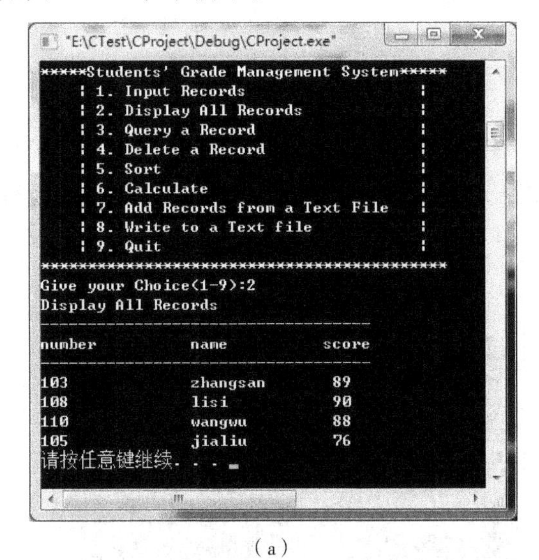

（a）

```
"E:\CTest\CProject\Debug\CProject.exe"
*****Students' Grade Management System*****
    | 1. Input Records                   |
    | 2. Display All Records             |
    | 3. Query a Record                  |
    | 4. Delete a Record                 |
    | 5. Sort                            |
    | 6. Calculate                       |
    | 7. Add Records from a Text File    |
    | 8. Write to a Text file            |
    | 9. Quit                            |
*******************************************
Give your Choice(1-9):2
Display All Records
no students' info!
请按任意键继续. . .
```

（b）

图 2-2-5　显示学生信息界面

（4）查询学生信息

在主菜单界面中如果输入数字 3，则进入查询学生信息界面，系统提示输入一个学号，如果输入的学号存在，系统显示该学生全部信息，否则给出没有找到的提示。查询一个结束后提示是否继续查询，如果用户输入 Y 或 y，则继续查询下一个学生信息，否则返回主菜单界面。查询学生信息界面如图 2-2-6 所示。

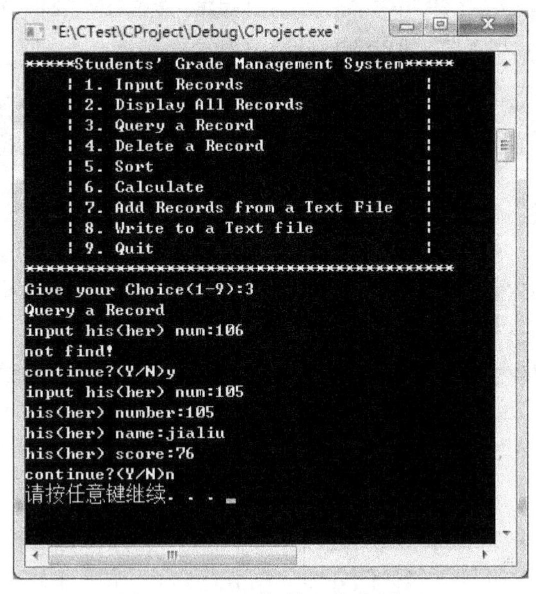

图 2-2-6　查询学生信息界面

（5）删除学生信息

在主菜单界面中如果输入数字 4，则进入删除学生信息界面。根据系统提示输入要删除的学生的学号，如果该学号不存在，系统给出提示信息；如果该学号存在，系统先输入该学生的全部信息，再提示是否删除，如果用户输入 Y 或 y，则删除该学生，并输出删除成功提示信息。删除一个结束后提示是否继续删除，如果用户输入 Y 或 y，则继续查询下一个学生信息，否则返回主菜单界面。查询学生信息界面如图 2-2-7 所示。

（6）排序

在主菜单界面中如果输入数字 5，则进行按学号对学生信息排序的操作。为便于排序前后的对比，在排序前先利用显示学生信息功能（数字 2）输出未排序的全部学生信息，再进行排序操作，然后再一次利用显示学生信息功能（数字 2）输出排序后的全部学生信息，如图 2-2-8 所示。

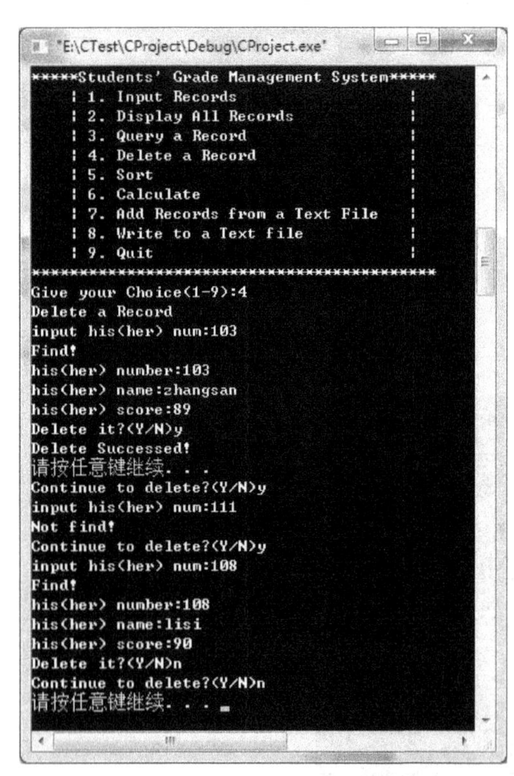

图 2-2-7　删除学生信息界面

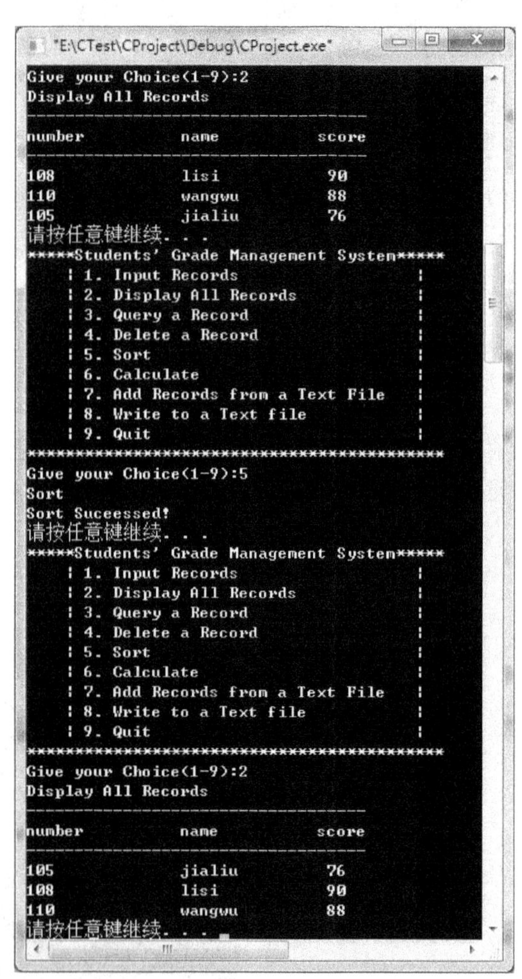

图 2-2-8　学生信息排序界面

（7）计算

在主菜单界面中如果输入数字 6，则进入计算学生平均分，最高分和最低分。先显示总记录数，再分别显示最高分的学生信息和最低分的学生信息，然后显示平均分，界面如图 2-2-9 所示。

（8）读取学生信息

在主菜单界面中如果输入数字 7，则进入读取学生信息界面，读取完成后系统给出提示信息，如图 2-2-10 所示。

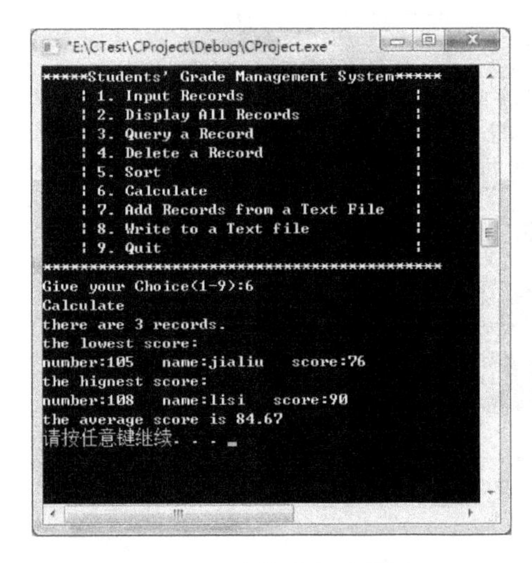

图 2-2-9　计算学生成绩界面

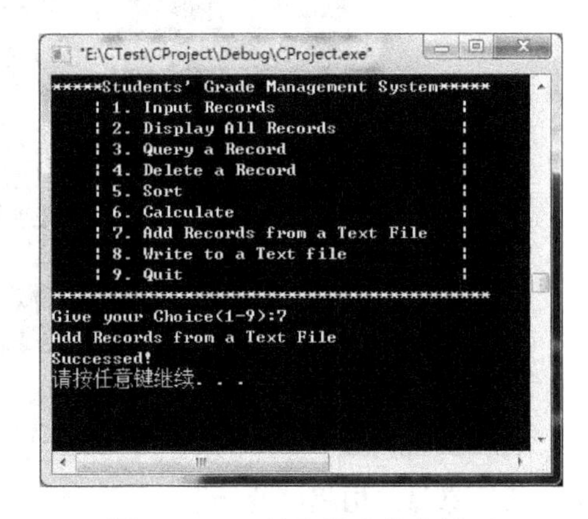

图 2-2-10　读取学生信息界面

（9）保存学生信息

在主菜单界面中如果输入数字 8，则进入保存学生信息界面，保存完成后系统给出提示信息，如图 2-2-11 所示。

（10）退出

在主菜单界面中如果输入数字 9，则退出系统，如图 2-2-12 所示。

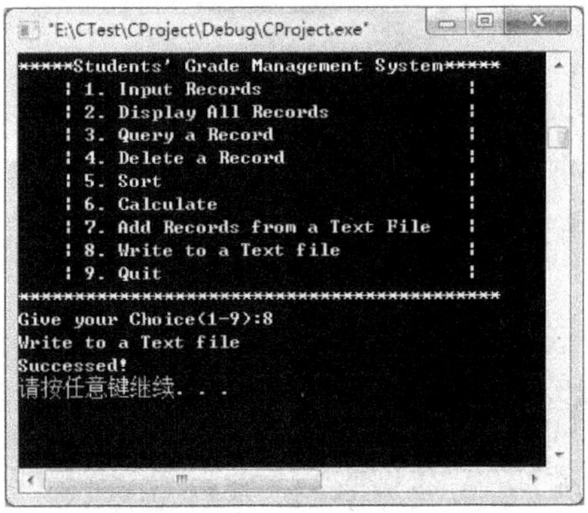

图 2-2-11　保存学生信息界面

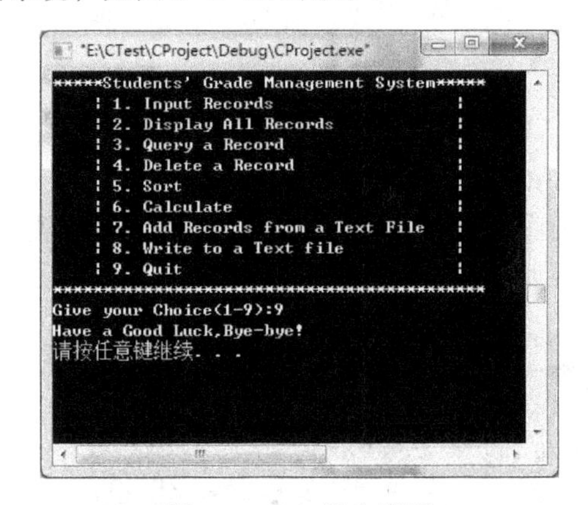

图 2-2-12　退出界面

2.2　实验内容及要求

本实验要求采用 VC++ 6.0 开发工具实现上述案例。结合第 1 篇各章的相关知识，按顺序设计了以下各实验任务。

实验 1　认识 C 程序与熟悉 VC++ 6.0 编程环境

（1）熟悉新建工程、新建 C 文件、关闭工作区、打开工作区等基本操作。

（2）编辑一个简单的 C 程序，编译并运行（求两个整数之和，并输出）。

实验 2　顺序结构程序设计

打印输出系统主菜单，如图 2-2-13 所示。

```
"E:\CTest\Exercise\Debug\Exercise.exe"
*****Students' Grade Management System*****
     | 1. Input Records                     |
     | 2. Display All Records               |
     | 3. Query a Record                    |
     | 4. Delete a Record                   |
     | 5. Sort                              |
     | 6. Calculate                         |
     | 7. Add Records from a Text File      |
     | 8. Write to a Text file              |
     | 9. Quit                              |
*******************************************
Press any key to continue
```

图 2-2-13 主菜单图

实验 3 选择结构程序设计

（1）if 语句的使用：编写一个程序，输入一个整数并判断它是否在 1~9 之间，如果是，则输出“输入正确”，如果不是，则输出“输入有误”。运行效果如图 2-2-14 所示。

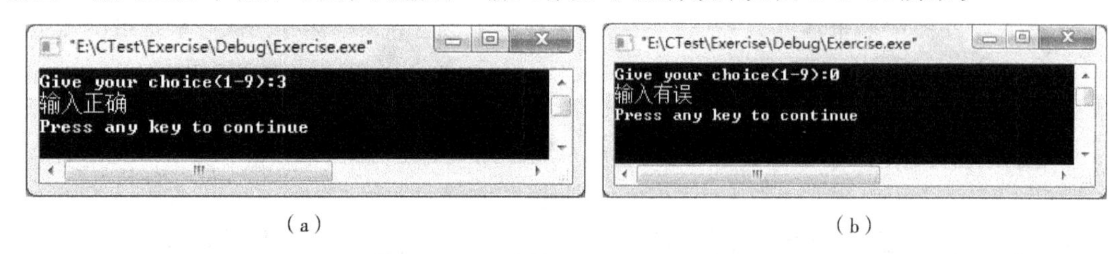

图 2-2-14 实验 3（1）运行效果图

（2）switch 语句的使用：（结合实验 3（1）的任务，在实验 2 的基础上完成）输入菜单选项对应的序号，并判断是否在 1~9 之间，如果是，则输出对应的菜单内容。否则输出提示信息。运行效果如图 2-2-15 所示。

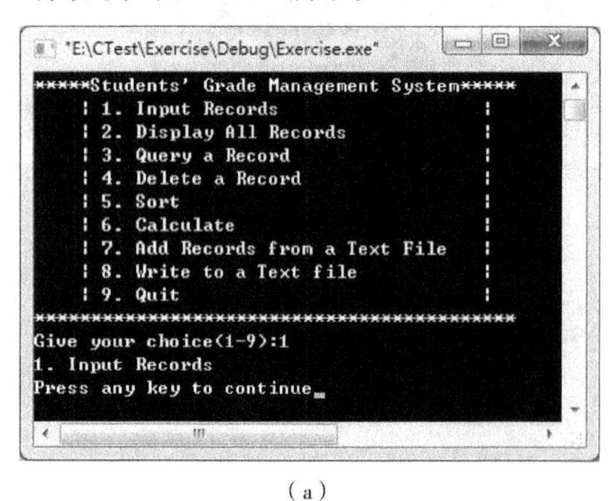

(a)

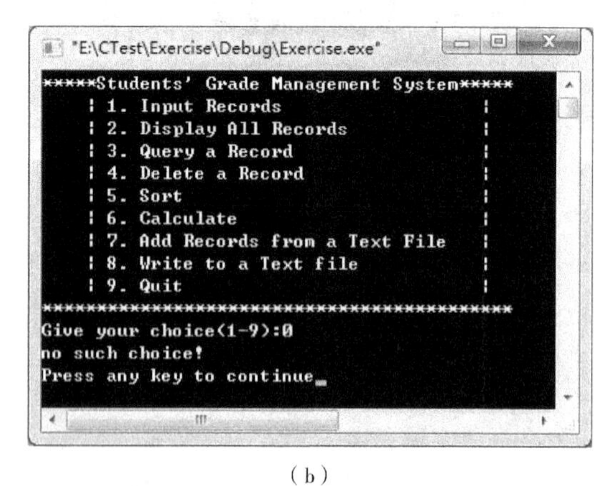

(b)

图 2-2-15 实验 3（2）运行效果图

实验 4 循环结构程序设计

（1）While 语句的使用：（在实验 3（2）的基础上完成）利用 while 实现在输出一个菜单内容或错误提示信息后，再输出主菜单，后又提示输入菜单序号……直到输入菜单选项序号 9 为止，结束程序。运行效果如图 2-2-16 所示。

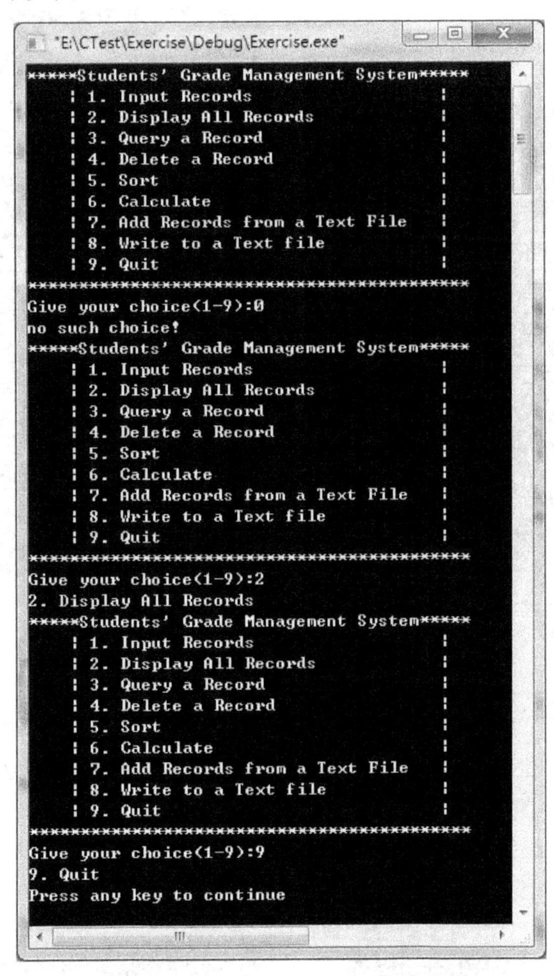

图 2-2-16　实验 4（1）运行效果图

（2）do...while 语句的使用：用 do...while 实现实验 4（1）。

（3）for 语句：用 for 语句实现实验 4（1）。

实验 5　数组的使用

（1）一维数组元素的赋值与输出：（在实验 4（1）的基础上完成）利用一维数组来存放学生的成绩信息。在主菜单中输入数字 1 进行成绩的输入操作（要能进行多次的输入操作），在主菜单中输入数字 2 显示各个成绩。运行效果如图 2-2-17 所示。如果未进行输入操作而直接在主菜单中输入数字 2，则显示“no score!”信息，如图 2-2-17（a）所示。在图 2-2-17（a）显示的主菜单中输入数字 1，输入两个成绩后结束输入，再在主菜单中输入数字 1，进行第二次的成绩输入操作，又输入两个成绩，并利用显示功能显示这 4 个成绩，如图 2-2-17（b）所示。

（2）二维数组元素的赋值与输出：（在实验 5（1）的基础上完成）利用二维数组（第二维的长度为 2）来存放学生的学号（第 1 列）与成绩（第 2 列）信息。在主菜单中输入数字 1 进行成绩的输入操作，在主菜单中输入数字 2 显示各个成绩。实际的运行效果，如图 2-2-18 所示。

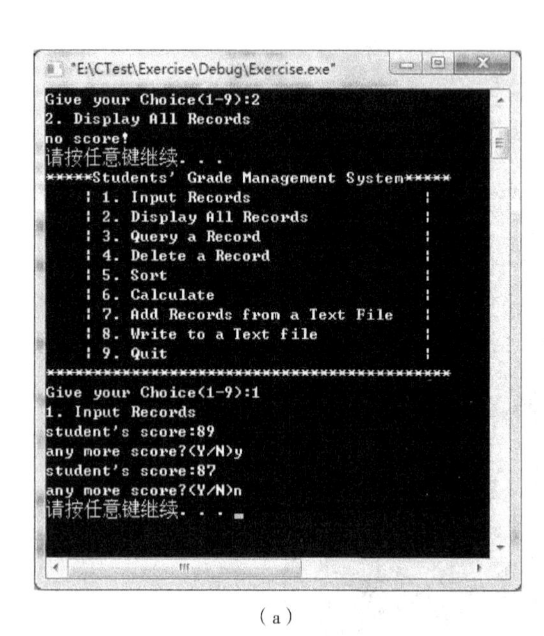

（a）

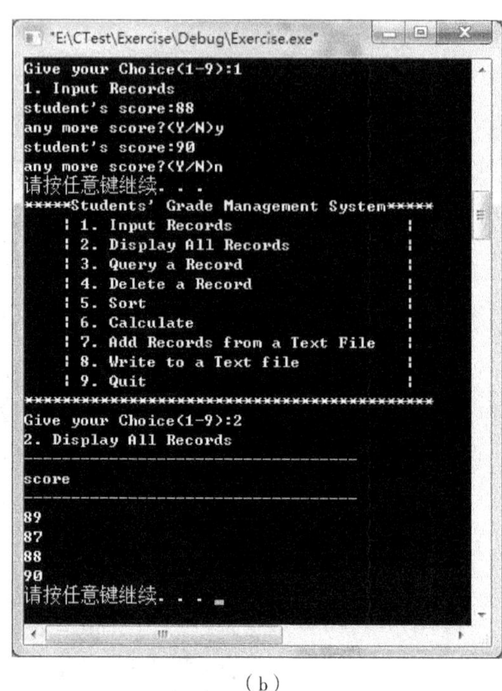

（b）

图 2-2-17　实验 5（1）运行效果图

（3）数组元素的查询：（在实验 5（2）的基础上完成）在主菜单中输入数字 3 进行按学号的查询操作。先输入 4 名学生的学号与成绩，并利用显示功能输出，如图 2-2-19（a）所示。再在主菜单中输入数字 3 进行查询，系统提示输入一个学号，如果输入的学号存在，系统显示该学生全部信息，否则给出没有找到的提示。查询一个结束后提示是否继续查询，如果用户输入 Y 或 y，则继续查询下一个学生信息，否则返回主菜单界面，运行效果如图 2-2-19（b）所示。

```
"E:\CTest\Exercise\Debug\Exercise.exe"
*****Students' Grade Management System*****
     | 1. Input Records                    |
     | 2. Display All Records              |
     | 3. Query a Record                   |
     | 4. Delete a Record                  |
     | 5. Sort                             |
     | 6. Calculate                        |
     | 7. Add Records from a Text File     |
     | 8. Write to a Text file             |
     | 9. Quit                             |
*******************************************
Give your Choice(1-9):1
1. Input Records
student's number:104
student's score:90
any more records?(Y/N)y
student's number:102
student's score:87
any more records?(Y/N)n
请按任意键继续. . .
```

（a）

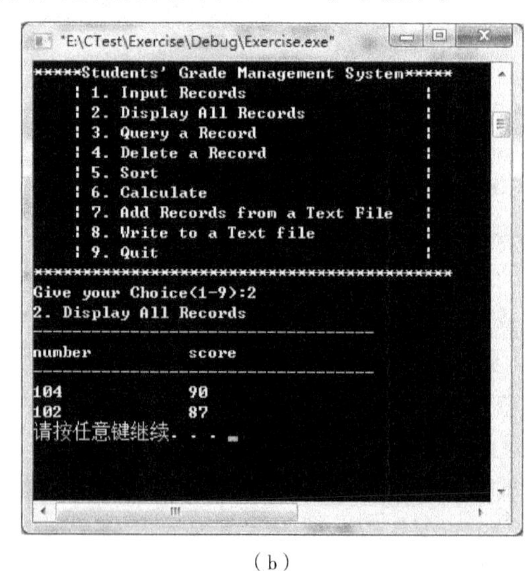

（b）

图 2-2-18　实验 5（2）运行效果图

```
*****Students' Grade Management System*****
     | 1. Input Records                    |
     | 2. Display All Records              |
     | 3. Query a Record                   |
     | 4. Delete a Record                  |
     | 5. Sort                             |
     | 6. Calculate                        |
     | 7. Add Records from a Text File     |
     | 8. Write to a Text file             |
     | 9. Quit                             |
*******************************************
Give your Choice(1-9):2
2. Display All Records
-----------------------------------
number         score
-----------------------------------
104            90
102            87
105            86
101            92
请按任意键继续. . .
```

（a）

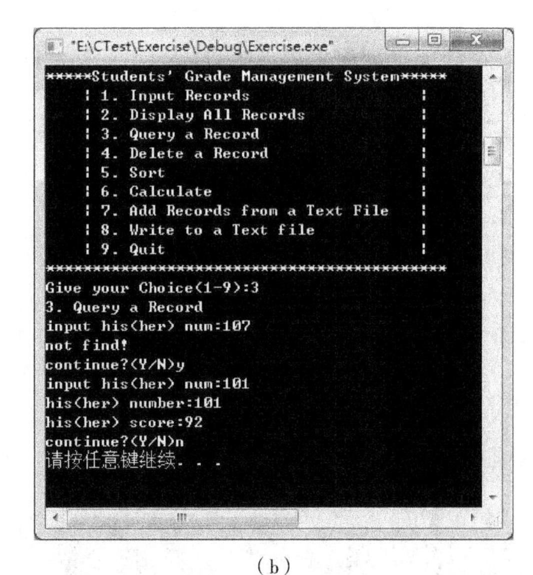

（b）

图 2-2-19　实验 5（3）运行效果图

实验 6　函数的使用

（1）函数的初步使用：（在实验 5（3）的基础上完成）利用函数功能整合系统主菜单的显示功能。

（2）再使用函数：（在实验 6（1）的基础上完成）利用函数功能整合系统的显示学生信息的功能，即定义函数实现显示学生信息操作。在主菜单中输入数字 2 时，调用 Display()函数，

（3）进一步使用函数：（在实验 6（2）的基础上完成）利用函数功能整合系统的查询学生信息和输入学生信息的功能，即定义 Query()函数实现查询学生信息操作，定义 Input()函数实现输入学生信息操作。在主菜单中输入数字 1 时，调用 Input()函数；在主菜单中输入数字 3 时，调用 Query()函数。

实验 7　指针的使用

（1）指针作为函数参数：（在实验 6（3）的基础上完成）自定义 Delete()函数实现学生信息的删除操作。函数功能上要先提示用户输入要删除的学生的学号，然后按学号逐个查询数组中的学生信息，如果没找到该学生，则给出提示信息；如果找到该学生，则先输出该学生的全部信息，然后提示用户是否真的要删除该学生信息。如果用户输入 Y 或 y，则删除该学生全部信息，并给出删除成功的提示信息；如果用户输入 N 或 n，则不执行删除操作。上述操作结束后，提示用户是否继续删除操作，如果用户输入 Y 或 y，则实现继续按学号删除学生信息的操作；如果用户输入 N 或 n，则返回到主菜单界面。函数的一个参数用于接收从主函数传递过来的记录总数，删除若干学生信息后，记录总数减少了，利用指针作为参数，在 Delete()函数中对记录总数修改后，将影响主函数中的总数。在主菜单中输入数字 4 时，调用 Delete()函数，运行效果如图 2-2-20 所示。

（2）再使用指针：（在实验 7（1）的基础上完成）自定义 Calc()函数，先统计所有学生成绩的平均分、最高分和最低分，后显示这三个统计结果。暂停程序的执行，按任意键返回主菜单。在主菜单中输入数字 6 时调用 Calc()函数，完成成绩的统计与输出，运行效果如图 2-2-21 所示。

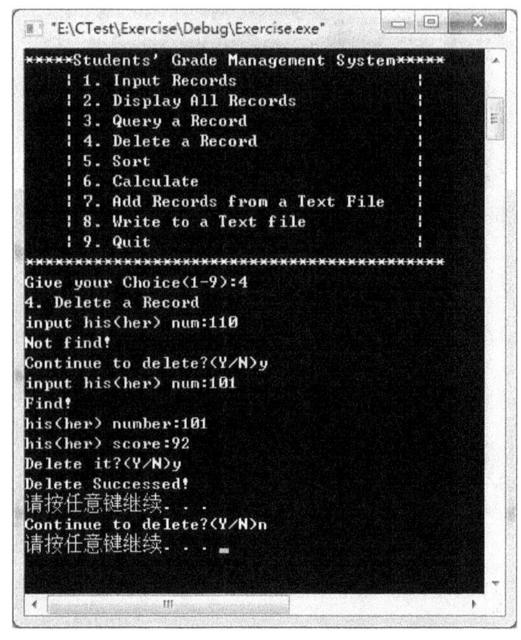

"E:\CTest\Exercise\Debug\Exercise.exe"
*****Students' Grade Management System*****
| 1. Input Records |
| 2. Display All Records |
| 3. Query a Record |
| 4. Delete a Record |
| 5. Sort |
| 6. Calculate |
| 7. Add Records from a Text File |
| 8. Write to a Text file |
| 9. Quit |
Give your Choice(1-9):4
4. Delete a Record
input his(her) num:110
Not find!
Continue to delete?(Y/N)y
input his(her) num:101
Find!
his(her) number:101
his(her) score:92
Delete it?(Y/N)y
Delete Successed!
请按任意键继续. . .
Continue to delete?(Y/N)n
请按任意键继续. . .

图 2-2-20 实验 7（1）运行效果图

"E:\CTest\Exercise\Debug\Exercise.exe"
Give your Choice(1-9):2
2. Display All Records
number score
104 90
102 87
105 86
101 92
请按任意键继续. . .
*****Students' Grade Management System*****
| 1. Input Records |
| 2. Display All Records |
| 3. Query a Record |
| 4. Delete a Record |
| 5. Sort |
| 6. Calculate |
| 7. Add Records from a Text File |
| 8. Write to a Text file |
| 9. Quit |
Give your Choice(1-9):6
6. Calculate
there are 4 records.
the lowest score:
number:105 score:86
the hignest score:
number:101 score:92
the average score is 88.75
请按任意键继续. . .

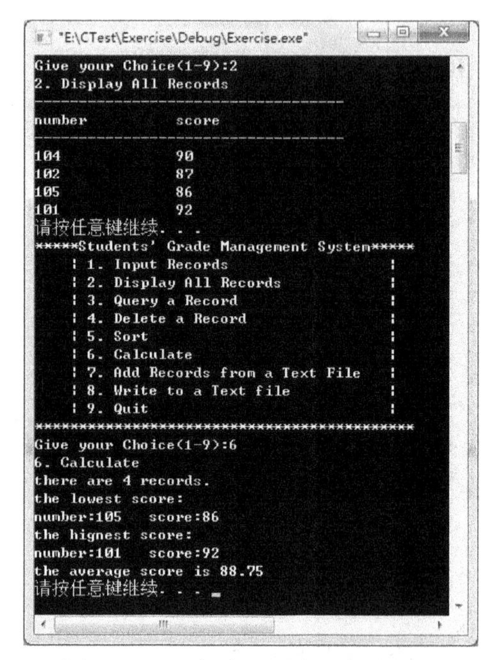

图 2-2-21 实验 7（2）运行效果图

实验 8 结构体的使用

（1）结构体的使用：（在实验 7（2）的基础上完成）定义学生结构体类型，成员包括学号、姓名和 C 程序设计基础科目的成绩。再定义学生结构体数组来整合系统的学生信息数据，进而调整已定义的各个自定义函数，以适应新的数据类型。运行效果如图 2-2-22 所示。

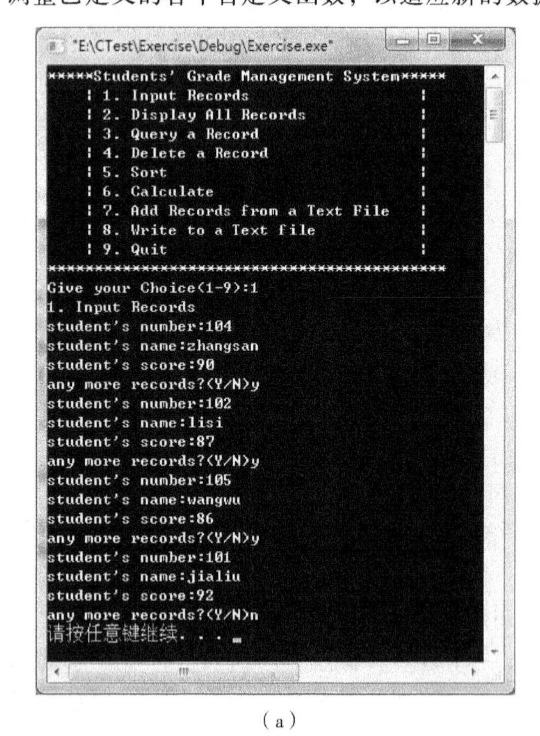

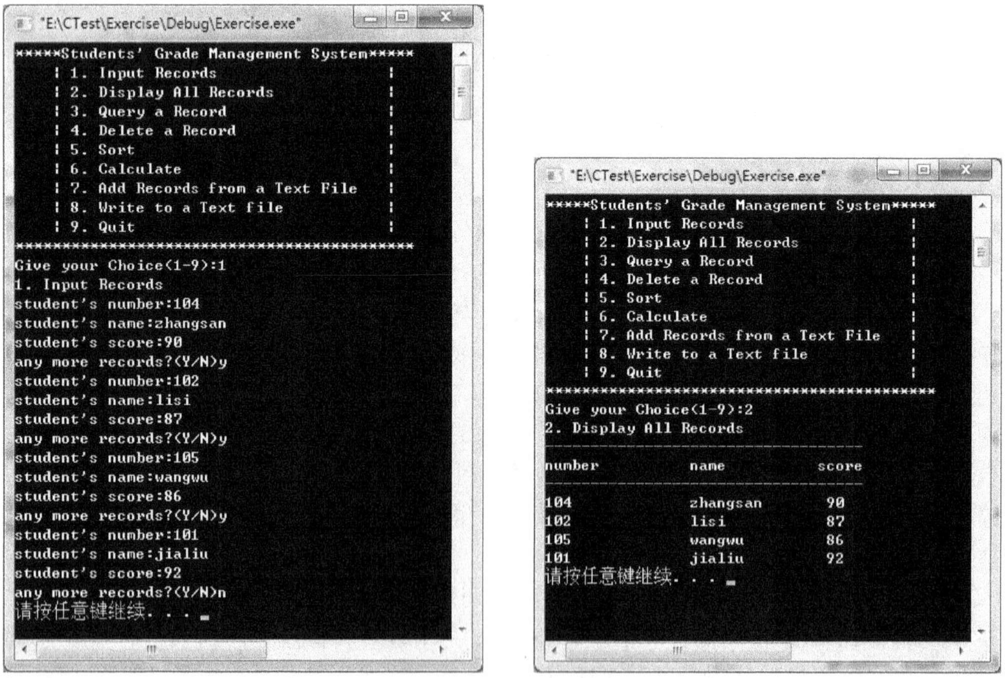

"E:\CTest\Exercise\Debug\Exercise.exe"
*****Students' Grade Management System*****
| 1. Input Records |
| 2. Display All Records |
| 3. Query a Record |
| 4. Delete a Record |
| 5. Sort |
| 6. Calculate |
| 7. Add Records from a Text File |
| 8. Write to a Text file |
| 9. Quit |
Give your Choice(1-9):1
1. Input Records
student's number:104
student's name:zhangsan
student's score:90
any more records?(Y/N)y
student's number:102
student's name:lisi
student's score:87
any more records?(Y/N)y
student's number:105
student's name:wangwu
student's score:86
any more records?(Y/N)y
student's number:101
student's name:jialiu
student's score:92
any more records?(Y/N)n
请按任意键继续. . .
"E:\CTest\Exercise\Debug\Exercise.exe"
*****Students' Grade Management System*****
| 1. Input Records |
| 2. Display All Records |
| 3. Query a Record |
| 4. Delete a Record |
| 5. Sort |
| 6. Calculate |
| 7. Add Records from a Text File |
| 8. Write to a Text file |
| 9. Quit |
Give your Choice(1-9):2
2. Display All Records
number name score
104 zhangsan 90
102 lisi 87
105 wangwu 86
101 jialiu 92
请按任意键继续. . .

（a） （b）

图 2-2-22 实验 8（1）运行效果图

（2）再使用结构体：（在实验 8（1）的基础上完成）自定义 Sort()函数，实现学生信息按学号非递减排序，排序后给出排序成功提示信息。当在主菜单中输入数字 5 的时候，完成对学生信息的排序。再利用显示学生信息功能显示排序的结果，运行效果如图 2-2-23 所示。

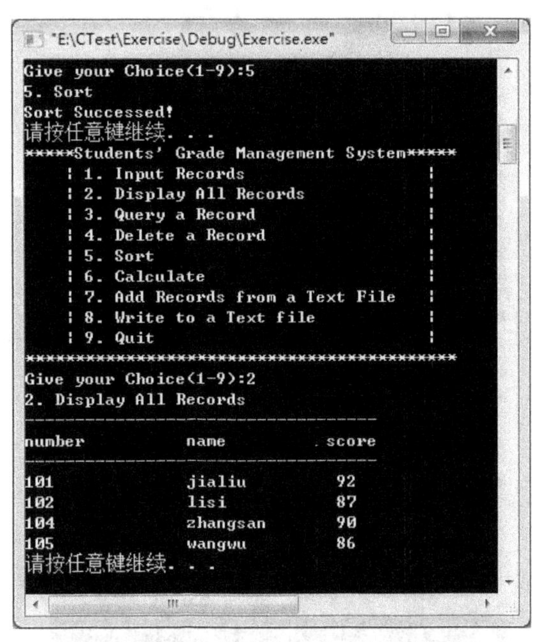

图 2-2-23　实验 8（2）运行效果图

实验 9　文件使用

（1）保存学生信息：（在实验 8（2）的基础上完成）自定义 Write()函数，实现将学生信息保存到程序路径下的指定文件中，保存后给出保存成功提示信息。在主菜单中输入数字 8 进行学生信息的保存操作，保存成功给出提示信息。实际的运行效果如图 2-2-24 所示。

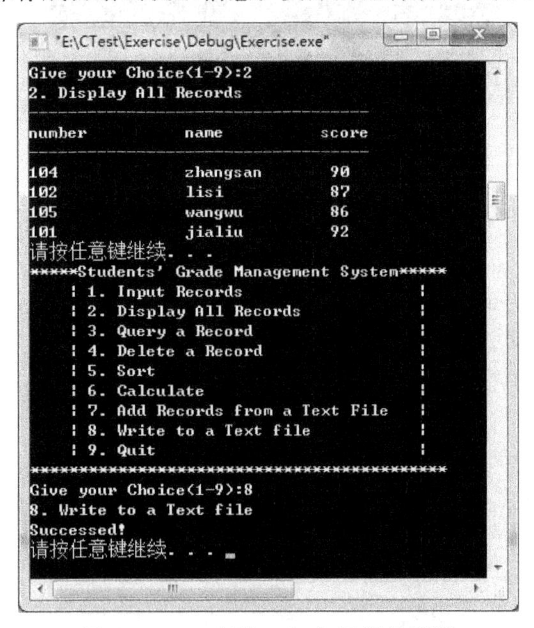

图 2-2-24　实验 9（1）运行效果图

（2）读取学生信息：（在实验 9（1）的基础上完成）自定义 Read()函数，实现从指定文件中读取所有学生信息到程序中，同时保留目前程序中的学生信息，最后给出读取成功提示信息。在主菜单中输入数字 7 进行学生信息的读取操作。实际的运行效果如图 2-2-25 所示。

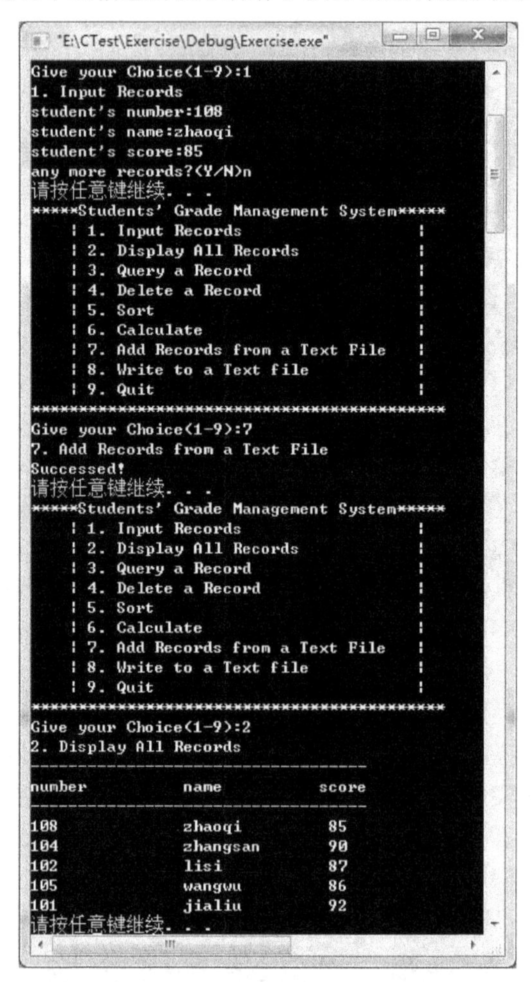

图 2-2-25 实验 9（2）运行效果图

第 3 篇　习题及参考答案

综合练习题及参考答案

综合练习题

一、填空题

1. 算法的复杂度主要包括______复杂度和空间复杂度。

2. 一个 C 语言程序有且仅有一个______函数。

3. 已知字母 b 的 ASCII 码为 98，且 char ch;，则表达式 ch = 'b'+'8' − '3'的 ASCII 值为______。

4. 若有定义：

```
int a=8,b=5,c;
```

则执行语句 c=a/b+0.4;后，c 的值为______。

5. 数组定义 char a[10]={'a','b','c'};包括了______个元素。

6. 函数 strlen("1234xy")的值为______。

7. 若变量 c 为 char 类型，能正确判断出 c 为大写字母的表达式是______。

8. 以下程序的输出结果是______。

```
int main()
{
    int a=1, b=2;
    a=a+b;
    b=a-b;
    a=a-b;
    printf("%d,%d\n",a,b );
    return 0;
}
```

9. 若 s 是 int 型变量，且 s = 6,则表达式 s%2+(s+1)%2 的值是______。

10. 若有定义 int a,b,c;则计算 a = (b = 4)+(c = 2);后，a = ______，b = ______，c = ______。

11. 若 int b = 7;float a = 2.5,c = 4.7;，则表达式 a+(int)(b/3*(int)(a+c)/2)%4 的值是______。

12. 设有以下变量定义,并已赋确定的值

```
char w;int x;float y;double z;
```

则表达式 w*x+z−y 所求得的数据类型为______。

13. 以下程序运行后的输出结果是______。

```
int  main()
{
    int p=30;
```

```
    printf("%d\n",(p/3>0?p/10:p%3));
    return  0;
}
```

14. 以下程序运行后的输出结果是______。

```
int  main()
{
    int a=1,b=3,c=5;
    if(c=a+b)
        printf("yes\n");
    else
        printf("no\n");
    return 0;
}
```

15. 若有以下程序：

```
int main()
{
    int a=4,b=3,c=5,t=0;
    if(a<b)
        t=a;
        a=b;
        b=t;
    if(a<c)
        t=a;
        a=c;
        c=t;
    printf("%d,%d,%d\n",a,b,c);
    return 0;
}
```

执行后输出结果是_______。

16. 若从键盘输入 58，则以下程序输出的结果是_______。

```
int  main()
{
    int a;
    scanf("%d",&a);
    if(a>50) printf("%d",a);
    if(a>40) printf("%d",a);
    if(a>30) printf("%d",a);
}
```

17. 以下程序的输出结果是_______。

```
int main()
{
    int a=5,b=4,c=3,d;
    d=(a>b>c);
    printf("%d\n",d);
    return 0;
}
```

18. 设 x、y 均为整型变量，且 x=5，y=4，则下面语句的输出结果是_______。

```
printf("%d,%d\n",x--,--y);
```

19. 有以下程序：

```
int  main( )
{
    int t=1,i=5;
    for(;i>=0;i--)
        t*=i;
    printf("%d\n",t);
    return  0;
}
```

执行后输出结果是________。

20. 以下程序的输出结果是________。

```
int  main()
{
    int s,i;
    for(s=0,i=1;i<3;i++,s+=i) ;
    printf("%d\n",s);
    return  0;
}
```

21. 设有以下程序:

```
int  main()
{
    int n1,n2;
    scanf( "%d" ,&n2);
    while(n2!=0)
    {
        n1=n2%10;
        n2=n2/10;
        printf("%d",n1);
    }
    return  0;
}
```

程序运行后，如果从键盘上输入 1298，则输出结果为________。

22. 若输入字符串：abcde，则以下 while 循环体将执行________次。

```
while((ch=getchar())=='e') printf("*");
```

23. 有以下程序，输出结果为________。

```
int main()
{
    char s[12]="a book";
    printf("%4s",s);
    return 0;
}
```

24. 以下程序是求数组中最大元素及其下标，请填空。

```
int main()
{
    int i,j,max,r=0,c=0;
    int a[3][4]={{1,2,3,4},{4,6,7,8},{9,0,1,2}};
    ________
    for(i=0;i<3;i++)
```

```
        for(j=0;j<4;j++)
            if(a[i][j]>max)
            {
                ________
                r=i;
                c=j;
            }
    printf("max=%d row=%d column=%d\n",max,r,c);
    return 0;
}
```

25. 以下程序的输出结果是________。

```
int main()
{
    int a[3][3]={{1,2,9},{3,4,8},{5,6,7}},i,s=0;
    for(i=0;i<3;i++)
        s+=a[i][i]+a[i][3-i-1];
    printf("%d\n",s);
    return 0;
}
```

26. 以下函数返回a所指数组中最小的值所在的下标。

```
fun(int *a,int n)
{
    int i,j=0;p;
    p=j;
    for(i=0;i<n;i++)
      if(a[i]<a[p])
        ________;
      return(p);
}
```

则应在下画线处填入的是________。

27. 若有定义int a[10];，则代表数组元素a[1]的地址的表达式是________。

28. 若有定义int　a[10]; 则该数组占用________个字节内存空间。

29. 以下程序从终端读入数据到数组中，统计其中正数的个数，并计算它们之和。请填空。

```
int  main()
{
     int i,a[20],sum,count;
     sum=count=0;
     for(i=0;i<20;i++)
         scanf("%d", _______);
     for(i=0;i<20;i++)
     {
         if(a[i]>0)
         {
              count++;
              sum+= _______;
         }
     }
     printf("sum=%d,count=%d\n",sum,count);
     return 0;
}
```

30. 以下程序运行后的输出结果是________。

```
int main()
{
    int i,n[]={0,0,0,0,0};
    for(i=1;i<=4;i++)
    {
        n[i]=n[i-1]*2+1;
        printf("%d,", n[i]);
    }
    return  0;
 }
```

31. 若有以下程序：

```
int  main()
{
    int a[10]={1,2,-3,-4,0,-12,-13,14,-21,23};
    int i,s=0;
    for(i=0;i<10;i++)
    {
        if(a[i] <0)
            continue;
        if(a[i] ==0)
            break;
        s+=a[i];
    }
    printf("%d\n",s);
    return 0;
 }
```

执行后输出的结果是________。

32. 以下程序用来对从键盘上输入的两个字符串进行比较，然后输出两个字符串中第一个不相同字符的 ASCII 码之差。例如，输入的两个字符串分别为 abcdef 和 abceef，则输出为-1。请填空。

```
int main()
{
    char str1[100],str2[100],c;
    int i,s;
    printf("\n input string 1:\n");gest(str1);
    printf("\n input string 2:\n");gest(str2);
    i=0;
    while((str1[i]==str2[i]&&(str1[i]!=______))
        i++;
    s=________;
    printf("%d\n",s);
    return 0;
}
```

33. 在 C 语言中，二维数组元素在内存中的存放顺序是按________（行或列）存放。

34. 在函数内部定义的只在本函数内有效的变量叫________，在函数以外定义的变量叫________。

35. C 语言规定，可执行程序的入口是________函数。

36. 以下程序运行后的输出结果是________。

```
void swap(int x,int y)
{
    int t;
    t=x;
    x=y;
    y=t;
    printf("%d%d",x,y);
}
int  main()
{
    int a=3,b=4;
    swap(a,b);
    printf("%d%d",a,b);
    return 0;
}
```

37. 下列程序的输出结果是________。

```
int t(int x,int y,int cp,int dp)
{
    cp=x*x+y*y;
    dp=x*x-y*y;
}
int  main()
{
    int a=4,b=3,c=5,d=6;
    t(a,b,c,d);
    printf("%d%d",c,d);
    return 0;
}
```

38. 以下程序运行后的输出结果是________。

```
fun(int x)
{
    if(x/2>0)
    fun(x/2);
    printf("%d,",x);
}
int  main()
{
    fun(6);
    return 0;
}
```

39. 若有以下定义，int w[10]={23,54,10,33,47,98,72,80,61}, *p=w;，则不移动指针 p，且通过指针 p 引用值为 98 的数组元素的表达式是________。

40. 下面程序的输出是________。

```
int  main()
{
    int i=3,j=2;
    char *a="DCBA";
    printf("%c%c",a[i],a[j]);
```

```
    return 0;
}
```

41. 有如下程序段

```
int *p,a=10, b=1;
p=&a;
a=*p+b;
```

执行该程序段后，a 的值为________。

42. 设已定义 int　a=1, *b=&a;，则 printf("%d", *b);的输出结果是________。

43. 设已定义 char str[ ]="ABCD";，则 printf("%s",str+1);的值是________。

44. 设 struct student

```
{
    int no;
    char name[12];
    float score[3];
} st,*p=&sl;
```

用指针法给 st 的成员 no 赋值 1234 的语句是________。

45. 以下程序的作用是：从名为 filea.dat 的文本文件中逐个读入字符并显示在屏幕上。请填空。

```
#include  <stdio.h>
void  main()
{
    FILE *fp;
    char ch;
    fp=fopen(________);
    ch=fgetc(fp);
    while(!feof(fp))
    {
        putchar(ch);
        ch=fgetc(fp);
    }
    putchar('\n');
    fclose(fp);
}
```

二、选择题

1. 以下叙述中错误的是________。
   A. C 语言的可执行程序是由一系列机器指令构成的
   B. 用 C 语言编写的源程序不能直接在计算机上运行
   C. 通过编译得到的二进制目标程序需要连接才可以运行
   D. 在没有安装 C 语言集成开发环境的机器上不能运行 C 源程序文件生成的.exe 文件

2. 在计算机中，算法是指________。
   A. 查询方法　　　　B. 加工方法
   C. 解题方案的准确而完整的描述　　　　D. 排序方法

3. 以下说法中正确的是________。
   A. C 语言程序总是从第一个定义的函数开始执行
   B. C 语言程序中至少有一个 main()函数

C. C语言程序总是从main()函数开始执行

D. C语言程序中的main()函数必须放在程序的开始部分

4. 在C程序中，main()函数的位置是________。

A. 必须作为第一个函数

B. 必须作为最后一个函数

C. 可以任意

D. 必须放在它所调用的函数之后

5. 以下叙述不正确的是________。

A. 一个C源程序可由一个或多个函数构成

B. 一个C源程序必须包含一个main()函数

C. C程序的基本组成单位是函数

D. 在对一个C程序进行编译的过程中，可发现注释中的拼写错误

6. 可在C语言中用作用户标识符的一组标识符是________。

A. void define word　　B. as_b3 _123 ff　　C. for _abc case　　D. 2c do sig

7. 以下不正确的C语言标识符是________。

A. int　　B. a_1_2　　C. ab1exe　　D. _x

8. 以下不能定义为用户标识符的是________。

A. Main　　B. _0　　C. _int　　D. sizeof

9. 下列关于C语言用户标识符的叙述中正确的是________。

A. 用户标识符中可以出现在下画线和中画线（减号）

B. 用户标识符中不可以出现中画线，但可以出现下画线

C. 用户标识符中可以出现下画线，但不可以放在用户标识符的开头

D. 用户标识符中可以出现在下画线和数字，它们都可以放在用户标识符的开头

10. 字符型常量在内存中存放的是________。

A. ASCII代码　　B. BCD代码　　C. 内部码　　D. 十进制码

11. 下列关于C语言的叙述错误的是________。

A. 大写字母和小写字母的意义相同

B. 不同类型的变量可以在一个表达式中

C. 在赋值表达式中等号（=）左边的变量和右边的值可以是不同类型

D. 同一个运算符号在不同的场合可以有不同的含义

12. C语言中字符型（char）数据在内存中的存储形式是________。

A. 原码　　B. 补码　　C. 反码　　D. ASCII码

13. 如果有整型变量x，浮点型变量y，双精度型变量z，则表达式y*z+x+y执行后的类型为________。

A. 双精度　　B. 浮点型　　C. 整型　　D. 逻辑型

14. 若有int q,p;，则以下不正确的是________。

A. p* = 3　　B. p/ = q　　C. p+ = 3　　D. p&& = q

15. 设有float x;，则x是________变量。

A. 整型　　B. 实型　　C. 字符型　　D. 长整型

16. 设x，y，z是int变量，且x=3，y=4，z=5，则下列表达式为0的是________。

A. 'x'&&'y'　　B. x <= y

C. x || y + z && y-z　　D. ! ((x<y) && !z || 2)

17. 若有 float x ;，则 sizeof(x) 和 sizeof(float) 两种描述________。

A. 都正确　　B. 都不正确　　C. 前者正确　　D. 后者正确

18. 逗号表达式"(a=3*5,a*4),a+15"的值是________。

A. 15　　B. 60　　C. 30　　D. 不确定

19. 若变量 ch 为 char 类型，能正确判断出 ch 为大写字母的表达式是________。

A. ch >= 'A'&& ch <= 'Z'　　B. ch >= 'A' and ch <= 'Z'

C. ch >= 'A'|| ch <= 'Z'　　D. 'A'<= ch <= 'Z'

20. x 是小于 100 的非负数，下列表达式正确的是________。

A. 0≤x<100　　B. 0<=x<100

C. 0<=x ||x<100　　D. 0<=x && x<100

21. C 语言中运算对象必须是整型的运算符是________。

A. %　　B. /　　C. !　　D. *

22. 已知 int i;float f;，则正确的是________。

A. (int f) %i　　B. int(f) %i　　C. int(f%i)　　D. (int)f%i

23. 设有 char a='a'; int c;，则执行完 c=a+2;printf("%d",c);后的输出结果是________。

A. a　　B. c　　C. 97　　D. 99

24. 以下程序段的输出结果是________。

```
int a=1234;
printf("%2d\n",a);
```

A. 12　　B. 34

C. 1234　　D. 提示出错、无结果

25. 以下程序的输出结果是________。

```
void  main()
{
   char c='z';
   printf("%c",c-25);
}
```

A. a　　B. Z　　C. z-25　　D. y

26. 下列程序的运行结果是________。

```
#include <stdio.h>
void main()
{
   int a=2,b=5;
   printf("a=%d,b=%d\n",a,b);
}
```

A. a=%2,b=%5　　B. a=2,b=5　　C. a=d, b=d　　D. a=%d,b=%d

27. C 语言的 switch 语句中，case 后________。

A. 只能为常量

B. 只能为常量或常量表达式

C. 可为常量及表达式或有确定值的变量及表达式

D. 可为任何量或表达式

28. 以下程序段的输出结果为________。

```
void main()
{
    int a,b,d=241;
    a=d/100%9;
    b=(-1)&&(-1);
    printf("%d,%d",a,b);
}
```

A. 6,1　　B. 2,1　　C. 6,0　　D. 2,0

29. 为了避免嵌套的 if...else 语句的二义性，C 语言规定 else 总是与________组成配对关系。

A. 缩排位置相同的 if　　B. 在其之前未配对的 if

C. 在其之前未配对的最近的 if　　D. 同一行上的 if

30. 已知 x = 43,ch = 'a',y = 0;，则表达式(x> = y&&ch<'b'&&!y)的值是________。

A. 0　　B. 1　　C. 语法错误　　D. 假

31. 若运行时给变量 x 输入 12，则以下程序的运行结果是________。

```
void  main()
{
    int x,y;
    scanf("%d",&x);
    y=x>12?x+10: x-12;
    printf("%d\n",y);
}
```

A. 0　　B. 22　　C. 12　　D. 10

32. 当把以下 4 个表达式用作 if 语句的控制表达式时，有一个选项与其他 3 个选项含义不同，这个选项是________。

A. k%2　　B. k%2==1　　C. (k%2)!=0　　D. !k%2==1

33. 若 x 和 y 代表整型数，以下表达式中不能正确表示数学关系|x-y|<10 的是________。

A. abs(x-y)<10　　B. x-y>-10&& x-y<10

C. (x-y)<-10||!(y-x)>10　　D. (x-y)*(x-y)<100

34. 有定义语句、int a=1,b=2,c=3,x;，则以下选项中各程序段执行后，x 的值不为 3 的是________。

A. if (c<a) x=1;
else if (b<a) x=1;
else x=3;

B. if (a<3) x=3;
else if (a<2) x=2;
else x=1;

C. if (a<3) x=3;
if (a<2) x=2;
if (a<1) x=1;

D. if(a<b) x=b;
if (b<c) x=c;
if (c<a) x=a;

35. 语句 while(! e);中的条件!e 等价于________。

A. e==0　　B. e! = 0　　C. e! = 1　　D. ~e

36. 以下程序段是________。

```
x=-1;
do
```

```
    {
    x = x*x;
} while(!x);
```

A. 死循环
B. 循环执行两次
C. 循环执行一次
D. 有语法错误

37. 以下程序的输出结果是________。

```
void main()
{
    int a = 1,b = 10;
    do
    {
        b- = a;a++;
    } while(b--<0);
    printf("a = %d,b = %d",a,b);
}
```

A. a = 3,b = 11 B. a = 2,b = 8 C. a = 1,b = －1 D. a = 4,b = 9

38. 以下不正确的描述是________。
   A. break 语句不能用于循环语句和 switch 语句外的其他语句
   B. 在 switch 语句中使用 break 语句或 continue 语句的作用相同
   C. 在循环语句中使用 continue 语句是为了结束本次循环
   D. 在循环语句中使用 break 语句是为了使流程跳出循环体

39. 对于 for(表达式 1;;表达式 3)可理解为________。
   A. for(表达式 1;0;表达式 3)
   B. for(表达式 1;1;表达式 3)
   C. for(表达式 1;表达式 1;表达式 3)
   D. for(表达式 1;表达式 3;表达式 3)

40. C 语言中________。
   A. 不能使用 do…while 语句构成的循环
   B. do…while 语句构成的循环必须用 break 语句才能退出
   C. do…while 语句构成的循环，当 while 语句中的表达式值为非零时结束循环
   D. do…while 语句构成的循环，当 while 语句中的表达式值为零时结束循环

41. C 语言中 while 和 do…while 循环的主要区别是________。
   A. do…while 的循环体至少无条件执行一次
   B. while 的循环控制条件比 do…while 的循环控制条件严格
   C. do…while 允许从外部转到循环体内
   D. do…while 的循环体不能是复合语句

42. 以下程序的输出结果是________。

```
void main()
{
    int i,sum;
    for(i=1;i<6;i++)
        sum+=sum;
    printf("%d",sum);
}
```

A. 15　　B. 14　　C. 0　　D. 不确定

43. 若i为整型变量，则以下循环执行的次数是________。

```
for(i=2;i==0;) printf("%d",i--);
```

A. 无限次　　B. 0次　　C. 1次　　D. 2次

44. 下面程序的功能是计算1～50中是7的倍数的数值之和，请选择填空________。

```
void main()
{
    int i,sum=0;
    for(i=1;i<=50;i++)
        if(______)
            sum+=i;
    printf("%d",sum);
}
```

A. (int)(i/7)= =i/7　　B. (int)i/7= =i/7　　C. i%7=0　　D. i%7= =0

45. 下面程序片段，退出while循环时，s的值是________。

```
int i=0,s=1;
while(i<3) s+=(++i);
```

A. 7　　B. 6　　C. 5　　D. 4

46. 若有以下程序：

```
void main()
{
    int y=10;
    while(y--);
    printf("y=%d\n"y);
}
```

程序运行后的输出结果是________。

A. y=0　　B. y=-1

C. y=1　　D. while构成无限循环

47. 下列关于switch语句和break语句的结论中，正确的是________。

A. break语句是switch语句中的一部分

B. 在switch语句中可以根据需要使用或不使用break语句

C. 在switch语句中必须使用break语句

D. switch语句是break语句的一部分

48. 有以下程序段

```
int n,t=1,s=0;
scanf("%d",&n);
do
{
    s=s+t;
    t=t-2;
}while (t!=n);
```

为使此程序段不陷入死循环，从键盘输入的数据应该是________。

A. 任意正奇数　　B. 任意负偶数

C. 任意正偶数　　D. 任意负奇数

49. 以下对二维数组a进行正确初始化的是________。

A. int a[2][3] = {{1,2},{3,4},{5,6}};　　B. int a[][3] = {1,2,3,4,5,6};

C. int a[2][] = {1,2,3,4,5,6};　　D. int a[2][] = {{1,2},{3,4}};

50. 在C语言中，定义数组时，其下标的数据类型允许是________。

A. 整型常量　　B. 整型变量

C. 实型常量　　D. 任何类型的表达式

51. 以下不能正确进行字符串赋初值的语句是________。

A. char str[5]="good!";　　B. char str[]="good!";

C. char *str="good!";　　D. char str[5]={'g','o','o','d'};

52. 在C语言中，设p1和p2是指向同一个int型一维数组的指针变量，k为int型变量，则能正确执行的语句是________。

A. k=*p1+*p2;　　B. p2=k;　　C. p1=k;　　D. k=p1*p2;

53. 在VC++中，函数调用:strcat(strcpy(str1,str2),str3)的功能是________。

A. 将串str1复制到串str2中后再连接到串str3之后

B. 将串str1连接到串str2之后再复制到串str3之后

C. 将串str2连接到串str1之后再将串str1复制到串str3中

D. 将串str2复制到串str1中后再将串str3连接到串str1之后

54. 在C语言中，若有以下程序片段:

```
char str[]="abcd";
printf(%d\n",strlen(str));
```

上面程序片段的输出结果是________。

A. 3　　B. 4　　C. 6　　D. 12

55. 在C语言中，下面程序输出的结果是________。

```
void main()
{
   int i;
   int a[3][3]={1,2,3,4,5,6,7,8,9};
   for(i=0;i<2;i++)
   printf("%d ",a[1][i]);
}
```

A. 4 5　　B. 3 4　　C. 1 2　　D. 5 6

56. 在C语言中，不能把字符串 "Hello!" 赋给数组b的语句是________。

A. char b[10]={'H','e','l','l','o','!'};　　B. char b[10];b="Hello!";

C. char b[10];strcpy(b,"Hello!");　　D. char b[10]="Hello!";

57. 若有两条语句:

```
char  x[] = "abcdef";
char  y[] = {'a','b','c','d','e','f' };,
```

则下列说法正确的是________。

A. x 与y数组的长度相同　　B. x数组的长度小于y数组的长度

C. x数组的长度大于y数组的长度　　D. x和y数组完全相同

58. 判断字符串S1和S2是否相等，应当使用________。

A. if(S1 = S2)　　B. if(S1 = = S2)

C. if(strcmp(S1,S2) = = 0)　　D. if(strcat(S1,S2))

59. 执行下面的程序段后，变量 y 中的值为________。

```
int y=2,x[2];x[0]=y;y=x[1]*10;
```

A. 10　　B. 20　　C. 22　　D. 不定值

60. 有定义 int a[10]={0,2,4};，则数组 a 在内存中所占字节数是________。

A. 3　　B. 6　　C. 20　　D. 40

61. 下列叙述中错误的是________。

A. 主函数中定义的变量在整个程序中都是有效的

B. 在其他函数中定义的变量在主函数中也不能使用

C. 形式参数也是局部变量

D. 复合语句中定义的变量只在该复合语句中有效

62. 在函数的说明和定义时若没有指出函数的类型，则________。

A. 系统自动地认为函数的类型为整型

B. 系统自动地认为函数的类型为字符型

C. 系统自动地认为函数的类型为实型

D. 编译时会出错

63. 在 C 语言中，下面说法中不正确的是________。

A. 实参可以是常量、变量或表达式

B. 形参可以是常量、变量或表达式

C. 函数的参数是函数间传递数据的一种手段

D. 实参个数应与对应的形参个数相等,类型匹配

64. 下面函数调用语句含有实参的个数为________。

```
func((exp1,exp2),(exp3,exp4,exp5));
```

A. 1　　B. 2　　C. 5　　D. 4

65. 凡是函数中未指定存储类别的局部变量，其隐含的存储类型是________。

A. 自动（auto）　　B. 静态（static）

C. 外部（extern）　　D. 寄存器（register）

66. 当调用函数时，实参是一个数组名，则向函数传送的是________。

A. 数组的长度　　B. 数组的首地址

C. 数组每一个元素的地址　　D. 数组每个元素中的值

67. 若各选项中所用变量已正确定义，函数 fun()中通过 return 语句返回一个函数值，以下选项中错误的程序是________。

A.

```
main()
{
    …
    x=fun(2,10);
    …
}
float fun(int a,int b)
{…}
```

B.

```
float fun(int a,int b)
 {…}
 main()
 {
    …
    x=fun(i,j);
    …
 }
```

C.

```
float fun(int,int);
```

D.

```
main()
```

```
    main()
    {
        …
        x=fun(2,10);
        …
    }
    float fun(int a,int b)
    {…}
```

```
{
    float fun(int i,int j);
    …
    x=fun(i,j);
    …
}
float fun(int a,int b){…}
```

68. 有以下程序：

```
fun(int a,int b)
{
   if(a>b) return(a);
   else return(b);
}
void  main()
{
   int x=3,y=8,z=6,r;
   r=fun(fun(x,y),2*z);
   printf("%d\n",r);
}
```

程序运行后的输出结果是________。

A. 3　　B. 6　　C. 8　　D. 12

69. 已知 int x 则下面指针变量的语句正确的是________。

A. int pb=&x;　　B. int *pb=x;　　C. int *pb=&x;　　D. *pb=*x;

70. 设有定义、int n1=0,n2,*p=&n2,*q=&n1;，则以下赋值语句中与 n2=n1;语句等价的是________。

A. *p=*q;　　B. p=q;　　C. *p=&n1;　　D. p=*q;

71. 若有说明 int *p,m = 5,n;，则下面正确的程序段是________。

A. p = &n; scanf("%d",&p);　　B. p = &n;scanf("%d",*p);

C. scanf("%d",&n); *p = n;　　D. p = &n;*p = m;

72. 若有语句 char s1[] = "string",s2[8],*s3,*s4 = "string2";，则对库函数 strcpy()的正确调用是________。

A. strcpy(s1,"string2");　　B. strcpy(s4,"string1");

C. strcpy(s3,"string1");　　D. strcpy(s2,s4);

73. 下面程序是把数组元素中的最小值放入 a[0]中，则在 if 语句中应填入________。

```
void main()
{
   int a[10] = {3,5,3,4,5,6,65,345,2,45},*p = a,i;
   for(i = 0;i<10;i++,p++)
      if(_______)
      a[0] = *p;
}
```

A. p<a　　B. *p<a[0]　　C. *p<*a[0]　　D. *p[0]<*a[0]

74. 下列程序段的输出结果是________。

```
void fun(int *x,int *y)
{
```

```
    printf("%d %d",*x,*y);
    *x=3;
    *y=4;
}
void main()
{
    int x=1,y=2;
    fun(&y,&x);
    printf("%d %d",x,y);
}
```

A. 2 1 4 3　　B. 1 2 1 2　　C. 1 2 3 4　　D. 2 1 1 2

75. 若已定义 int a[9], *p=a;, 并在以后的语句中未改变 p 的值，不能表示 a[1] 地址的表达式是________。

A. p+1　　B. a+1　　C. a++　　D. ++p

76. 在 C 语言中，若有定义 int x[2][3]={2,3,4,5,6,7}，则表达式*(x[0]+1)的值为________。

A. 2　　B. 3　　C. 4　　D. 5

77. 当说明一个结构体变量时系统分配给它的内存是________。

A. 各成员所需内存量的总和

B. 结构体中第一个成员所需的内存量

C. 成员中内存量最大者所需的容量

D. 结构体中最后一个成员所需的内存量

78. 设有如下定义：

```
struck sk
{
    int a;
    float b;
}data;
struck sk *p;
p=&data;
```

用指针 p 去访问结构体成员 a 的正确写法是________。

A. p&a;　　B. p=a;　　C. p.a;　　D. p->a;

79. 已知结构体类型定义和变量声明如下：

```
struct student
{
    int num;
    char name[10];
}stu={1,"marry"},*p=&stu;
```

则下列语句中错误的是________。

A. printf("%d", stu.num);　　B. printf("%d", (&stu)->num);

C. printf("%d", &stu->num);　　D. printf("%d", p->num);

80. 已知结构体类型定义和变量声明如下：

```
struct sk
{
    int a;
    float b;
```

```
}data[2],*p;
```

若有 p=data，则以下对 data[0]中成员 a 的引用错误的是________。

A. data[0] ->a　　B. data->a　　C. p->a　　D. (*p).a

81. 以下各项用于定义结构体类型，并定义结构体变量，其中正确的是________。

A.

```
struct student
{
    char num[5];
    int score;
};
```

B. `struct student stu1,stu2;`

```
struct student
{
    char num[5];
    int score;
};
```

C.

```
struct student
{
    char num[5];
    int score=95;
};
struct student stu1, stu2;
```

D.

```
struct student
{
    char num[5];
    int score;
};
struct student stu1, stu2;
```

82. 以下叙述中正确的是________。

A. 预处理命令行必须位于源文件的开头

B. 在源文件的一行上可以有多条预处理命令

C. 宏名必须用大写字母表示

D. 宏替换不占用程序的运行时间

83. 下列关于#include 命令的叙述中，错误的是________。

A. #include 命令中，文件名可以用双引号或尖括号括起来

B. 一个被包含文件中又可以包含另一个被包含文件

C. 一个#include 命令中可以指定多个被包含文件

D. 一个#include 命令中只能指定一个被包含文件

84. 以下有关宏替换的叙述错误的是________。

A. 宏名必须用大写字母表示　　B. 宏替换不占用运行时间

C. 宏名不具有类型　　D. 宏替换只是字符替换

85. 以下程序的输出结果为________。

```
#define f 5*y
void main()
{
   int x=3,y=2;
   printf("%d",x*f);
}
```

A. 20　　B. 30　　C. 33　　D. 39

86. fscanf()函数的正确调用形式是________。

A. fscanf (文件指针，格式字符串，输出列表);

B. fscanf (格式字符串，输出列表，文件指针);

C. fscanf (格式字符串，文件指针，输出列表);

D. fscanf (文件指针，格式字符串，输入列表);

87. 若要打开C盘上user子目录下名为abc.txt的文本文件进行读、写操作，下面符合此要求的函数调用是________。

A. fopen("C:\user\abc.txt","r")　　B. fopen("C:\\user\\abc.txt","r+")

C. fopen("C:\user\abc.txt","rb")　　D. fopen("C:\\user\\abc.txt","w")

88. 设变量fp是文件指针，打开与关闭fp指向的文件的命令是________。

A. open(fp)和close(fp)　　B. fopen(fp)和fclose(fp)

C. fopen(fp,"r")和fclose(fp)　　D. fopen(fp,"w") 和 close(fp)

89. 若 fp 已正确定义并指向某个文件，当未遇到该文件结束标志时函数 feof(fp)的值为________。

A. 0　　B. 1　　C. -1　　D. 一个非0值

三、判断题

1. "C"指字符常量C。
2. 在C 程序中，逗号运算符的优先级最低。
3. C语言中，程序执行是按函数的输入顺序执行。
4. C语言中用scanf()函数输入一个字符，只能用%s格式控制符。
5. C语言本身没有提供输入/输出语句，输入/输出由C语言的标准输入/出库函数提供。
6. 表达式 4/7 和 4.0/7 的值相等。
7. 关系表达式 a=b > c 等价于 a= =b > c.
8. C语言中规定，if语句的嵌套结构中，else总是和最近的if配对。
9. 若有条件表达式(x)?a++:b++;则表达式中(x)等价于(x!=0)。
10. 如下的程序段将不会导致死循环。

```
int k=10;
while(k=0)
k=k-1;
```

11. 循环体中continue语句的作用是结束整个循环的执行。
12. do...while循环由do开始，用while结束，在while（表达式）后面不能写分号。
13. for循环是先执行循环体语句，后判断表达式。
14. 对于嵌套循环结构中，内、外层控制循环执行的变量名字可以相同。
15. 只能逐个引用数组元素，不能一次引用整个数组。
16. 若有说明：int a[10]={6,7,8,9,10};，则该语句不正确，因为数组长度与初值个数不相同。
17. 在C语言中，函数的定义不可以嵌套，而调用是可以嵌套的。
18. C语言规定：整型变量做实参时，它与对应形参之间的数据传递方式是传递地址。
19. 若用数组名作为函数调用的实参，传递给形参的是数组中的第一个元素的值。
20. 有多少个return语句，就能返回多少个值。
21. 在使用变量向某个函数传递参数时，实参和形参可以重名。
22. 凡是函数中未指定存储类别的局部变量，其隐含的存储类别为静态存储。
23. C语言规定形参可以是常量、变量或表达式，只要与其对应的实参类型一致即可。
24. 指针变量和变量的指针是同一个名词的不同说法。
25. 指针变量定义后，指针变量值不确定，应用前必须先赋值。
26. 程序段"char s[ ]="program";char *p;p=s;"表示数组的第一个元素 s[0]和*p 相等。

27. 若有说明：int *p1,*p2,m=3,n;，则 p1=&m;p2=p1;是正确的赋值语句。

28. 设有以下说明语句：struct　ex{ int x ;float y;char z ;} example ;，则 example 是结构体类型名。

29. 在 C 语言中，可以把一个结构体变量作为一个整体赋值给另一个具有相同类型的结构体变量。

30. 当说明一个结构体变量时系统分配给它的内存是成员中占内存量最大者所需的容量。

四、分析程序写结果

1. 以下程序的输出结果是________。

```
void main()
{
    int num=0;
    while(num<=2)
    {
        num++;
        printf("%d,",num);
    }
}
```

2. 对如下程序，若用户输入为 A，则输出结果为________。

```
void main()
{
    char ch;
    scanf("%c",&ch);
    ch=(ch>='A'&&ch<='Z')?(ch+32):ch;
    printf("%c\n",ch);
}
```

3. 以下程序的输出结果为________。

```
fun(int x,int y,int z)
{
    z=x+y;
    return z;
}
void main()
{
    int a=2,b=3,c=6;
    c=fun(a,b,c);
    printf("%d",c);
}
```

4. 以下程序的输出结果为________。

```
#include <stdio.h>
void main()
{
    int a,b,i=10;
    double d=6;
    a=sizeof(i);
    b=sizeof(d);
    printf("%d,%d\n",a,b);
}
```

5. 以下程序的输出结果为________。

```
#include <stdio.h>
int fun(int x,int y)
{
    if(x==y)
        return x;
    else
        return (x+y)/2;
}
void main()
{
    int a=4,b=5,c=6;
    printf("%d\n",fun(2*a,fun(b,c)));
}
```

6. 以下程序的输出结果为________。

```
#include <stdio.h>
void fun(int a[],int n)//fun 函数的功能是将 a 数组元素从大到小排序
{
    int i,j,t;
    for(i=0;i<n-1;i++)
    {
        for(j=i+1;j<n;j++)
          if(a[i]<a[j])
          {
              t=a[i];
              a[i]=a[j];
              a[j]=t;
          }
    }
}
void main()
{
    int c[10]={1,2,3,4,5,6,7,8,9,0};
    int i;
    fun(&c[4],6);
    for(i=0;i<10;i++)
        printf("%4d",c[i]);
    printf("\n");
}
```

7. 以下程序运行时输入 abcdef，则输出结果为________。

```
#include <stdio.h>
#include <string.h>
void fun(char str[])
{
    char temp;
    int i,n;
    n=strlen(str);
    temp=str[n-1];
    for(i=n-1;i>0;i--)
```

```
    {
        str[i]=str[i-1];
    }
    str[i]=temp;    //即 str[0]=temp;
}
void main()
{
    char s[40];
    gets(s);
    fun(s);
    puts(s);
}
```

8. 以下程序的输出结果为________。

```
void main()
{
    int a[]={1,2,3,4},y,*p;
    p=&a[3];
    --p;
    y=*p;
    printf("y=%d\n",y);
}
```

9. 以下程序的输出结果为________。

```
void fun(char *pa,char *pb)
{
    while(*pa =='*')
        pa++;
    while(*pb=*pa)
    {
        pa++;
        pb++;
    }
}
void main()
{
    char * s="****a**b****",d[20];
    fun(s,d);
    puts(d);
}
```

综合练习题参考答案

一、填空题

1. 时间　　2. main()或主　　3. 103　　4. 1　　5. 10

6. 6　　7. (c>='A')&&(c<='Z')　c>='A'&&c<='Z'　　8. 2,1　　9. 1

10. 6　4　2　　11. 5.5　　12. double　双精度型　双精度　　13. 3

14. yes　　15. 5,0,3　　16. 585858　　17. 0　　18. 5,3　　19. 0

20. 5　　21. 8921　　22. 0　　23. a book　　24. max=a[0][0];　max=a[i][j];

25. 30　　26. p=i　　27. &a[1]或 a+1　　28. 40

29. &a[i]或 a+I　a[i]或*(a+i)　　30. 1,3,7,15,　　31. 3

32. '\0'　0　str1[i]-str2[i]　　33. 行　　34. 局部变量　全局变量

35. main()或主　　36. 4334　　37. 56　　38. 1,3,6,

39. p[5]　*(p+5)　　40. AB　　41. 11　　42. 1　　43. BCD 或"BCD"

44. p->no=1234　　45. "filea.dat","r"

二、选择题

1. D　2. C　3. C　4. C　5. D　6. B　7. A　8. D　9. B

10. A　11. A　12. D　13. A　14. D　15. B　16. D　17. A　18. C

19. A　20. D　21. A　22. D　23. D　24. C　25. A　26. B　27. B

28. B　29. C　30. B　31. A　32. D　33. C　34. C　35. A　36. C

37. B　38. B　39. B　40. D　41. A　42. D　43. B　44. D　45. A

46. B　47. B　48. D　49. B　50. B　51. A　52. A　53. D　54. B

55. A　56. B　57. C　58. C　59. D　60. D　61. A　62. A　63. B

64. B　65. A　66. B　67. A　68. D　69. C　70. A　71. D　72. D

73. B　74. A　75. C　76. B　77. A　78. D　79. C　80. A　81. D

82. D　83. C　84. A　85. B　86. D　87. B　88. C　89. A

三、判断题

1. 错误　2. 正确　3. 错误　4. 错误　5. 正确　6. 错误

7. 错误　8. 错误　9. 正确　10. 正确　11. 错误　12. 错误

13. 错误　14. 错误　15. 正确　16. 错误　17. 正确　18. 错误

19. 错误　20. 错误　21. 正确　22. 错误　23. 错误　24. 错误

25. 正确　26. 正确　27. 正确　28. 错误　29. 正确　30. 错误

四、分析程序写结果

1. 1,2,3,　2. a　3. 9　4. 4，8　5. 6

6. 1, 2, 3, 4, 9, 8, 7, 6, 5, 0　7. Fabcde　8. y = 3　9. a**b****

模拟试题及参考答案

模 拟 试 题

一、选择题

1. 以下 C 语言用户标识符中，不合法的是________。

A. &a　　B. FOR　　C. print　　D. _00

2. 以下不能作为 C 语言合法常量的是________。

A. 1,234　　B. \123　　C. 123　　D. "\x7ax"

3. 若有定义语句 double a = 22; int i = 0, k=18;，则不符合 C 语言规定的赋值语句是________。

A. i = a%11;　　B. i = (a+k) <= (i+k);

C. a = a++, i++;　　D. i = !a;

4. 有以下程序：

```
#include <stdio.h>
void main()
{
    int a,b,i=10;
    double d=6;
    a=sizeof(i);
    b=sizeof(d);
    printf("%d,%d\n",a,b);
}
```

在 VC++ 6.0 平台上编译运行，输出的结果为________。

A. 4, 8　　B. 4, 4　　C. 2, 4　　D. 10, 6

5. 有以下程序：

```
#include <stdio.h>
void main()
{
    int x,y,z;
    x=y=1;
    z=x++,y++,++y;
    printf("%d,%d,%d;",x,y,z);
    x=y=1;
    z=(x++,y++,++y);
    printf("%d,%d,%d",x,y,z);
}
```

当在 VC++ 6.0 平台上编译运行，运行结果是________。

A. 2,3,1;2,3,2　　B. 2,3,3;2,3,3　　C. 2,3,1;2,3,3　　D. 2,2,1;2,3,1

6. 有以下程序：

```
#include <stdio.h>
void main()
{
    int s;
    scanf("%d",&s);
    while(s>0)
    {
        switch(s)
        {
            case 1: printf("%d",s+5);
            case 2: printf("%d",s+4);break;
            case 3: printf("%d",s+3);
            default:printf("%d",s+1);break;
        }
        scanf("%d",&s);
    }
}
```

运行时，若输入 1 2 3 4 5 0，则输出结果是________。

A. 6566456　　B. 66656　　C. 66666　　D. 6666656

7. 若有以下程序：

```
#include <stdio.h>
void main()
{
    int x=1,a=1;
    do
    {
        a=a+1;
    }while(x);
}
```

语句 a=a+1;执行次数为________。

A. 0　　B. 1　　C. 无限次　　D. 有限次

8. 若有语句 char *line[5];，则以下叙述中正确的是________。

A. 定义 line 是一个数组，每个数组元素是一个基类型为 char 为指针变量

B. 定义 line 是一个指针变量，该变量可以指向一个长度为 5 的字符型数组

C. 定义 line 是一个指针数组，语句中的*号称为间址运算符

D. 定义 line 是一个指向字符型函数的指针

9. 有以下程序：

```
void main()
{
int  i,s=1;
for(i=1;i<50;i++)
if(!(i%5)&&!(i%3))  s+=i;
printf("%d\n",s);
}
```

程序的输出结果是________。

A. 409　　B. 277　　C. 1　　D. 91

10. 当变量 c 的值不为 2、4、6 时,值也为"真"的表达式是________。

A. (c==2)||(c==4)||(c==6)　　B. (c>=2&& c<=6)||(c!=3)||(c!=5)

C. (c>=2&&c<=6)&&!(c%2)　　D. (c>=2&& c<=6)&&(c%2!=1)

11. 若变量已正确定义，有以下程序段________。

```
int  a=3,b=5,c=7;
if(a>b) a=b;c=a;
if(c!=a)    c=b;
printf("%d,%d,%d\n",a,b,c);
```

其输出结果是________。

A. 程序段有语法错　　B. 3,5,3　　C. 3,5,5　　D. 3,5,7

12. 以下错误的定义语句是________。

A. int　x[][3]={{0},{1},{1,2,3}};

B. int　x[4][3]={{1,2,3},{1,2,3},{1,2,3},{1,2,3}};

C. int　x[4][]={{1,2,3},{1,2,3},{1,2,3},{1,2,3}};

D. int　x[][3]={1,2,3,4};

13. 有以下程序：

```
void ss(char *s,char t)
{
    while(*s)
    {
        if(*s==t)
            *s=t-'a'+'A';
        s++;
    }
}
void main()
{
    char str1[100]="abcddfefdbd",c='d';
    ss(str1,c);
    printf("%s\n",str1);
}
```

程序运行后的输出结果是________。

A. ABCDDEFEDBD　　B. abcDDfefDbD

C. abcAAfefAbA　　D. Abcddfefdbd

14. 以下叙述中错误的是________。

A. 在程序中凡是以"#"开始的语句行都是预处理命令行

B. 预处理命令行的最后不能以分号表示结束

C. #define　MAX　10 是合法的宏定义命令行

D. C 程序对预处理命令行的处理是在程序执行的过程中进行的

15. 设有以下说明语句，则下面叙述中正确的是________。

```
typedef struct
{
```

```
    int n;
    char ch[8];
} PER;
```

A. PER 是结构体变量名　　B. PER 是结构体类型名

C. typedef struct 是结构体类型　　D. struct 是结构体类型名

16. 以下叙述中错误的是_______。

A. gets 函数用于从终端读入字符串

B. getchar 函数用于从磁盘文件读入字符

C. fputs 函数用于把字符串输出到文件

D. fwrite 函数用于以二进制形式输出数据到文件

17. 有以下程序：

```
#include <string.h>
void main()
{
    char p[]={'a','b','c'},q[10]={'a','b','c'};
    printf("%d%d\n",strlen(p),strlen(q));
}
```

以下叙述中正确的是_______。

A. 在给 p 和 q 数组置初值时，系统会自动添加字符串结束符，故输出的长度都为 3

B. 由于 p 数组中没有字符串结束符，长度不能确定，但 q 数组中字符串长度为 3

C. 由于 q 数组中没有字符串结束符，长度不能确定，但 p 数组中字符串长度为 3

D. 由于 p 和 q 数组中都没有字符串结束符，故长度都不能确定

18. 有以下程序：

```
#include  <stdio.h>
int f(int  x)
{
    int  y;
    if(x==0||x==1)  return(3);
    y=x*x-f(x-2);
    return  y;
}
void main()
{
    int  z;
    z=f(3);
    printf("%d\n",z);
}
```

程序的运行结果是_______。

A. 0　　B. 9　　C. 6　　D. 8

19. 下面程序段的运行结果是_______。

```
char str[]="ABC",*p=str;
printf("%d\n",*(p+3));
```

A. 67　　B. 0　　C. 字符'C'的地址　　D. 字符'C'

20. 下列程序执行后的输出结果是________。

```
void func(int *a,int b[])
{
   b[0]=*a+6;
}
void main()
{
   int a,b[5];
   a=0; b[0]=3;
   func(&a,b);
   printf("%d\n",b[0]);
}
```

A. 6　　B. 7　　C. 8　　D. 9

二、填空题

1. 若 a 为整型变量，a=12，则表达式：a-=2 的值________。
2. 在 C 语言中，要求运算数必须是整型的运算符是________。
3. 下面程序运行后的输出结果是________。

```
#include <stdio.h>
void main()
{
   int a=0,i;
   for(i=1;i<5;i++)
   {
      switch(i)
      {
         case 0:
         case 3:a+=2;
         case 1:
         case 2:a+=3;
         default:a+=5;
      }
   }
   printf("%d\n",a);
}
```

4. 下面程序运行后的输出结果是________。

```
void main()
{
   int x=1,total=0,y;
   while(x<=10)
   {
      y=x*x;
      total=total+y;
      ++x;
   }
   printf("%d\n",total);
```

```
}
```

5. 若有定义：int a[3][4]={{1,2},{0},{4,6,8,10}};，则初始化后，a[1][2]得到的初值是________。a[2][1]得到的初值是________。

6. 函数

```
void  f(char  s[],char  t[])
{
    int  k=0;
    while(s[k]=t[k])  k++;
}
```

等价于

```
void  f(char  *s,char  *t)
{
    while(________);
}
```

7. 统计正整数的各位数字中零的个数，并求各位数字中的最大者，请填空。

```
void main()
{
    int n,count,max,t;
    count=max=0;
    scanf("%d",&n);
    do{
        t=________;
        if(t==0)
            ++count;
        else if(max<t)
            ________;
        n/=10;
    }while(n);
    printf("count=%d,max=%d",count,max );
}
```

三、判断题

1. 字符串"china"在内存中占据的存储空间是5个字节。
2. switch语句中的每个case总要用break语句。
3. if(1) scanf("%d",&x);else scanf("%d",&y);是正确的if语句。
4. C语言中while和do...while循环的主要区别是：do...while语句至少无条件执行一次。
5. 在循环体内使用break语句或continue语句的作用相同。
6. 在同一个数组中，数组元素的类型可以不相同。
7. C语言中，数组元素下标的最小取值为1。
8. 函数调用时，形参与实参占用同一个内存单元。
9. 在不同函数中可以使用相同名字的变量。
10. int *p;定义了一个指针变量p，其值是整型的。

四、编程题

1. 输入年份year，求该年2月有多少天。

2. 输入一个 4 位正整数，要求以相反的顺序输出该数。例如，输入 1234，输出为 4321（说明：使用循环语句完成）。

3. 输入 50 个学生成绩（要求这 50 个成绩存在数组中），计算平均分及分数高于 80 分的学生人数。

模拟试题参考答案

一、选择题

1. B　2. A　3. A　4. A　5. C　6. A　7. C　8. A　9. D
10. B　11. B　12. C　13. B　14. D　15. B　16. B　17. A　18. C
19. B　20. A

二、填空题

1. 10　2. %　3. 31　4. 385　5. 0　6
6. *s++=*t++　7. t=n%10;　max=t;

三、判断题

1. 错误　2. 错误　3. 正确　4. 正确　5. 错误　6. 错误
7. 错误　8. 错误　9. 正确　10. 错误

四、编程题

略

附录

附录A 常用字符及其ASCII码对照表

字符	ASCII码		字符	ASCII码		字符	ASCII码	
	十进制	十六进制		十进制	十六进制		十进制	十六进制
NULL（空）	0	0	>	62	3E	^	94	5E
换行	10	A	?	63	3F	–	95	5F
空格	32	20	@	64	40	a	97	61
!（感叹号）	33	21	A	65	41	b	98	62
”	34	22	B	66	42	c	99	63
#	35	23	C	67	43	d	100	64
$	36	24	D	68	44	e	101	65
%	37	25	E	69	45	f	102	66
&	38	26	F	70	46	g	103	67
’	39	27	G	71	47	h	104	68
(	40	28	H	72	48	i	105	69
)	41	29	I	73	49	j	106	6A
*	42	2A	J	74	4A	k	107	6B
+	43	2B	K	75	4B	l	108	6C
,（逗号）	44	2C	L	76	4C	m	109	6D
–	45	2D	M	77	4D	n	110	6E
.	46	2E	N	78	4E	o	111	6F
/	47	2F	O	79	4F	p	112	70
0	48	30	P	80	50	q	113	71
1	49	31	Q	81	51	r	114	72
2	50	32	R	82	52	s	115	73
3	51	33	S	83	53	t	116	74
4	52	34	T	84	54	u	117	75
5	53	35	U	85	55	v	118	76
6	54	36	V	86	56	w	119	77
7	55	37	W	87	57	x	120	78
8	56	38	X	88	58	y	121	79
9	57	39	Y	89	59	z	122	7A
:	58	3A	Z	90	5A	{	123	7B
;	59	3B	[	91	5B	|	124	7C
<	60	3C	\	92	5C	}	125	7D
=	61	3D	]	93	5D	~	126	7E

附录B 关键字

序号	关键字	说明	用途
1	char	一个字节长的字符值	数据类型
2	short	短整型	
3	int	整型	
4	unsigned	无符号类型	
5	long	长整型	
6	float	单精度实型	
7	double	双精度实型	
8	struct	用于定义结构体的关键字	
9	union	用于定义共用体的关键字	
10	void	空类型，用它定义的对象不具有任何值	
11	enum	定义枚举类型的关键字	
12	signed	有符号类型，最高位作符号位	
13	const	表明这个量在程序执行过程中不可变	
14	volatile	表明这个量在程序执行过程中可被隐含地改变	
15	typedef	用于定义同义数据类型	存储类别
16	auto	自动变量	
17	register	寄存器类型	
18	static	静态变量	
19	extern	外部变量声明	
20	break	退出最内层的循环或 switch 语句	流程控制
21	case	switch 语句中的情况选择	
22	continue	跳到下一轮循环	
23	default	switch 语句中其余情况标号	
24	do	在 do...while 循环中的循环起始标记	
25	else	if 语句中的另一种选择	
26	for	带有初值、条件和增量的一种循环	
27	goto	转移到标号指定的地方	
28	if	语句的条件执行	
29	return	返回到调用函数	
30	switch	从所有列出的动作中做出选择	
31	while	在 while 和 do...while 循环中语句的条件执行	
32	sizeof	计算表达式和类型的字节数	运算符

附录C 运算符的优先级和结合性

优先级	运算符	含义	参与运算对象的数目	结合方向
1	()	圆括号、函数参数表		自左至右
	[]	数组元素下标运算符	2个（双目运算符）	
	->	指向结构体成员运算符	2个（双目运算符）	
	.	结构体成员运算符	2个（双目运算符）	
2	!	逻辑非运算符	1个（单目运算符）	自右向左
	++	自增运算符		
	--	自减运算符		
	-	负号运算符		
	(类型)	类型转换运算符		
	*	指针运算符（取内容）		
	&	取地址运算符		
	sizeof	求类型长度运算符		
3	* / %	乘法运算符 除法运算符 求余运算符	2个（双目运算符）	自左至右
4	+ -	加法运算符 减法运算符	2个（双目运算符）	自左至右
5	>，>=，<，<=	关系运算符	2个（双目运算符）	自左至右
6	== !=	判等运算符 判不等运算符	2个（双目运算符）	自左至右
7	&&	逻辑与运算符	2个（双目运算符）	自左至右
8	||	逻辑或运算符	2个（双目运算符）	自左至右
9	?:	条件运算符	3个（三目运算符）	自右至左
10	=，+=，-=，*=，/=，%=	赋值运算符	2个（双目运算符）	自左至右
11	,	逗号运算符		自左至右

附录 D  常用库函数

1. 数学函数

调用数学函数时，需要在源文件中包含头文件 math.h，即使用以下命令行：

```
#include <math.h>或 include "math.h"
```

函数名	函数原型说明	功 能	返回值	说 明
abs	int abs (int x);	求整数 x 的绝对值	计算结果	
acos	double acos (double x);	计算 $\cos^{-1}(x)$的值	计算结果	x 在-1～1 范围内
asin	double asin (double x);	计算 $\sin^{-1}(x)$的值	计算结果	x 在-1～1 范围内
atan	double atan (double x);	计算 $\tan^{-1}(x)$的值	计算结果	
cos	double cos (double x);	计算 cos (x)的值	计算结果	x 的单位为弧度
exp	double exp (double x);	计算 e^x 的值	计算结果	
fabs	double fabs(double x);	求 x 的绝对值	计算结果	
floor	double floor (double x);	求不大于 x 最大整数	该整数的双精度数	可以强制类型转换为整型
log	double log (double x);	求 $\log_e x$，即 ln x	计算结果	
log10	double log10 (double x);	求 $\log_{10} x$	计算结果	
pow	double pow(double x, double y);	计算 x^y 的值	计算结果	
rand	int rand(void);	产生 0～32767 的随机数	返回一个随机整数	
srand	void srand(unsigned seed);	随机数发生器的初始化函数	无	
sin	double sin (double x);	计算 sin (x)的值	计算结果	x 的单位为弧度
sqrt	double sqrt (double x);	计算 x 的平方根	计算结果	x≥0
tan	double tan (double x);	计算 tan (x)的值	计算结果	x 的单位为弧度

2. 字符函数和字符串函数

调用字符函数时，需要在源文件中包含头文件 ctype.h；调用字符串函数时，要求在源文件中包含头文件 string.h。

函数名	函数原型说明	功 能	返 回 值	包含文件
isalnum	int isalnum(int ch);	检查 ch 是否为字母或数字	是，返回 1；否则返回 0	ctype.h
isalpha	int isalpha(int ch);	检查 ch 是否为字母	是，返回 1；否则返回 0	ctype.h
iscntrl	int iscntrl(int ch);	检查 ch 是否为控制字符	是，返回 1；否则返回 0	ctype.h
isdigit	int isdigit(int ch);	检查 ch 是否为数字	是，返回 1；否则返回 0	ctype.h

续表

函数名	函数原型说明	功能	返回值	包含文件
isgraph	int isgraph(int ch);	检查 ch 是否为（ASCII 码值在 ox21～ox7e）的可打印字符（不包含空格字符）	是，返回 1；否则返回 0	ctype.h
islower	int islower(int ch);	检查 ch 是否为小写字母	是，返回 1；否则返回 0	ctype.h
isprint	int isprint(int ch);	检查 ch 是否为字母或数字	是，返回 1；否则返回 0	ctype.h
ispunct	int ispunct(int ch);	检查 ch 是否为标点字符(包括空格)，即除字母、数字和空格以外的所有可打印字符	是，返回 1；否则返回 0	ctype.h
isspace	int isspace(int ch);	检查 ch 是否为空格、制表或换行字符	是，返回 1；否则返回 0	ctype.h
isupper	int issupper(int ch);	检查 ch 是否为大写字母	是，返回 1；否则返回 0	ctype.h
isxdigit	int isxdigit(int ch);	检查 ch 是否为十六进制数字	是，返回 1；否则返回 0	ctype.h
strcat	char *strcat(char *s1, char *s2);	把字符串 s2 接到 s1 后面	s1 所指地址	string.h
strchr	char *strchr(char*s,int ch);	在 s 把指字符串中，找出第一次出现字符 ch 的位置	返回找到的字符的地址，找不到返回 NULL	string.h
strcmp	char strcmp(char*s1,char *s2);	对 s1 和 s2 所指字符串进行比较	s1<s2，返回负数；s1=s2，返回 0；s1>s2，返回正数	string.h
strcpy	char *strcpy(char*s1,char *s2);	把 s2 指向的串复制到 s1 指向的空间	s1 所指地址	string.h
strlen	unsigned strlen(char *s);	求字符串 s 的长度	返回串中字符（不计最后的 '\0'）个数	string.h
strstr	char *strstr(char *s1,char *s2);	在 s1 所指字符串中，找到字符串 s2 第一次出现的位置	返回找到的字符串的地址，找不到返回 NULL	string.h
tolower	int tolower(int ch);	把 ch 中的字母转换成小写字母	返回对应的小写字母	ctype.h
toupper	int toupper(int ch);	把 ch 中的字母转换成大写字母	返回对应的大写字母	ctype.h

3. 输入输出函数

调用输入输出函数时，需要在源文件中包含头文件 stdio.h。

函数名	函数原型说明	功能	返回值
clearer	void clearer(FILE * fp);	清除与文件指针 fp 有关的所有出错信息	无
fclose	int fclose(FILE * fp);	关闭 fp 所指的文件，释放文件缓冲区	出错返回非 0，否则返回 0
feof	int feof(FILE * fp);	检查文件是否结束	遇文件结束返回非 0，否则返回 0
fgetc	int fgetc(FILE * fp);	从 fp 所指的文件中取得下一个字符	出错返回 EOF，否则返回所读字符
fgets	char *fgets(char*buf, int n, FILE *fp);	从 fp 所指的文件中读取一个长度为 n－1 的字符串，将其存入 buf 所指存储区	返回 buf 所指地址，若遇文件结束或出错返回 NULL

续表

函数名	函数原型说明	功 能	返 回 值
fopen	FILE *fopen(char*filename, char * mode);	以 mode 指定的方式打开名为 filename 的文件	成功，返回文件指针（文件信息区的起始地址），否则返回 NULL
fprintf	int fprintf(FILE*fp, char* format, args);	把 arg 的值以 format 指定的格式输出到 fp 所指定的文件中	实际输出的字符数
fputc	int fputc(char ch, FILE * fp);	把ch中字符输出到fp所指文件	成功返回该字符，否则返回 EOF
fputs	int fputs(char*str, FILE * fp);	把 str 所指字符串输出到 fp 所指文件	成功返回非 0，否则返回 0
fread	int fread(char*pt, unsignedsize, unsigned n, FILE * fp);	从 fg 所指文件中读取长度为 size 的 n 个数据项存到 pt 所指文件中	读取的数据项个数
fscanf	int fscanf(FILE*fp, char* format, args);	从 fg 所指定的文件中按 format 指定的格式把输入数据存入到 args 所指的内存中	已输入的数据个数，遇文件的结束或出错返回 0
fseek	int fseek(FILE*fp, long offer, int base);	移动 fp 所指文件的位置指针	成功返回当前位置，否则返回-1
ftell	int ftell(FILE * fp);	求出 fp 所指文件当前的读写位置读写位置	
fwrite	int fwrite(char * pt, unsigned size, unsigned n, FILE * fp);	把 pt 所指向的 n*size 个字节输出到 fp 所指文件中	输出的数据项个数
getc	int getc(FILE * fp);	从 fp 所指文件中读取一个字符	返回所读字符，若出错或文件结束返回 EOF
getchar	int getchar(void);	从标准输入设备读取下一个字符	返回所读字符，若出错或文件结束返回-1
getw	int getw (FILE * fp);	从 fp 所指向的文件读取下一个字（整数）	输入的整数。如文件结束或出错，返回-1
open	int open (char * filename,int mode);	以 mode 指出的方式打开已存在的名为 filename 的文件	返回文件号（正数）。如打开失败，返回-1
printf	int printf(char * format,args,...);	按 format 指向的格式字符串所规定的格式，将输出表列 args,... 的值输出到标准输出设备	输出字符个数。若出错，返回负值
putc	int putc(int ch, FILE * fp);	同 fputc	同 fputc
putchar	int putchar(char ch);	把 ch 输出到标准输出设备	返回输出的字符，若出错，返回 EOF
puts	int puts(char * str);	把 str 所指字符串输出到标准设备，将'\0'转换成回车换行符	返回换行符，若出错，返回 EOF
putw	int putw (int w,FILE * fp);	将一个整数 w（即一个字）写到 fp 指向的文件中	返回输出的整数；若出错，返回 EOF
read	int read (intfp,char* buf,unsigned count);	从文件号 fp 所指示的文件中读 count 个字节到由 buf 指示的缓冲区中	返回真正读入的字节个数。如遇文件结束返回 0，出错返回-1

续表

函数名	函数原型说明	功　能	返　回　值
rename	int rename(char* oldname,char * newname);	把 oldname 所指文件名改为 newname 所指文件名	成功返回 0，出错返回-1
rewind	void rewind(FILE * fg);	将 fp 指示的文件位置指针置于文件开头，并清除文件结束标志和错误标志	无
scanf	int scanf(char* format,args,…);	从标准输入设备按 format 指定的格式把输入数据存入到 args 所指的内存中	读入并赋给 args 的数据个数。遇文件结束返回 EOF，出错返回 0。args 为指针
write	int write(intfd,char* buf,unsigned count);	从 buf 指示的缓冲区输出 count 个字符到 fd 所标志的文件中	返回实际输出的字节数。如出错返回-1

4. 动态分配函数和随机函数

调用动态分配函数和随机函数时，要求在源文件中包含头文件 stdlib.h。

函数名	函数原型说明	功　能	返　回　值
calloc	void *calloc(unsigned n,unsigned size);	分配 n 个数据项的内存空间，每个数据项的大小为 size 个字节	分配内存单元的起始地址；如不成功，返回 NULL
free	void free(void p);	释放 p 所指的内存区	无
malloc	void *malloc(unsigned size);	分配 size 个字节的存储空间	分配内存空间的地址；如不成功返回 NULL
realloc	void *realloc(void*p,unsigned size);	把 p 所指内存区的大小改为 size 个字节	新分配内存空间的地址；如不成功返回 NULL
exit	void exit(0)	返回运行环境	无

附录 E 常用格式说明符

C 语言中的输入函数 scanf()与输出函数 printf()中的格式说明符，如表 E-1 与表 E-2 所示。

表 E-1 scanf()函数的格式说明符

分　类	格式字符	说　明
整型类型	%d	输入带符号的十进制整数
	%md	指定输入带符号的十进制整数的最大位数为 m，若实际输入位数大于 m，则只截取前 m 位，若小于等于，则读取实际位数
	%ld	输入带符号的十进制长整数
	%o	输入无符号的八进制整数
	%x	输入无符号的十六进制整数
	%u	输入无符号的十进制整数
实数类型	%f	输入单精度数
	%lf	输入双精度数
	%e，%g	同%f
	%le，%lg	同%lf
字符	%c	输入单个字符
字符串	%s	输入字符串

表 E-2 printf()函数的格式说明符

分　类	格式字符	说　明
整型类型	%d	以十进制形式输出 int 型整数
	%md（或%-md）	以十进制形式按给定的宽度 m 输出 int 型数据，如果数据的实际位数小于 m，则左（或右）补相应空格，若大于 m，则按实际位数输出
	%ld	以十进制形式输出 long 型整数
	%mld（或%-mld）	以十进制形式按给定的宽度 m 输出 long 型数据，如果数据的实际位数小于 m，则左（或右）补相应空格，若大于 m，则按实际位数输出
	%o	以八进制无符号形式输出整数
	%x	以十六进制无符号形式输出整数
	%u	以十进制无符号形式输出整数
实数类型	%f	以小数形式输出单精度数
	%m.nf（或%-m.nf）	指定输出的单精度数据共占 m 位，其中小数占 n 位，小数点占 1 位，若数据位数小于 m，则左（或右）补相应空格
	%lf	以小数形式输出双精度数

续表

分　　类	格式字符	说　　明
实数类型	%m.nlf（或%-m.nlf）	指定输出的双精度数据共占m位，其中小数占n位，小数点占1位，若数据位数小于m，则左（或右）补相应空格
	%e	以指数形式输出单精度数
	%le	以指数形式输出双精度数
	%g	以%f或%e格式输出宽度较小的一种格式输出
	%lg	以%lf或%le格式输出宽度较小的一种格式输出
字符	%c	输入单个字符
	%mc（或%-mc）	以指定的宽度m输出char型数据，左（或右）补空格
字符串	%s	输入字符串
	%ms（或%-ms）	以指定的宽度m输出字符串，左（或右）补空格
	%m.ns	从字符串中截取前n个字符输出，输出宽度为m，数据位数不足m，则按左（或右）补空格

附录 F　VC++ 6.0 编译错误信息

说明：VC++ 6.0 的源程序错误分为三种类型：致命错误、一般错误和警告。其中，致命错误通常是内部编译出错；一般错误指程序的语法错误、磁盘或内存存取错误或命令行错误等；警告则只是指出一些得怀疑的情况，它并不防止编译的进行。

（1）warning C4700: local variable 'score' used without having been initialized

错误的原因是局部变量 score 没有初始化就使用。

（2）error C2018: unknown character '0xa3'

错误的原因是该位置出现中文字符，而且这个错误一般成对出现。

（3）error C2065: 'name' : undeclared identifier

变量 name 未定义就使用了。

（4）error C2106: '=' : left operand must be l–value

赋值运算符的左侧出现常量时会出现此类错误。

（5）error C2143: syntax error: missing ':' before '{'

句法错误："{" 前缺少 ";"。

（6）error C2146: syntax error : missing ';' before identifier 'dc'

句法错误：在 "dc" 前丢了 ";"。

（7）warning C4723: potential divide by 0

当源文件的常量表达式出现除数为零的情况，则会造成此类错误。

（8）error C2181: illegal else without matching if

错误的原因是 else 找不到配对的 if

（9）warning C4553: '= =' : operator has no effect; did you intend '='?

没有效果的运算符 "= =" ;是否改为 "=" ?

（10）error C2057: expected constant expression

希望是常量表达式。(一般出现在 switch 语句的 case 分支中)

（11）error C2196: case value '6' already used

错误的原因是值 6 已经用过。(一般出现在 switch 语句的 case 分支中)

（12）error C2046: illegal case

编译程序发现 case 语句出现在 switch 语句之外。

（13）error C2047: illegal default

Default 语句在 switch 语句外出现时会出现此类错误。

（14）fatal error C1004: unexpected end of file found

编译程序扫描到源文件未时，未发现结束符号（大括号），此类故障通常是由于大括号不匹配所致。

（15）error C2057: expected constant expression

数组的大小必须是常量，本错误可能是由于#define 常量的拼写错误引起或是数组大小用了一个变量来指定。

（16）error C2143: syntax error : missing ']' before ';'

在源程序中定义数组或引用数组元素时缺少右方括号

（17）warning C4013: 'fun' undefined; assuming extern returning int 同时伴随 error C2371: 'fun' : redefinition; different basic types

正被调用的函数 fun 无定义，通常是由于不正确的函数声明或函数名拼错而造成。

（18）error C2449: found '{' at file scope (missing function header?)

错误的原因是在该函数的函数头后边加了分号，去掉分号即可。

（19）error C2084: function 'int __cdecl fun()' already has a body

错误的原因是该函数至少定义了两次。

（20）warning C4550: expression evaluates to a function which is missing an argument list

如果函数调用时漏掉了参数表，则会出现此类错误。

（21）warning C4244: 'function' : conversion from 'double ' to 'char ', possible loss of data 同时伴随 warning C4761: integral size mismatch in argument; conversion supplied

函数调用是参数类型不匹配。

（22）warning C4020: 'fun' : too many actual parameters

函数调用是参数个数不匹配。

（23）error C2082: redefinition of formal parameter 'b'

函数参数“b”在函数体中重定义。

（24）error C2660: 'GetScore' : function does not take 2 parameters

“GetScore”函数不传递 2 个参数（调用时传递了 2 个参数，形参个数小于 2）。

（25）warning C4035: 'fun': no return value

“fun”的 return 语句没有返回值。

（26）error C4716: 'getAverage' : must return a value

“getAverage”函数必须返回一个值。

（27）error C2628: 'struct_stu' followed by 'void' is illegal (did you forget a ';'?)

定义结构体类型时后面漏掉了分号，则会出现此类错误。

（28）error LNK2001: unresolved external symbol _main

错误的原因是在输入主函数的名字时拼写错误。

（29）LINK : fatal error LNK1168: cannot open Debug/Pro.exe for writing

连接错误：不能打开 Pro.exe 文件，以改写内容。（错误原因一般是 Pro.exe 还在运行，未关闭）

（30）error C2110: cannot add two pointers

无效的指针相加。

（31）error C2011: 'C……': 'class' type redefinition

类“C……”重定义。

（32）fatal error C1010: unexpected end of file while looking for precompiled header directive。

寻找预编译头文件路径时遇到了不该遇到的文件尾。

（33）fatal error C1083: Cannot open include file: 'R……….h': No such file or directory

不能打开包含文件“R……….h”：没有这样的文件或目录。

（34）error C2509: 'Draw' : member function not declared in 'CRect'

成员函数“Draw”没有在“CRect”中声明。

（35）error C2511: 'reset': overloaded member function 'void (int)' not found in 'B'

重载的函数“void reset(int)”在类“B”中找不到。

（36）error C2555: 'B::fun': overriding virtual function differs from 'A::fun' only by return type or calling convention

类 B 对类 A 中同名函数 fun 的重载仅根据返回值或调用约定上的区别。

附录 G 实验案例源程序

```
#include <stdio.h>
#include <stdlib.h>
#include <string.h>
#define N 100
typedef struct student  //学生结构体类型定义
{
   int number;
   char name[10];
   int score;
}Student;

char sign, x[10];//是否继续的标识，x用于清除多余的输入

void DisplayMenu()
{
   printf("*****Students' Grade Management System*****\n");        //主菜单
   printf("    | 1. Input Records              |\n");
   printf("    | 2. Display All Records        |\n");
   printf("    | 3. Query a Record             |\n");
   printf("    | 4. Delete a Record            |\n");
   printf("    | 5. Sort                       |\n");
   printf("    | 6. Calculate                  |\n");
   printf("    | 7. Add Records from a Text File  |\n");
   printf("    | 8. Write to a Text file          |\n");
   printf("    | 9. Quit                       |\n");
   printf("*******************************************\n");
}

int Input(Student stu[],int n)         //输入学生信息
{
   int i;
   i=n;
   do
   {
      printf("student's number:");
      scanf("%d",&stu[i].number);     //scanf("%d", &stu[i][0]);
      printf("student's name:");
      scanf("%s", &stu[i].name);printf("student's score:");
      scanf("%d", &stu[i].score);     //scanf("%d", &stu[i][1]);
      i++;
      gets(x);                        //清除多余的输入
      printf("any more records?(Y/N)");                    //继续输入确认
      scanf("%c",&sign);
```

```
    }while(sign=='y'||sign=='Y');                                //输入判断
    n=i;//记录个数
    return n;
}

void Display(Student stu[],int n)                                //显示学生信息
{
    int i;
    if(n>0)//个数判断
    {
        printf("-----------------------------------\n");          //格式头
        printf("number          name        score\n");
        printf("-----------------------------------\n");

        for(i=0;i<n;i++) // 循环输出
            printf("%-16d%-15s%d\n",stu[i].number, stu[i].name,stu[i].score);
    }
    else
    {
        printf("no students' info!\n");
    }
}
void Query(Student stu[],int n)
{
    int i;
    int number;

    do
    {
        i=0;
        printf("input his(her) num:");                        //交互式输入
        scanf("%d",&number);
        gets(x);
        while( stu[i].number!=number&&i<n)                    //查找判断
            i++;
        if(i==n)                                              //未找到
        {
            printf("Not find!\n");
        }
        else                                                  //找到，输出该学生信息
        {
            printf("Find!\n");
            printf("his(her) number:%d\n",stu[i].number);
            printf("his(her) name:%s\n",stu[i].name);
            printf("his(her) score:%d\n",stu[i].score);
        }
        printf("continue?(Y/N)");
        scanf("%c",&sign);
    }while(sign=='y'||sign=='Y');
}

void Delete(Student stu[],int *pn)
```

```
{
    char signforDelete;
    int number;
    int i,j;
    do
    {
        i=0;
        printf("input his(her) num:");                //交互式问寻
        scanf("%d", &number);
        gets(x);
        while(stu[i].number!=number&&i<*pn)          //查找判断
            i++;
        if(i==*pn)
        {
            printf("Not find!\n");                   //返回失败信息
        }
        else //找到，输出该学生信息
        {
            printf("Find!\n");
            printf("his(her) number:%d\n",stu[i].number);
            printf("his(her) name:%s\n",stu[i].name);
            printf("his(her) score:%d\n",stu[i].score);

            printf("Delete it?(Y/N)");               //删除确认
            scanf("%c", &signforDelete);
            gets(x);
            if(signforDelete=='y'||signforDelete=='Y')
            {
                for(j=i;j<*pn-1;j++)                 //删除操作
                {
                    stu[j].number=stu[j+1].number;
                    strcpy(stu[j].name,stu[j+1].name);
                    stu[j].score=stu[j+1].score;
                }
                printf("Delete Successed!\n");       //显示删除成功信息
                (*pn)--;                             //个数减少 1
                system("pause");
            }
        }

        printf("Continue to delete?(Y/N)");
        scanf("%c",&sign);
        gets(x);
    }while(sign=='y'||sign=='Y');
}
void Calc(Student stu[], int n)
{
    int i,minIndex=0, maxIndex=0;         //minIndex 和 maxIndex 分别用于最低分和
                                          //最高分的学生索引，基准点索引为 0
    int sum=0;
    double aver;                          //成绩平均值
    for(i=0;i<n;i++)                      //循环判断
```

```
    {
        sum+=stu[i].score;
        if(stu[minIndex].score>stu[i].score)
            minIndex=i;
        if(stu[maxIndex].score<stu[i].score)
            maxIndex=i;
    }
    aver=1.0*sum/n;
    printf("there are %d records.\n",n);   //总记录个数
    printf("the lowest score:\n");          //最高分
    printf("number:%s      name:%s      score:%d\n",stu[minIndex].number,
stu[minIndex].name, stu[minIndex].score);
    printf("the hignest score:\n");         //最低分
    printf("number:%s      name:%s      score:%d\n",stu[maxIndex].number,
stu[maxIndex].name, stu[maxIndex].score);
    printf("the average score is %5.2lf\n",aver);     //平均分
}

void Sort(Student stu[],int n)                //按学号非递减排序
{
    int i,j;
    int score, number;
    char t[10];
    for(i=0;i<n-1;i++)                        //冒泡法排序
    {
        for(j=0;j<n-1-i;j++)
        {
            if(stu[j].number>stu[j+1].number)
            {
                number=stu[j+1].number;
                stu[j+1].number=stu[j].number;
                stu[j].number=number;

                strcpy(t,stu[j+1].name);
                strcpy(stu[j+1].name,stu[j].name);
                strcpy(stu[j].name,t);

                score=stu[j+1].score;
                stu[j+1].score=stu[j].score;
                stu[j].score=score;
            }
        }
    }
    printf("Successed!\n");
}

void Write(Student stu[],int n)               //将所有记录写入文件
{
    int i=0;
    FILE *fp;                                 //定义文件指针
    char filename[20];                        //定义文件名
    strcpy(filename,"stu.txt");
```

```
    if((fp=fopen(filename,"w"))==NULL)      //打开文件
    {
        printf("cann't open the file!\n");
    }
    else
    {
        fprintf(fp,"%d\n",n);                    //先写入当前记录总数
        while(i<n)                               //循环写入数据
        {
            fprintf(fp,"%-16d%-15s%d\n",stu[i].number,stu[i].name,stu[i].
score);
            i++;
        }
        fclose(fp);                              //关闭文件
        printf("Successed!\n");                  //返回成功信息
    }
}

int Read(Student stu[],int n)                    //从文件中读取数据
{
    int i=0,num;
    FILE *fp;                                    //定义文件指针
    char filename[20];                           //定义文件名
    strcpy(filename,"stu.txt");
    if((fp=fopen(filename,"rb"))==NULL)      //打开文件
    {
        printf("cann't open the file!\n");  //打开失败信息
    }
    else
    {
        fscanf(fp,"%d",&num);                    //读取文件中的记录个数
        for(i=0;i<num;i++)                       //循环读取数据
        {
            fscanf(fp,"%d%s%d",&stu[n+i].number,stu[n+i].name,&stu[n+i].score);
        }
        n+=num;                                  //修改记录总数
        fclose(fp);                              //关闭文件
        printf("Successed!\n");
    }
    return(n);
}

void main()
{
    Student stu[N];
    int choice;
    int n=0;                          //初始时记录个数为 0

    do
    {
        DisplayMenu();                //显示主菜单
        printf("Give your Choice(1-9):");
```

```
        scanf("%d",&choice);

        if(choice>9||choice<1)
        {
            printf("no such choice!\n");
        }
        else
        {
            switch(choice)
            {
            case 1:
                printf("1. Input Records \n");
                n=Input(stu, n); //输入学生信息
                break;
            case 2:
                printf("2. Display All Records \n");
                Display(stu, n);      //显示学生信息
                break;
            case 3:
                printf("3. Query a Record \n");
                Query(stu,n);         //查询学生信息
                break;
            case 4:
                printf("4. Delete a Record \n");
                Delete(stu,&n);       //删除学生信息
                break;
            case 5:
                printf("5. Sort  \n");
                Sort(stu,n);          //排序
                break;
            case 6:
                printf("6. Calculate  \n");
                Calc(stu,n);          //统计成绩
                break;
            case 7:
                printf("7. Add Records from a Text File \n");
                n=Read(stu,n);        //从文件中读取
                break;
            case 8:
                printf("8. Write to a Text file \n");
                Write(stu,n);         //写入文件
                break;
            case 9:
                printf("9. Quit \n");
                //printf("Have a Good Luck,Bye-bye!\n");
                break;
            }//switch
            system("pause");
        }//if-else
    }while(choice!=9);
}
```

参 考 文 献

[1] 宋晏，等. 算法与C程序设计[M]. 北京：机械工业出版社，2008.
[2] 郭俊凤，朱景福，等. C程序设计案例教程[M]. 北京：清华大学出版社，2009.
[3] 谭浩强. C程序设计教程[M]. 2版. 北京：清华大学出版社，2013.
[4] 苏莉蔚. C语言程序设计与实验指导[M]. 北京：机械工业出版社，2012.